動物に「心《こころ》」は必要か

増補改訂版

擬人主義に立ち向かう

渡辺茂［著］
WATANABE SHIGERU

東京大学出版会

Do We Need 'Mind' to Understand Animal Behavior?:
Against Anthropomorphism, Revised Edition
Shigeru WATANABE
University of Tokyo Press, 2023
ISBN 978-4-13-063381-9

まえがき——反擬人主義の旗の下に

なになにの旗の下になどというと多くの人間が彙集して事を起こしそうな気配であるが、そのようなものではない。単騎、旗指物を背負い、ロシナンテにうちまたがっての出陣である。憂い顔の騎士は最後に正気に戻るようだが、これは残酷だ。願わくは、狂のうちに死せんと欲す。

僕が出版社の求めに応じて連載の筆をとった時には、滅びんとする行動主義への挽歌を書くつもりであった。したがって、倶に天を頂かざる認知心理学についても多くの論考をする気でいた。しかし、論考を進めるに従い、そのようなことは真に些細なことのように思われてきた。我が怨敵はそのようなところにはいない。怨敵は遥か彼方に、その禍々しい巨大な姿を覗かせている。

若い頃には居合の修業をした。もう長いこと剣を抜いていない。もはや刀を振ることすらままならぬかもしれぬ。日輪はすでに傾いて久しい。せめて一太刀なりとも怨敵に、と気は急くが、老の身には鎧が重い。願わくは、怨敵見参までは老骨にも保ってもらいたいものである。

本書執筆に当たって東京大学出版会に心よりの謝意を表します。このような機会がなければ、実験のみの研究生活になっていたかも知れず、ことに小室まどかさんにはお世話になりました。この本は東京大学出版会の雑誌『UP』二〇一七年一月号から二〇一九年一月号に連載された「動物から人を観る」というシリーズに加筆し、書き下ろし（第13、14、16～終章）を加えたものです。なにぶん地味なテーマではあり、通底する気分は、反時代、反同調、反米であるので、連載中は、善男善女の不興を買い、風呂の焚き付けにされるのがオチだろうと思っておりましたが、分野を超えて多くの方々に励ましていただき、大変心強く感じました。やはり、この雑誌の読者はハイブロウなのだと思います。

また、出版前に多くの方々に原稿を読んでいただき、ご意見をいただきました。有り難いことです。各章の終わりにお名前を記載させていただきましたが、テキストの内容については、勿論僕一人に責任があります。

目次

まえがき——反擬人主義の旗の下に　i
序　章　擬人主義のなにが問題か　1
第1章　類似性と擬人主義——面妖なり観相学　9
第2章　ダーウィンをルネ・デカルトは知らざりき　19
第3章　哀れなり、ラ・マルク　31
第4章　ダーウィン、ダーウィン、ダーウィン　42
第5章　ウォレス君、何故だ　58
第6章　元祖「心の理論」——ロマネス、モルガンの動物心理学　70
第7章　ドイツ実験心理学の栄光と賢馬ハンスの没落　85
第8章　新大陸の動物心理学　101

第9章　行動主義宣言！……114
第10章　花盛りの動物心理学——新行動主義の栄光……127
第11章　行動分析とスキナーの孤独……143
第12章　比較認知科学——忍び寄る擬人主義……162
第13章　「人間」の終焉と比較認知科学の完成……175
第14章　擬人主義、ロマン主義、浪曼主義……200
第15章　擬人主義を排す……219
第16章　動物の哲学……238
第17章　無脊椎動物に「心」は必要か……261
第18章　植物に「心」は必要か……278
第19章　機械に「心」は必要か——ヒトとの共生……306
終　章　心とはなにか……321

自著解題　329　／　あとがき　333　／　増補改訂版あとがき　335

序章　擬人主義のなにが問題か

擬人主義にとどめを

やはり、とどめをさすべきだったのだと想う。ヘビの頭を石で叩きつぶすように。心理学者は一〇〇年以上も前に、擬人主義とメンタリズムを心理学の世界から放逐したはずだった。しかし、今、ゾンビのように擬人主義とメンタリズムが心理学の世界を彷徨している。ある人たちは見えないふりをして自分たちだけの世界に逃げ込み、別の人たちはゾンビたちと握手をして「共存」できるのだと強弁する。さらに、ゾンビはゾンビでなく、擬人主義とメンタリズムを批判する者こそ死に損ないだと考える人たちもいる。この世は同調圧力に溢れている。圧力のままに心理学の歴史を一〇〇年戻してよいのか。

浅学を顧みず心理学史を大学で講ずるようになって、随分になる。心理学者が講じる心理学史は進歩史観になりがちだ。今、自分が立っている心理学こそ、今までで一番優れたものだという訳だ。しかし、経験知は時間の関数で増えるものの、心理学の基本的な考え方は変容することはあっても、それはいわば婦人服の流行りのようなもので、古かったものがまた最新のものになったりするだけで、本当の進歩はなかったのかもしれない。その想いが拭えない。そう考えて黒板を背にすると、学生たちの顔は望遠鏡を逆さに見るように遠くになり、たった一人で得体の知れない何者かに心理学の歴史を説いているような気分になる。何者かはクスクス嗤いながら、「で、出発点に戻った訳だね」という。「いや、違う。戻ってはならない道があるのだ。それがいかに心地良い道であっても、だ」。ふと目を醒ますと、実際に心理学史の講義をしている最中だった。なにか妙なことをいったらしく、学生諸君がきょとんとしている。僕は咳払いをして、「では、来週までにワトソンの行動主義宣言を読んでおくように」といって教壇を降りる。

近代の心理学は、自分で自分の意識を観察すること（自己観察）で出発した。自分の内なる意識には、それ以外の方法ではアクセスできないと考えられたからである。では、自己観察を報告できない幼児や動物はどうするのか。外から見てわかる行動でしか知ることのできない彼らの心理学は、基本的には実験心理学とは別の心理学だとされた。ヴント[1]の心理学でいえば、民族心理学である。自己観察の心理学と、体の外からのデータしかない動物の心理学を統合する試みが、モルガンの動物心理学である（図0-1）。動物がヒトと同じような行動をする場合には、その背景にある意識も同じと類推できると考えたのである。実は、これが一般の人が動物と接する時にしている、ごく自然な考え方である。そして、そのことこそが問題の原因なのだ。

一九〇〇年に、心理学史上最も名前が知られた動物、「賢いハンス」というウマがドイツで登場した。詳細は第7章で述べるが、このウマは見かけ上、計算をしているように振る舞った（答えは蹄《ひづめ》で床を叩く回数で出した）。ヒトと同じような答えを出す以上、ウマはヒトと同じように頭の中で計算をしていると考えられる。心理学者のプフングストが中心になって厳密な実験が行われた。結局、ウマは観衆の反応を手がかりとして行動しているに過ぎないことがわかった。擬人主義的解釈は、巧妙な実験によって粉砕されたのである。「顕微鏡的心理学」（なにしろ細かい）と揶揄されたドイツ実験心理学の輝かしい勝利だ。

やがて、自己観察そのものが葬られる時がくる。なんといっても自己観察では、一人の人間の中に実験者とその対象が同居しているのだから、公共性の保証がない。ワトソンはそれに替わる方法として、行動観察に基づく行動主義心理学を主張した。彼によれば、心理学は実証的自然科学の一分野であり、動物とヒトは全く同じように扱われる。そして、すべてのメンタリズムは否定されたのである。

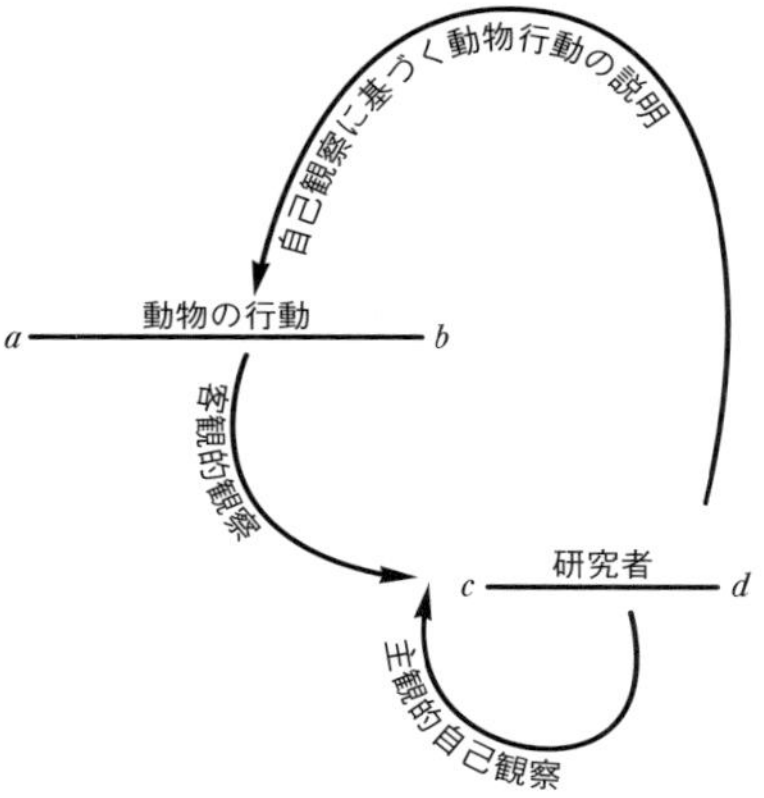

図 0-1　擬人主義による動物心理学
（Morgan, 1900）

進化論の生み出した双子――擬人主義と擬鼠主義

ヒトと動物が同じように研究できるというワトソンの主張の背景には、進化論に基づくヒトと動物の連続性がある。日本では進化論はいわば常識なのだが、世界的に見るとまだまだ抵抗勢力がある。時々進化論の理解についての国際比較の調査が行われるのだが、二〇〇四年（CBSテレビ調べ）、二〇〇九年（ギャラップ社調べ）では、米国人の過半数は進化論を信じていない。二〇一五年（ピュー・リサーチ・センター調べ）では、過半数が進化論を支持しているらしいが、民度の低さは覆うべくもない。これには設問の問題もあり、「ダーウィンの進化論」と訊くと、フランスは結構反対意見がある。フランス人をからかうと、「われわれにはわれわれの進化論（つまりラマルクの進化論）があるからだ」という。それもあるかもしれないが、フランスではやはり、デカルトの「動物は機械だが人間は違う」という考えが根強い。学者仲間で話していると、さすがにデカルトを持ち出したりはしないが、動物への差別意識が、あるいは人間知性への信頼が、チラリと見えることがある。

進化論に基づくヒトと動物の連続性は、相反する二つの立場を生み出した。ヒトのことはわかっているから、それを基準にして（認知科学的にいえばベース・アナログにして）動物を類推する（ターゲット・アナログにする）立場と、ヒトはあまりに複雑だから、まず単純な動物を研究して、そこからヒトを類推しようとする立場である。前者が擬人主義、後者が擬鼠主義という訳だが、ご本尊のダーウィンは前者である。このようなことが問題になるのは、研究対象が「心」だからで、心臓の動き、骨の構造などが研究対象の場合は、擬人主義が問題になることはない。ヒトとほかの動物の違いは、単なる種差の問題である。僕が擬人主義に異を唱えるのは、それが動物を人間的に理解しようとするからである。多分、擬人主義では、本当の「心」は人間にしかなく、動物との連続性を考えると、ほかの動物にも「心」的なものがあり、それは人間の「心」から類推できると考えているのだろう。そして、「心」の進化は、ホモ・サピエンスへの一本道だったというのだろう。僕はこれらの考えを弾劾する。これまた詳細な議論は後に行うが、人間の心のメンタリスティックな理解は、ほとんど言い換えで、よくいって説明の節約に過ぎない。多少蛇足になるが、進化論成立の後で擬人主義と擬動物主義という選択があったという訳ではない。進化論から導き出されるのは動物からヒトを理解する立場であって、その逆は、進化を目的論的に解釈しない限りあり得ない。

お前はだれだ

実はこれは面白い質問なのだ。僕は、日本におけるスキナーの行動主義全盛時代に心理学の勉強を始めた。したがって、ほかからは「行動主義者」に見えたと思う。スキナーの行動主義では、ヒトや動物の行動を制御するには、正の強化（つまりご褒美）が有効であると教える。ところが、行動主義者たちは、非行動主義者たちの行動をひたすら負の強化（つまり嫌なことを避ける）や罰（文字通り嫌なことを与える）によって制御しようとした（ことに日本ではその傾向が強かった）。つまり、やたらに論争を吹っかけて論破しまくったのである。

やがて星霜は移り、認知心理学がこの世の春を謳歌し、動物研究でも認知という言葉が使われるようになった。僕自身も、『認知の起源をさぐる』というタイトルの本を上梓した。その頃インタヴューを受けると、「生まれついての認知科学者」のように扱われた。正直、妙なものだな、と思ったが、ある先輩がある時、「お前は他人の研究に、操作的定義はなんだ、とか散々ケチをつけておいて、今になって認知科学者のふりをするとは何事か」と詰問された。しかし、一九六〇年代には動物の高次認知に挑戦できるだけの方法も知識も、蓄積されていなかった。いや、その頃の地道な動物の操作主義的基礎研究の成果が、さらなる高次機能への挑戦を可能にしたのだ。しかし、その先輩は激することで知られた人物だったので、その時はご意見を承るだけにした。

先の個人史の説明でもわかるように、スキナーの行動主義が僕の故郷であり、今でもハイマート・リーベを感じる。しかし、違和感も感じる。研究者にもよるが、神経科学に対するアレルギーが強すぎる。多分、「皮膚の下のことを語るな」といったキャッチコピーが刷り込まれたのだと思う。スキナー自身は、今（一九五〇年代）は脳研究と行動研究は独立に進めたほうが生産的だ、という歴史認識を示したに過ぎないのだが。

今はさすがにそのような質問を受けることはなくなったが、昔は神経科学系のシンポジウムで、「あなたは文学部にいるのになんでそんなことを知っているのか」と不思議がられたものである（僕の専門の一つは、鳥類の脳の研究である）。外国でそのようなことを訊かれたことはないので、ブンケイ／リケイの区別（差別？）は我が国の特殊な事情かもしれない。僕の海外での研究歴も、心理学の研究室が四カ所、神経科学系が五カ所で、ほぼ同じである。

さて冒頭の質問に戻ると、僕は、自分はかくあるべし、という自己定義はしない。いや、心理学だ、認知科学だ、神経科学だ、といった制度的区分け自体、人間が勝手にしているだけで、僕の前には茫漠たる、興味のつきない世界が広がっているだけだと考えている。僕はアナーキストなのだ。

蘇る擬人主義

擬人主義は着々と蘇りつつある。いや、おおっぴらに擬人主義を標榜する研究者までいる。啓蒙書の名手でもあるドゥ・ヴァールもその一人だ。彼の共感に関する「入れ子こけし」のモデルは人口に膾炙しているが、僕は共感に関する研究会で、このモデルのどこが間違っているかを丁寧に批判したことがある。このドゥ・ヴァールが、二〇一六年の国際心理学会のために来日した。彼は、直前に開かれた日本神経科学会を含めると、かなりの数の講演を行った。

僕はちょっと憂鬱だった。公に批判している以上、彼がパワポでこのモデルを提示したら、批判の手を挙げざるを得ない。僕とても、大学教員という舌先三寸で糊口を凌ぐ商売を四〇年も続けているから、早々簡単に負ける気遣いはないが、なにぶん父母に教わったのではない言語での争いである。あるいは不覚を取るやも知れぬ。しかし、意外なことに何回かの講演で、彼は一度もこのモデルを示さなかった。もっとも他の講演者でこのモデルを引き合いに出された方はおられ、そのような場合にはコーヒーブレイクの時に、それとなくそのモデルには問題があることを指摘しておいた(2)。

ドゥ・ヴァールは、しかし、擬人主義を一般的に主張しているのではなく、霊長類、特に大型類人猿に関して擁護しているに過ぎない。彼の意見は多分、多くの初学者を納得させるだけの力がある。しかし、一旦認めると、その後の線引きは難しい。擬人主義の起源を探り、なにが問題であるかを明らかにするのが本書の目的である。

注

（1）ヴントは、ドイツの心理学者で、近代の実験心理学は、彼がライプツィヒ大学に実験室を作ったのが誕生の時とされている。ちなみに「顕微鏡的心理学」とは、同時代の新大陸の心理学者、ジェームズのヴント評である。

（2）初版出版後に別のシンポジウムでドゥ・ヴァールと直接議論する機会があった。共感の入れ子こけし（マトリョーシカ）の問題点を指摘しておいた。要約すると、①このモデルが進化を示すのか、発達を示すのか、あるいは脳の部位を示すのかが不明である。②著書の中では脳のモデルであるように書いてあるが、そうであれば各入れ子の脳の対応部位を示さなくてはならない。③進化モデルとすれば、これは下等動物からヒトに至る階層モデルで、極めて古い進化モデルであり、支持することはできない。以上である。彼は理解してくれたと思う。

参考文献

カンギレム、ジョルジュ　金森修（監訳）『科学史・科学哲学研究』法政大学出版局、一九九一年
Morgan, Lloyd (1900). *Animal behavior*. London: Arnold.

第1章　類似性と擬人主義——面妖なり観相学

ライオン顔の勇士と衣冠束帯のサル

図1-1aは、三万二〇〇〇年前（後期旧石器時代）の象牙の彫刻「ライオン・マン」である。文字通り頭はライオン、体は人間の半人半獣像である。bはフランスのレ・トロワ・フレールの洞窟壁画「呪い師」（一万七〇〇〇年前）でかなり気味が悪い。複数の動物のハイブリッドで、冠りもののコスプレのようでもある。cはずっと新しくなって、本邦キトラ古墳（一三〇〇年前）の十二支だが、これも頭は動物、体は人間だ。僕の生まれは東京の芝二本榎で隣町は白金猿町。夏祭りの時に白金猿町のお神酒所にはサルのご神体がまつられる。これは大ザルが衣冠束帯をつけた作り物で、大変不気味なものだった。子どもの頃は観るのが随分怖かったことを憶えている。このようにヒトと動物のハイブリッドはさまざまな文化で見られる。dのプジョーのエンブレムもそのようなものだと指摘する考古学者もいるが、いわれてみればそのように見えなくもない。獣頭人身図は風刺画でも良く使われる手法で、一九世紀フランスの風刺画家、グランヴィルは、そのような絵を多く描いたばかりでなく、後

a（モリス，2015）

b（アッコー＆ローゼンフェルト，1971）

c（山本，2010）

d ©APF/SEBASTIEN BOZON

図 1-1　さまざまな獣頭人身の例

に述べる観相学をそれなりに研究している。獣頭による風刺は、動物の顔が人間の性格などの特徴を誇張して表していることを利用している。

作られた世界――擬人主義的世界観

子どもの頃に母から次のような話を聞いた覚えがある。「神様が粘土を捏ねて人間を作ろうとした。最初に窯から出した人間は生焼けで白かった。神様はこれは失敗だといって放り出した。これが白人である。次に窯に入れると真っ黒にこげた人間が出てきた。神様はまた失敗したといって放り出した。これが黒人である。最後にちょうど良い色に焼けた人間ができた。神様は祝福し、これが日本人になった」。母は大正一二（一九二三）年の生まれ、すなわち日本がどこかの保護領ではなく、一等国だった時代に育っている。超牧歌的なアーリア人神話みたいなものだが、一等国の頃にはそんな話もあったのだろう。

もちろん僕は、大日本帝国を懐かしむためにこのような話をしているのではない。作られたものとしての人間という話をしたいのだ。大体どの宗教においても、世界は作られた、ということが多い。たまたま、できたというのではない。何故だろうか。僕はもちろんこの方面の素人なのだが、どうもこれはヒトがものを作ることの推論から来ているような気がする。自分たちは壺やさまざまなものを作る。自分たちのまわりの自分たちが作ったのではないものを見た時に、これは自分たち以外のだれかが作ったのではないかと考えるのは自然な推論といえる。樹も岩も川も海も動物たちも、つまりは自分たちよりずっと力のあるだれかが、そのように作ったのではないかという訳だ。人間がものを作ることからの擬人主義的理解としての世界の創造である。

そして、人間も動物も作られたものであり、その意味で違いはない。もちろん精緻化した宗教になると、動物と人間の作られ方の相違が見られる。コーランでは人間は陶土、動物は水から作られたことになっており、キリスト教では動物は人間のために作られたものだ。一三世紀のヘブライ語聖書では、最後の審判での義人の頭部は動物なのである。この解釈はなかなか難しいようだが、哲学者にして美学者のジョルジョ・アガンベンは、最後の審判の日に動物と人間の関係が新たに和解されることを示しているのだという。動物―人間の変身潭や異種婚姻潭は洋の東西を問わず共通しており、動物―人間の可換性を示すものだろう。文化による違いもある。我が国の変身潭では動物から人間へも人間から動物へも同じように見られるが、グリム童話では人間が動物になることはあっても、その逆の例は極めて稀である。日本の円環的変身には仏教の影響が考えられるが、畜生道は人間道より劣るので、円環性はあっても等価ではない。

ギリシャ哲学では、ストア派が人間中心主義でヒトと動物の断絶を主張したのに対し、エピクロス派はヒト―動物の連続性を主張している。この対立は後々まで続く。キリスト教は人間と動物を峻別したことになっているが、エデンの園では人間と動物が会話をしたし、聖フランチェスコは小鳥にも説教をしたらしい。さらに珍妙なのは一二世紀から一七世紀の欧州で見られた動物裁判で、動物が人間の犯罪者と同様に裁判にかけられ、処刑されたのである。いくつかの絵画も残されているが、人間とほぼ同じ扱いのようである。日本でも地震を起こした罪で白洲に引き出されたナマズの絵を見たことがあるが、もちろんこれは冗談であり、西洋人のように大真面目にナマズを裁判にかけた訳ではない。

観相学

「人は見た目が九割」だそうだ。ヒトの判断に見た目が影響することは多くの実験心理学的研究からも明らかである。観るだけでさまざまなことがわかれば便利だとも思う。しかし、ヒトの評価が「見た目で決まる」と考えるとしたら、それは極端な単純化であり、空っぽの脳みそを見かけで補おうとするのは無駄な努力であることはいうまでもない。

観相学は外に見えるものから、見えない内面を類推しようとするものである。実はこれに擬人主義が大きく関わっている。観相学の元祖、アリストテレスは、観相学に動物からの類推、人種からの類推、感情に支配されている物からの類推、の三つの方法があるとし、最初の動物からの類推が最も良いとしている。彼は、ヒトと動物の類似性は程度の違いであり、ヒトで見られるさまざまな能力が動物にも認められると考えた。つまり、ヒト―動物の連続性である。ここまでは良かろう。そして、ヒトにさまざまな性格の類型があると考えた。これも良かろう。奇妙なのは、その性格に動物を対応づけたことである。いわく、「ヘビは卑屈で陰険」「ガチョウは内気で用心深い」「クジャクは嫉妬深く派手好み」といった具合である。人間は内面を取り繕うが、動物はそのようなことをしないので、内面が正直に形態に反映されるという理屈だ。さらに奇妙な論理は、したがってヘビに似たヒトは卑屈で陰険であり、クジャクに似たヒトは嫉妬深くて派手、と類推することである。つまり、ヒトの性格は動物との対応によって、「ヒトの性格→動物の性格＝動物の形態＝ヒトの形態→ヒトの性格」と循環して推論されるのである。ヒトの性格から動物の性格の類推は擬人主義であり、動物の形態からヒトの性格の類推は擬動物主義である（図1-2）。

擬人主義批判として問題になるのは、ヒトの性格を動物に割り当てるところである。そもそもヒトという一つの種内の個人の性格の違いが、動物ではそれぞれ一種に対応するのは奇妙だ。臆病なライオンもいれば、勇敢なウサギもおろう。さすがにアリストテレスはその問題には気がついていて、「ライオンだけが勇敢ではなく、ウサギだけが臆病なのではない」と短絡的な類推を批判している。

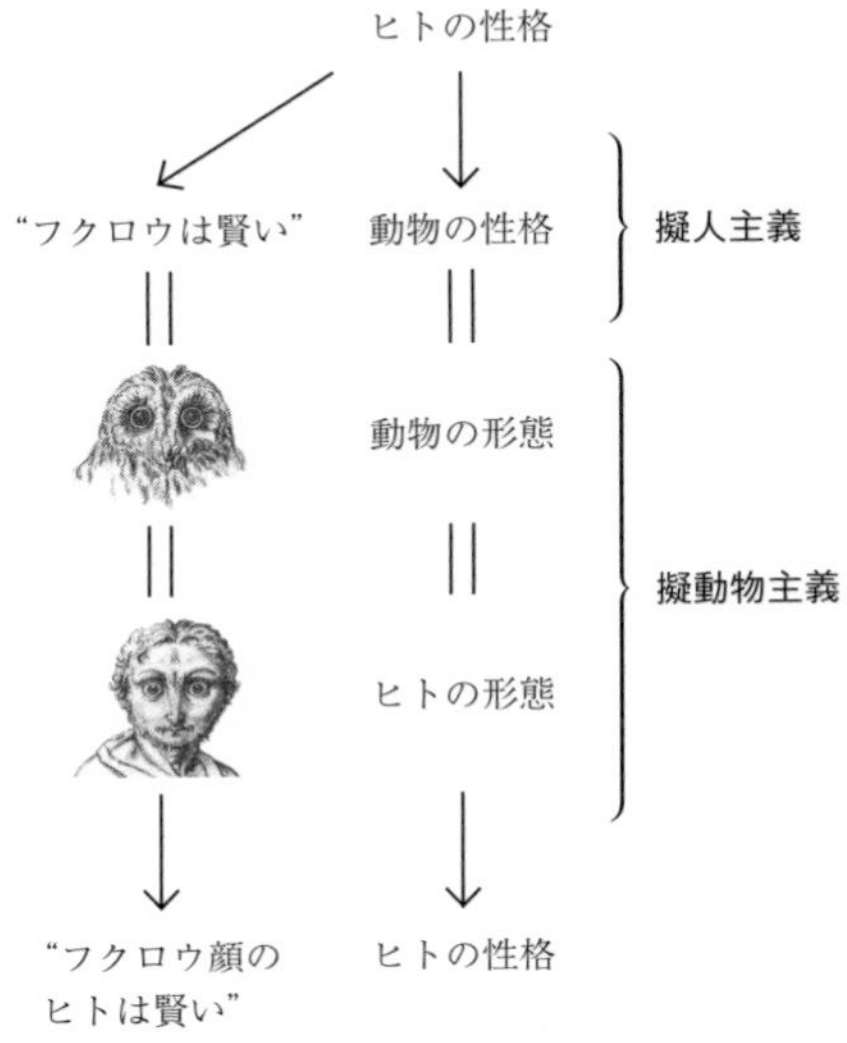

図 1-2　観相学における擬人主義と擬動物主義
（フクロウとヒトの絵は，浜本ら，2008 より）

しかし、観相学はその後廃れてしまい、再び脚光を浴びるのは一六－一七世紀の科学革命の時である。観相学リバイバルの立役者は、ナポリの医師、デッラ・ポルタ（一五三五－一六一五）で、観相学の復権とその科学化を目指した。ただ、ここでいう科学化とは、どうも占星術からの独立のようである。彼の著書『天界の諸相』では、「ヤギのような顔の人間はヤギのように愚かで、ライオンのような顔をした人間はライオンのように力強く恐れを知らない」としている。ここでもヒトの性格と動物の顔つきの対応に基づいて、ある動物に似た顔からその顔の持ち主の性格が類推される。彼によればソクラテスはシカ顔、プラトンはイヌ顔だという。現在から見ると荒唐無稽なこのような発想の背後には、この時代の考え方の枠組みとしての類似と分類という考え方があると思われる(1)。

観相学には美術からの参入も行われた。フランスの画家、シャルル・ルブラン（一六一九－九一）は、

「王立絵画彫刻アカデミー」の大物であった。彼は感情と表情の対応を研究し、また、ヒトの顔の部分の形態的特徴と動物の顔の部分の形態的特徴の相関を主張した。すなわち、顔全体ではなく、その部分と性格の相関をヒトと動物で認めるもので、これまでの観相学を精緻化したものといえよう。顔の計量化の試みもあった。ペトルス・カンパー（一七二二―八九）による「顔面角」の発明である（図1-3）。まず横顔の鼻の下と耳の穴を結ぶ直線を引く。これが水平線になる。ついで上唇と額を結ぶ直線を引く。先の水平線とこの直線の角度こそが顔面角で、彼は多くのサル、オランウータン、黒人、白人などでこの角度を計りまくった。この角度は知能の指標と考えられ、欧州人の優越性を示すものとしてよく引用された。ただ、カンパー自身はむしろ顔の描画の手法と考えていたようである。つまり、この角度がわかっていれば人種の描き分けが容易になるという訳だ。もっとも、アポロ像が顔面角一〇〇度、欧州人八〇度、黒人七〇度、オランウータン五八度、サル四五度といった具合で欧州人中心主義であることは否めない。

　これを受け継いだのが、チューリヒ

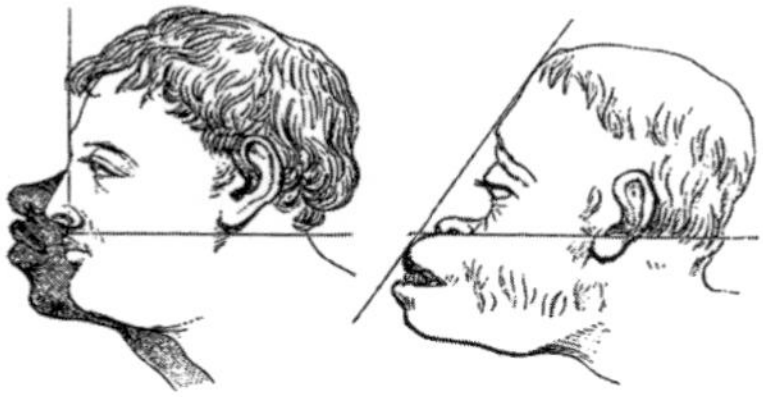

図1-3　カンパーの顔面角（カンパー，2012）

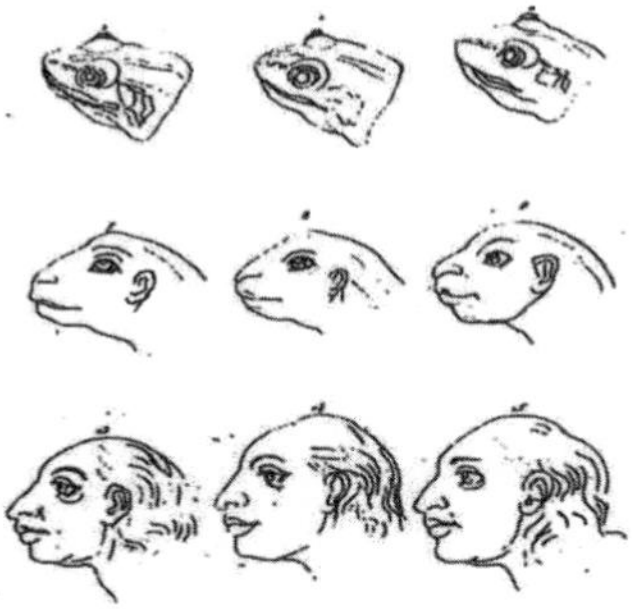

図1-4　ラファーターによるカエルからヒトまでの移行（野村，2014）

の牧師、ヨハン・カスパル・ラファーター（一七四一―一八〇一）で、牧師であるから説教がうまく、また人を見抜くことにも秀でていたという。彼は観相学を外観と内心の関係を見抜くものとし、直感的観相学、心的対応関係の分類による科学的観相学、対応の根拠を問う哲学的観相学があるとした。そして二番目の観相学を推進する。また額計測器などを発明し、顔面角による動物や人種の序列化を行った（図1-4）。ラファーターの信奉者は結構多くて、ダーウィンが乗ったビーグル号の船長は、ダーウィンの鼻の形が航海に不向きだとして採用をためらったという。このような顔や頭蓋の測定は、やがて骨相学へと受け継がれてゆく。

骨相学

骨相学といえば、フランツ・ヨゼフ・ガル（一七五八―一八二八）である。ウィーン大学で学位を取得した医師であり、動物園つきの大邸宅に住んでいたという。子どもの頃の友人に「牛目」（目が出っ張っている）の子がおり、ほかはだめだが、妙に暗記ものに秀でていた。後年、やはり牛目にして記憶の良い人を知り、どうも顔つきが能力を反映しているようだと考えるに至った。一七九八年に骨相学の最初の論文を発表している。やがて弟子のヨハン・ガスパー・シュプルツハイム（一七七六―一八三二）とともに骨相学啓蒙活動に邁進する。その後、パリに移り、脳卒中で死亡。遺言に従って彼の頭蓋骨は彼のコレクションに入れられ、現在パリの人類学博物館に所蔵されているという。骨相学では、ヒトおよび動物の能力は脳にその座を持ち、それぞれの能力は独立している、今日風にいえばモジュールになっている、とする。そして脳の形状はそのモジュールの大きさを反映し、頭蓋骨の形状から能力が推定できると考える。ある能力が優れていればその部位は大きくなり、頭蓋骨の上からもわかるという訳だ。したがって、機能局在を認めながら、モジュールの量作用を認めていることになる。骨相学そのものは過去のものといえるが、現在でも形態脳画像の研究では、脳部位の大きさの計測が大きな課題になっている。

骨相学が生み出した奇形児ともいえるのが、チェーザレ・ロンブローゾ（一八三六―一九〇九）の「生来性犯罪者」である。彼はトリノ大学の法医学部教授で、生来性犯罪者とは、生まれながらの犯罪者であり、サルに先祖返りした結果であるという。また、生来性犯罪者は明らかな身体的特徴を持つ、つまり、顔つきで犯罪者がわかるとするが、この論理を正当化するためには、サルが犯罪的でなくてはならない。実際、彼は動物の「犯罪」について述べている。なんとも珍妙な話である。

表現型の相関としての観相学

観相学は、つまりは表現型の相関（顔の形態的特徴と心的機能の相関）の問題である。エルンスト・クレッチマーの体型と性格の対応などもその例である。表現型の相関の問題としてはなにも動物の形態を持ち出す必要はないのだが、「何故ならしかじかの動物に似ているから」という説明がわかりやすかったのだろう。動物をヒトに擬し、ヒトを動物に擬すことは説明になっていないのだが、それで人間が納得してしまう。擬人主義の根はかくも深いのである。

注

（1）フーコーは、類似がルネサンスのエピステーメ（ものの見方の枠組み）であると指摘している。形の類似したものに機能の類似を見るのは、この時代としては自然なものの見方であったとも考えられる。例として、トリカブトと目の形が似ているので、トリカブトが目薬になると考えられたことを挙げている。

参考文献

アガンベン、ジョルジョ　岡田温司・多賀健太郎（訳）『開かれ――人間と動物』平凡社、二〇一一年
アリストテレス　島崎三郎（訳）『アリストテレス全集8　動物誌　下　動物部分論』岩波書店、一九六九年
カンパー、ペトルス　森貴史（訳・解説）『カンパーの顔面角理論』関西大学出版部、二〇一二年
ダゴニェ、フランソワ　金森修・今野喜和人（訳）『面・表面・界面――一般表層論』法政大学出版局、一九九〇年
ダルモン、ピエール　鈴木秀治（訳）『医者と殺人者――ロンブローゾと生来性犯罪者伝説』新評論、一九九二年
ゲーテ、ヨハン・ヴォルフガング　木村直司（編訳）『ゲーテ形態学論集　動物篇』筑摩書房、二〇〇九年
グールド、スティーヴン・ジェイ　鈴木善次・森脇靖子（訳）『人間の測りまちがい――差別の科学史』河出書房新社、一九九八年（二〇〇八年文庫化）
浜本隆志・柏木治・森貴史（編著）『ヨーロッパ人相学――顔が語る西洋文化史』白水社、二〇〇八年
平野亮『骨相学――能力人間学のアルケオロジー』世織書房、二〇一五年
リゲット、ジョン　山本明・池村六郎（訳）『人相――顔の人間学』平凡社、一九七七年
モリス、デズモンド　別宮貞徳（監訳）『人類と芸術の300万年――デズモンド・モリス　アートするサル』柊風舎、二〇一五年
野村正人『諷刺画家グランヴィル――テクストとイメージの19世紀』水声社、二〇一四年
岡部雄三『ヤコブ・ベーメと神智学の展開』岩波書店、二〇一〇年
アッコー、ピーター&ローゼンフェルト、アンドレ　岡本重温（訳）『旧石器時代の洞窟美術』平凡社、一九七一年
山本忠尚『高松塚・キトラ古墳の謎』吉川弘文館、二〇一〇年

第2章　ダーウィンをルネ・デカルトは知らざりき

「みつまめをギリシャの神は知らざりき⑴」

これは、戦前の銀座の甘味処、月ヶ瀬の宣伝文句ということになっている。もちろん、戦後生まれの僕は戦前の月ヶ瀬など知る由もなく、いずれなにかの文章で読んだものなので正確ではないかもしれない。しかし、僕はこの文句が気に入っている。東京っ子がみつまめを食べながら、「ギリシャの神さまだって、この味は知らない訳よ」と粋がっていると想像しても面白い。ギリシャの神だって神なのだから不死だろう、そうなると半裸の神々がぞろぞろ月ヶ瀬に降りてきてみつまめを賞味してもおかしくない。この想像も愉快だ。全体、ギリシャの神は神通力があることを除けばすこぶる人間的で、神通力を使って人間の婦人を勾引《かどわ》かすので、如何なものかと思う。つまりは擬人的に作られた神々ということになろう。

この本歌取り（?）が本章のタイトルになる訳だが、心理学にとってデカルトの影響はまことに強く、人間が特別でほかの動物たちと違う、という発想は、手を変え品を変えて繰り返し心理学に登場する。僕は密かに「デカルトの呪い」といっているほどだ。

世界精神——漂う霊魂

僕は心理学の歴史における連続と断絶ということを考えている。私たちの「心」についての興味はずっと遡れるはずだし、そうなると心理学は連続しているとも見える。しかし、明らかに違っているところもある。今考えると奇妙だが、どうも個人の中にある心という考え方は、デカルト以降のように思う。もちろん、ある時に一斉に心は個人に属すると考えるようになった訳ではないが。まずは、デカルト以前の心の見方を大急ぎで見てみよう。

そもそも心はある種のオープン・システムと考えられていたようだ。宇宙の原理である世界精神と人間の霊魂は同じであり、自然（大宇宙）と人間（小宇宙）はつまりは対応関係がある。このことから、天体から人の未来を予測できるという占星術が出てきたようである。心理学の教科書にはよくその源流としてギリシャ哲学が述べられており、実際、ヒポクラテスの性格論やアナクサゴラスの相反対照感覚説など、現代心理学の理論にうまく対応づけられるものもある。しかし、人体を離れて漂う霊魂の一部としての個人の心という考え方は、現代心理学が想定する心とは別のものだ。

この世界精神という考え方は繰り返し生き返る。ドイツ・ロマン主義のシェリングは、『世界霊魂について』という著作で無機物を含めた生命体の構想を述べているし、いわゆるガイア仮説もその延長上にある。

霊魂の「理論」としての登場は、プラトン、アリストテレス以降である。プラトン（ＢＣ四二七―ＢＣ三四七）によれば、そもそも人間は霊魂そのもので、それが身体に閉じ込められたのが現実の姿なのである。したがって、霊魂は身体を離れても存在できる。身体の部位は霊魂のさまざまな機能が局在する場所で、理性は頭に、勇気は胸に、そして情欲は腹にある、といった具合である。ただ、プラトンから体系的な心の理論を読み取ることはあまりできない。一方、アリストテレス（ＢＣ三八四―ＢＣ三二二）は、霊魂論を自然学の一部とし、動物や植物にも霊魂を認めた。これまた現代の心とは随分違う。「霊魂論」という心理学を連想させる名前がついているのでわかりにくいが、アリストテレスの霊魂論は、心理学ではなく生物学だと考えたほうがわかりやすい。

アリストテレスの霊魂の定義は二つあって、一つは「可能態において生命を有する自然物体の現実態、そして形相である」というもので、わかりにくいが、潜在的に生命を持ち得る物体を実際に形作るものだということ。もう一つは「生命的働きの原理であり、目的の原理である」というもので、生物を動かす原理と合目的性と考えれば良い。

植物霊魂は物体に栄養機能が加わったものであり、動物霊魂はさらに感覚・運動機能が加わる。さらに人間霊魂になると理性が加わる。総論的にはその通りなのだが、アリストテレスの動物行動の各論になると随所に動物の高次認知行動が取り上げられているので、この分類は必ずしも一貫しているとは思えない。この霊魂の段階説はボトムアップであり、完全なる植物は動物となり、完全なる動物は人間となる（図2-1参照）。この三段階霊魂論の良いところは実に呑み込みやすいところで、先の

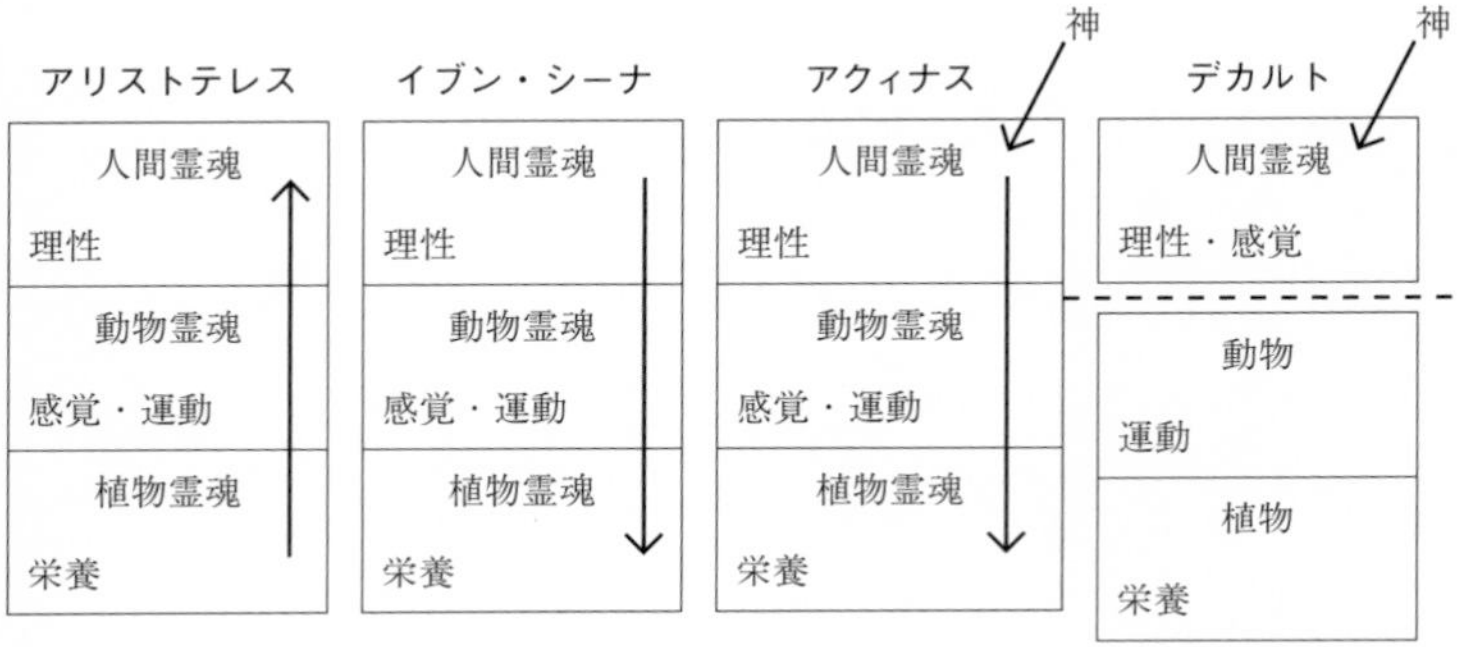

図 2-1　霊魂論の変遷

霊魂はそもそも植物を含む生命の原理のように考えられていた．アリストテレスのボトムアップな説明はイブン・シーナで逆転し，アクィナスで神が導入された．デカルトは人間霊魂をほかから切り離し，感覚は人間霊魂に組み入れた．

定義がチンプンカンプンでもこれは了解可能だ。そのために長く研究者の考え方を支配することになる。少し前まで神経科学の教科書には、私たちの脳の一番下層には爬虫類の脳があり、その上に旧哺乳類の脳、その上に新哺乳類の脳があるというポール・マクリーンによるエディンガー－マクリーンの説が図解で示されていた。ルートヴィヒ・エディンガーはアリストテレスの霊魂論から着想を得ている。

　アリストテレスの霊魂論の大変にまずい点は、身体のない霊魂はないとしながらも、理性霊魂のみは不滅としたことである。あと一歩で身体を離れて漂う霊魂に引導を渡せたのに、アリストテレスは踏みとどまった。大アリストテレスといえども、当時の時代精神に囚われていたということか。この不徹底は後に、アリストテレスのプラトン的解釈といわれる、瞑想による絶対者（漂う世界精神）との魂の合一を目指す新プラトン主義を生み出した。

アリストテレスの霊魂論は、欧州ではなく当時の最先端科学地域であるアラビアに受け継がれた。体系としてはイブン・シーナ（九八〇―一〇三七）のものが最も知られている。霊魂の定義は、「生命行為をなし得るところの器官を有する自然物体の現実態」であり、アリストテレスとの違いは形相という機能をなくした点である。三段階説は踏襲したが、完全なる人間霊魂から理性が欠如したものが動物霊魂、動物霊魂から感覚が欠如したものが植物霊魂としている。すなわちトップダウンである。トップダウンのいけないところは、訳のわからないトップを据えることができる点で、実際アラビアから欧州にアリストテリズムが逆輸入された時にこれが起きた。

スコラ哲学の大御所、トマス・アクィナス（一二二五―七四）の定義は、「体の形相であり、神から付与されたもの」としての霊魂である。ついに神の登場である。アリストテレスの神学的解釈といわれるもので、ヨーロッパ・アリストテリズムとしてキリスト教の理論的支柱となった。彼は魂の不死を主張しているが、ある人の身体から抜け出した魂は、その人そのものではなく、その人の自我とは異なるものだとしている。魂こそが本来の人だとしたプラトンとは異なるのだ。面白いことに彼は動物霊魂には寛容であり、動物霊魂も不滅であるとした。

さて、動物をどう観るかという点では、西欧、特にキリスト教の考え方は矛盾だらけともいえる。一方では動物は邪悪なものであるが、地上の楽園では人と動物は仲良くしていたはずだ。よく絵画の題材になるアッシジのフランチェスコは動物に説教したことで知られた。欧米では、今日でも動物福祉を声高に主張する一方で、狂牛病が出たとなると罪のない野生動物を殲滅し、それに対して気の毒とか供養しようという発想は全くない。

前章でも述べたが、キリスト教全盛時代に、動物を人間と同じように裁判にかけて処罰することが行われた。[2] この背景には、キリスト教が普及する以前の、民衆レベルでの動物の擬人主義的解釈があろう。アクィナスは、理性のない動物を裁判にかけることに否定的だった。彼はキリスト教の権威そのものだし、何人かの法学者も動物裁判に否定的だった。にもかかわらず、動物裁判は一三世紀から一六世紀まで広く行われた。当時のインテリたちが教会の見解に戦々恐々だったことを考えると、ちょっと不思議である。しかし、動物に高次認知機能を認める立場もあり、ミシェル・ド・モンテーニュ（一五三三―九二）は動物の合理的推論を認め、イヌが舌の届かない壺の中の油を舐めるのに、石を入れて油面を上げたとしている。これは今日の比較認知科学でイソップ課題として知られているものである。彼は動物の言語能力も認めたが、ゾウの瞑想などという妙なものも認めている。

デカルト革命

僕がルネ・デカルト（一五九六―一六五〇）は革命的だと考えるのは、次の二点のためである。第一点は、人間霊魂のみを霊魂としたことである。植物霊魂、動物霊魂は人間霊魂から切り離された。その結果、ヒトと動物を峻別することになったが、この霊魂観は近代における心の考え方に近い。第二点は、心を内省によってアクセスできる「意識」としたことである。やがてドイツで花開く、自己観察による意識心理学の基礎ができたといっていい。

さて、第一点だが、動物霊魂の機能だった感覚が一番問題になる。デカルトは、感覚を動物霊魂から取り上げて人間霊魂に組み込んだ。その結果、動物には感覚がないということになった。もちろん苦痛もない。その一つの論拠は、動物における言語の欠如である。また、『方法序説』では、動物、自動人形、人間の比較をし、思考の柔軟性による環境への多様な適応は人間のみに見られるとしている。これがもう一つの論拠である。

西洋人は肉食人種だから動物を殺して食べる。ある神父が「メンドリが殺されるのを見るのが嫌だったが、デカルト説を知ることによって平気になった」と述懐している。このように、動物機械論は肉食人種にとって居心地が良い。動物が機械だという考えは広く支持され、動物には苦痛はなく、同情するのは無知の証拠とされたのである。ただし、デカルトはニューキャッスル公爵あての書簡の中では動物に情念を認めていたりするので、イヌを蹴飛ばしたので勇名を馳せたニコラ・ド・マルブランシュ（一六三八―一七一五）ほどは徹底していない。

第二点の意味は、心の個人化ということである。これは心理学的には極めて重大な変更である。心はほかから見ることのできない私的事象になったのである。内省の背後には、教会での瞑想による神の理解という歴史があると思うが、考える対象が自分自身であることが違う。デカルトによれば、人間は身体と霊魂からなる。デカルトの心身二元論といわれるものである。『人間論』（死後出版）の冒頭で、身体と霊魂を述べ、最後どのように結びつくかを述べると主張しているが、内容は身体の機械的からくりの説明ばかりで、霊魂の機能はわからない。機械論で全部説明できているとも読める。

では、なぜデカルトは不滅の霊魂を導入したのか。一つの考え方は、教会に遠慮したのだというものだ。ラ・メトリはその意見だし、デカルトはガリレオの有罪判決を聞いて、『世界論』の出版を取りやめたといわれているので、あるいはそうかもしれない。もう一つの考え方は、倫理的な要請があったのだという意見である。人間が動物と同じ機械ということになると、行動に倫理的な歯止めがなくなるという訳である。

ヒトが死ぬと心はどうなるのだろうか？　心は身体から離れる。デカルトは霊魂の不滅を主張しているので、漂う霊魂を否定した訳ではない。離れた心が存在しているということは、どうも心の個人化とうまく整合性が取れない。『情念論』では、霊魂の機能を意思と情念としている。しかし、意思と情念の機能は、身体なしには発現できない。アクィナスの場合もそうだが、身体を離れた霊魂がどこでなにをしているのかは、信なき衆生にはわかりにくい。世界精神あるいは神の与えた精神を個人が分有するというのは、西欧におけるかなり根強い考え方のようで、木田元もデカルトの理性というのはそのようなもので、日本語の理性とは違うものだと指摘している。

デカルトが登場したからといって、動物機械論が一世を風靡したわけではない。マラン・キュロー・ド・ラ・シャンブル（一五九四－一六六九）、ジャン・ド・ラ・フォンテーヌ（一六二一－九五）、ヴォルテール（一六九四－一七七八）など、動物の高次認知能力を認めた学者は多い。デイヴィッド・ヒューム（一七一一－七六）は、動物における経験による学習を認め、原因の推論ができるとし、人間も多くの場合、このような推論をするとしている。面白いのは、経験によらない本能を認めているが、ヒトの「実験的推理」そのものが一種の本能だとしている点である。イマヌエル・カント（一七二四―一八〇四）も、動物は反射的な機械ではないとデカルトを批判し、動物に一定の高次認知を認めたが、動物は悟性が欠如しているとした。

動物機械論と人間機械論

動物機械論はヒトと動物の連続性の否定であり、その帰結として擬人主義は否定される。しかし、動物が機械なら人間だって機械かもしれないという考えもある。人間機械論はヒト―動物の連続説であり、人間の機械的説明はあっても、機械の擬人的な説明はあり得ない。動物機械論の旗頭は、ジョルジュ‐ルイ・ルクレール・ド・ビュフォン（一七〇七―八八）であるが、彼は感覚に身体的感覚と精神的感覚があるとし、動物は前者しか持たないとした。

人間機械論の旗頭は、ジュリアン・オフロア・ド・ラ・メトリ（一七〇九―五一）で、彼の『人間機械論』は小さな本であるが、その単刀直入な名前ゆえに有名だ。ただ、機械（物質）そのものの考え方が今日から見るとやや特殊である。彼は機械に受動的側面とともに能動的側面、つまり感覚があるとした。機械は潜在的に感覚を持ち得るという訳だ。好意的に解釈すると、感覚が機械的に説明できるという主張かもしれない。彼は動物も感覚を持ち、動物とヒトの差は程度の差でしかないとした。この部分は擬人主義であるが、比較解剖学の知見も参考にしている。人間が言語表現をするのに対し、動物のしていることは黙劇だとして、適切な訓練をすればサルも言語を獲得すると予測した。

霊魂に対する考え方は、彼の『霊魂論』の最初に鮮明に書かれている。「肉体から取り出された霊魂を考えることはできない」「現に在るものだけを見るようにし、何ものも空想で作り出すことは控えようではないか」といった塩梅である。もちろん教会は大反対で、彼が死んだ時には罰が当たったと言いふらしたらしいが、実際はキジのパイを食べ過ぎたためらしい（大食い競争をしたという説もある）。『エピクロスの体系』などという著作もあり、なかなか面白い人物だったようだ。

動物機械論に対して、動物霊魂論という立場もある。これもなかなかに根強いが、擬人主義とは親和性がある。哲学的な議論に深入りする紙幅はないが、金森（二〇一二）が参考になろう。ラディカルな主張は、動物にも霊魂があり、かつ不滅であるとするもので、ゴットフリート・ライプニッツ（一六四六―一七一六）がそのような主張である。彼は『人間知性新論』で動物の感覚や不滅の霊魂を認めたが、その霊魂は人間のものには劣るとしている。彼には『動物の魂』という著作もある。ただ、動物の霊魂は身体から遊離して存在するのではなく、微小な有機体と結びついて存在する。人間の霊魂は死後もなんらかの有機体と結びついて存続するが、感覚や意識が残るという。この辺も具体的にはわかりにくいが、ヒト―動物の連続性を主張するものであろう。エティエンヌ・ボノ・ド・コンディヤック（一七一五―八〇）も反動物機械論者で、その一七五五年出版の『動物論』の「確かに人間の能力と知識の体系は卓越しているが、それでも人間はすべての動物を包み込む一般的な体系の部分をなしている」という主張は、驚くほど今日の「比較認知科学」の立場に似ている。ただし、彼の立場は明らかに擬人主義で、「自分が感じるところに従って人間の心の諸機能を観察し、そこからの類推で動物の諸機能について判断する」のである。

「タラレバ」の話だが、デカルトがダーウィンの進化論を知っていたら、どう考えただろう。僕にはやはり、人間と動物を分ける立場を守ったのではないかと思う。ダーウィンと並び称されるウォレスも、こと人間についてはデカルト的立場に立っている。ヒト―動物の連続性を認め、人間を動物から観ることができるには、まだ多くの時間が必要だったのである。

謝辞　昔のこととなると翻訳や二次資料に頼るので、ちと自信がない。古典学の泰斗である西村太良さんに査読していただいた。謝意を表します。

注

(1)　僕はこの由来を知らなかったが、敏腕なる担当編集者が橋本夢道の作であることを突き止めてくれた。彼はプロレタリア俳句の俳人であるが、みつまめの発案者でもあり、月ヶ瀬創設に参画し、このコピーを作った。牢屋にも入っているから、その方面でも筋金入りなのだと思う。初版出版後に、東京新聞二〇二〇年二月一五日夕刊の「福田若之のここに句がある」というコーナーで、これが宣伝コピーではなく、れっきとした俳句であることが指摘され、僕の無知「にもかかわらず、展開された読みが俳句の鑑賞としてもじつに的確かつ想像力豊かでおもしろい」と評価していただいた。

(2)　フェルナンデス－アルメスト、フェリペ　長谷川眞理子（訳）『人間の境界はどこにあるのだろう？』岩波書店、二〇〇八年によれば中国でもあったらしい。

参考文献

アリストテレス　山本光雄・副島民雄（訳）『アリストテレス全集６　霊魂論　自然学小論集　気息について』岩波

書店、一九六八年
コンディヤック、エティエンヌ・ボノ・ド　古茂田宏（訳）『動物論——デカルトとビュフォン氏の見解に関する批判的考察を踏まえた、動物の基本的諸能力を解明する試み』法政大学出版局、二〇一一年
デカルト、ルネ　伊藤俊太郎・塩川徹也（訳）「人間論」『デカルト著作集4』白水社、一九七三年
デカルト、ルネ　伊吹武彦（訳）『情念論』角川書店、一九五九年
池上俊一『動物裁判——西欧中世・正義のコスモス』講談社現代新書、一九九〇年
池上俊一「西洋世界の動物観」、国立歴史民族博物館編『動物と人間の文化誌——歴博フォーラム』吉川弘文館、一九九七年
金森修『動物に魂はあるのか——生命を見つめる哲学』中公新書、二〇一二年
ケニー、アンソニー　川添信介（訳）『トマス・アクィナスの心の哲学』勁草書房、一九九七年
ラ・メトリ、ジュリアン・オフロア・ド　杉捷夫・青木雄造（訳）「霊魂論」「エピクロスの体系」『ラ・メトリ著作集　上』実業之日本社、一九四九年
ラ・メトリ、ジュリアン・オフロア・ド　杉捷夫（訳）『人間機械論』岩波書店、一九六五年
ライプニッツ、ゴットフリート　佐々木能章（訳）「生命の原理と形成的自然についての考察」「動物の魂」『ライプニッツ著作集9』工作舎、一九八九年
ルロワ、アルマン・マリー　森夏樹（訳）『アリストテレス　生物学の創造（上・下）』みすず書房、二〇一九年
シーナー、イブン　木下雄介（訳）『魂について——治癒の書　自然学第六篇』知泉書館、二〇一二年

第3章 哀れなり、ラ・マルク

ここで進化論の歴史を細かく論ずる訳ではないが、擬人主義との関連において進化論の変遷を見ていきたい。日本学術会議の行動生物学分科会で、高校の生物の教科書を調べたことがある。なにぶん、行動生物学というのは知名度が低い。なんとか中等教育で取り上げてもらおうという運動の一貫なのだが、現在の教科書ではラマルクはまず登場しない。米国の教科書でも登場しない。忘れられた研究者だ。いや、故意に無視されているといってもいい。もっともラマルク・サポーターもいて、電気生理学者の杉晴夫は、著書の中で「巨人ラマルクと凡庸なダーウィン」という章を設けている。そもそも植物学と動物学を統合した生物学という概念はラマルクの発明だし、無脊椎動物というカテゴリーも彼の発明だ。かのリチャード・ドーキンスも、「ラマルクは時代に先駆けていた。彼は進化論のために尽力した一八世紀を代表する知識人のひとりだった」と高く評価している。ラマルクは誇大妄想だとか、頑固だとかいわれているが、やはり切れ味は鋭い。業績の割に気の毒な、という感じは否めない。

ラ・マルクからラマルク、そして無縁仏

そもそもが武門の家柄である。正式の名前はジャン＝バティスト・ド・モネ・ド・ラ・マルク。父も兄弟も、さらに息子も軍人になっている。一七四四年生まれであるが、いわば家庭の事情で、イエズス会の修道院で六年間を過ごした。ここでは実験を伴う理化学を教えられたという。しかし、武俠への想い絶ち難く、父の死後、歩兵連隊の志願兵となる。フランスはプロイセンとの戦の最中であった。彼の居た中隊は撤退命令が出されないまま孤立し、将校は全員討ち死にした。ラ・マルクは一兵卒ながら隊の指揮をとり、無事、連隊へ復帰、連隊旗手に抜擢され、のちに中尉に昇任した。モナコ駐屯の際に植物に興味を持ち、多くの植物採集を行った。が、病を得て軍務を解かれた。当然悩んだと思うが、生物学研究者になるに至る彼の心象についてはは書かれたものはないようである。

パリに戻り、一七七二年に医学校に入学、同時に王立植物園に通って、植物や昆虫の研究を続けた。そして、植物園の園長であるビュフォン伯の知遇を得、医学校を中退し、植物研究に打ち込み、名著『フランス植物誌』を完成させ、さらに『百科方法全書　植物学』を執筆した。時代は大革命のさなかである。彼は騎士の称号ラ・マルクを捨てて、ラマルクと名乗るようになった。どの程度共和主義者であったか議論のあるところらしいが、アンシャン・レジームでの出世の王道である赤と黒[1]のどちらでもなかった彼が、革命に共鳴したとしてもおかしくない。

恐怖政治が始まり、彼が一緒に欧州旅行をしたビュフォン伯の子息まで断頭台に送られた（多少ドラ息子のようだが、殺すまでもなかろう）。やがて恐怖政治もおさまり、彼は国立自然誌博物館教授にな

った。すでに五〇歳になっていた。意外なことに彼の専門とする植物学ではなく、昆虫や蠕虫《ぜんちゅう》(2)の担当だった。一七九五年に学士院が設立され、その会員となった。この頃の仕事は、つまり分類学であるが、動物を無感覚動物（滴虫、ポリプなど）、感覚動物（昆虫、蜘蛛、軟体動物など）、知性動物（脊椎動物）に分け、体制が単純なものから複雑なものへという秩序があると考えるに至った。彼の進化論は現存種の比較分類に基づいており、化石資料にはほとんど言及していない。

敵もいた。いや多くの敵がいた。筆頭は、ナポレオン皇帝の信任厚い古生物学者、ジョルジュ・キュヴィエ男爵（学士院長を皮切りに大貴族にまで抜擢された）で、かなり露骨な嫌がらせをした。キュヴィエが実証的な優れた研究者であることはわかるが、妙に世渡り上手な印象があって、個人的には好きになれない。化石の研究をしていたら進化を思いつくだろうというのは後知恵で、キリスト教徒としては、天変地異が起きて、その度に神がガラガラポンをやったと考えるわけだ。一八三〇年の科学アカデミーでの論争の後、ラマルクは事実上抹殺されてしまった。しかし、次に述べるラマルクの進化理論の変遷を促したものは、皮肉にもキュヴィエの蠕虫の研究なのであった。

ラマルクは個人的にも視力を失うという悲運に見舞われ、娘の献身的な介護に支えられながらも、不遇な死を遂げた。遺体はモンパルナスの共同墓地に葬られ、その後、例のカタコンベの中に移されたといわれている。いずれにしても無縁仏である。そもそもが武人であれば、死して屍を馬革に包むことも、野辺に草むすことも厭わないかもしれぬ。だが、ウエストミンスター寺院に眠るダーウィンとの違いを思う時、哀惜の情が起きるのは僕一人ではあるまい。

ラマルクの進化論

要点は、前進的進化と用不用説である。ラマルクの進化論の出発点は分類である。分類していくと、単純なものからより完成された複雑なものへと並べることができる。この考え方自体は、フランス啓蒙思想における卑しいものから高貴なものへという存在の連鎖の考え方である。つまり、進化は、単純なものが複雑なものへと変わっていく過程なのである。ラマルクはこの過程に目的を想定していない。また、人間の場合も特別視していない。その進化観は梯子のような一直線の進化であり、その頂点にはヒトがいる。この考え方はキリスト教の教義に対する明白な反旗である。「自然の梯子」(scala naturae) という考え方は、後述するようにラマルク自身も修正を加え、一部の動物心理学者が批判し続けた考え方なのだが、今なお生き残っていると思う。人間との類似性も一八〇九年の『動物哲学』(図3-1) で指摘されているが、ダーウィンは『種の起源』ではほんのちょっとしか言及していない。ダーウィンが人間の進化を明示的に主張したのは、一八七一年の『人間の由来』である。

LAMARCK

PHILOSOPHIE
ZOOLOGIQUE

OU

EXPOSITION DES CONSIDÉRATIONS
RELATIVES
A L'HISTOIRE NATURELLE DES ANIMAUX

A LA DIVERSITÉ DE LEUR ORGANISATION ET DES FACULTÉS
QU'ILS EN OBTIENNENT;
AUX CAUSES PHYSIQUES QUI MAINTIENNENT EN EUX LA VIE ET DONNENT LIEU
AUX MOUVEMENTS QU'ILS EXÉCUTENT;
ENFIN, A CELLES QUI PRODUISENT LES UNES LE SENTIMENT,
LES AUTRES L'INTELLIGENCE DE CEUX QUI EN SONT DOUÉS.

NOUVELLE ÉDITION
REVUE ET PRÉCÉDÉE D'UNE INTRODUCTION BIOGRAPHIQUE
PAR
CHARLES MARTINS

TOME PREMIER

PARIS
LIBRAIRIE F. SAVY
24, RUE HAUTEFEUILLE, 24
1873

図3-1 『動物哲学』の表紙

用不用説は、持続的な使用はその器官を発達させ、永続的な不使用はその消滅に至るというものである。つまり、環境への適応とその獲得形質の遺伝である。気の毒なのは、この用不用説が、生物の「願望」によって進化が起きるというように誤解されたことである。こうなると、それこそ擬人的な進化観になってしまう。

用不用説はもともと副次的なものとされている。多様な環境への適応であるから、進化は分岐するということになる。ひたすらな前進的進化ではない。ラマルクはさまざまに考察を深め、一八二〇年の『人間をめぐる実際的知識に関する分析体系』では、直線的進化ではなく、ダーウィンの系統樹と同様な分岐モデルを示している（図3-2）。単孔類が鳥と一緒になったり、哺乳類が両生類から進化したりしているが、単系の漸進的進化ではなく系統樹を考えていたことは明らかだ。このことをスティーヴン・ジェイ・グールドは、「自らの論理的誤りを徐徐に自覚し、まったく逆の新しい説明を進んで構築したラマルクの態度はきわめてあっぱれな行為であれば最大の賛辞を捧げると同時に、生物学史に燦然と輝く知的英雄と見なすべきである」と述べている。ラマルクは直線進化、ダーウィンは分岐進化という決めつけが正しくないことがわかる。また、ラマルクはこの本の中で、「人類は自然の産物のうち最も優れたものであるが、先見の明のない利己主義に陥り、自らの種を絶滅させることに精を出している」と記している。二〇〇年前の話である。まさに、先見の明ではないか。

ラマルクの心理学と非擬人主義

『動物哲学』(3)は三部からなるが、邦訳されているのは第一部だけである。そして、第三部がいわば心理学である。これは原典か英訳にあたるしかない。一貫しているのは神経系の機能としての心という考え方であり、ここでも単純なものから複雑なものへというモデルが前提となっている（図3-3）。

神経系は随質と神経線維からなる。発生的には髄質の小さな塊がいくつかでき、それが大きな塊となり、そこから神経線維が伸びて神経系となる。神経解剖学の知識は限られていたが、脊髄の上で頭蓋に入っている部分が脳であるとした。その上部にあるのが大脳両半球（ラマルクの用語では亜脳）になる。最も基礎になる機能は運動である。これは脊髄の機能で、神経流体（彼の考えた不可視の物体で、ちと難解だが生体電気信号と考えると比較的わかりやすい）の放出によって起きる。感覚は神経流体の脳（感覚中枢）への流入によって起きる。内的感覚は神経流体の全体的振動によって起きるもので、最も基礎的なものは存在感覚である。ここまでは、脳幹に相当する部位で営まれるとされる。最も完成されたものが思考、判断などを含む知性の誕生である。

知性の基盤となる観念は感覚から生まれる（図3-4）。あくまでもボトムアップである。単純観念の結びつきで複雑観念が生まれると考える。注意、思考、想像、記憶、判断の機能により知性が構成される。これらは脳の進化に対応しており、知性まで持つのは、大脳を持つ鳥類と哺乳類に限られるとしている。

運動は内的感覚によって惹起されるが、この経路には動物の欲求が直接活性化する経路と、知性が活性化する経路がある。前者はいわゆる本能行動になる。このあたりは全く思弁的な話であり、その証拠はない。動物の複雑な行動、例えばアリジゴクの行動などは、一見選択や知能があるように見えるが、内的感覚のみによって説明できるとしている。なんとなれば大脳（亜脳）こそが知能の器官であり、アリジゴクはそれを欠いているからである。ただ、大脳が知能の器官であり、したがって大脳

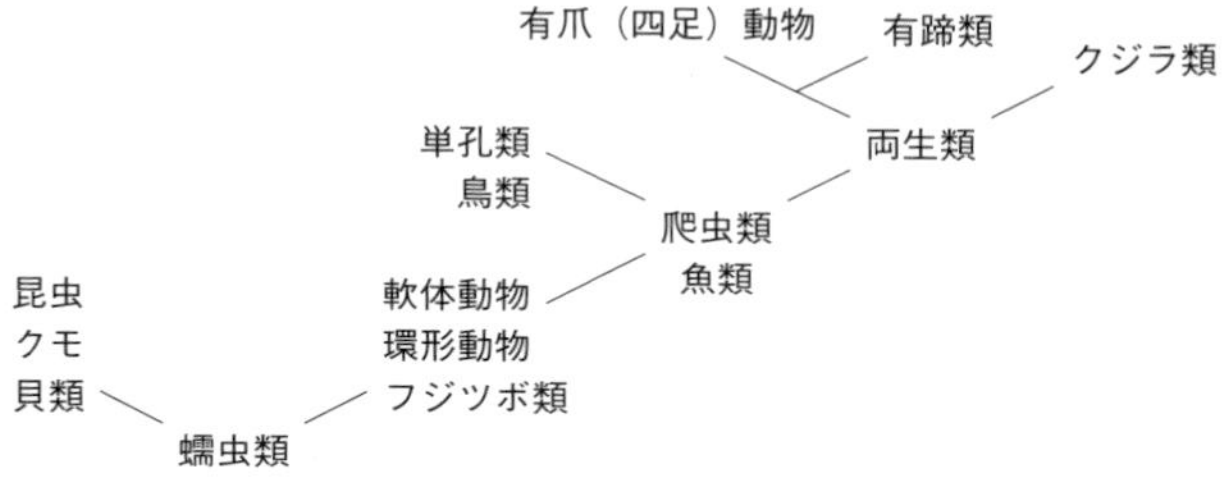

図３-２　ラマルクの系統樹

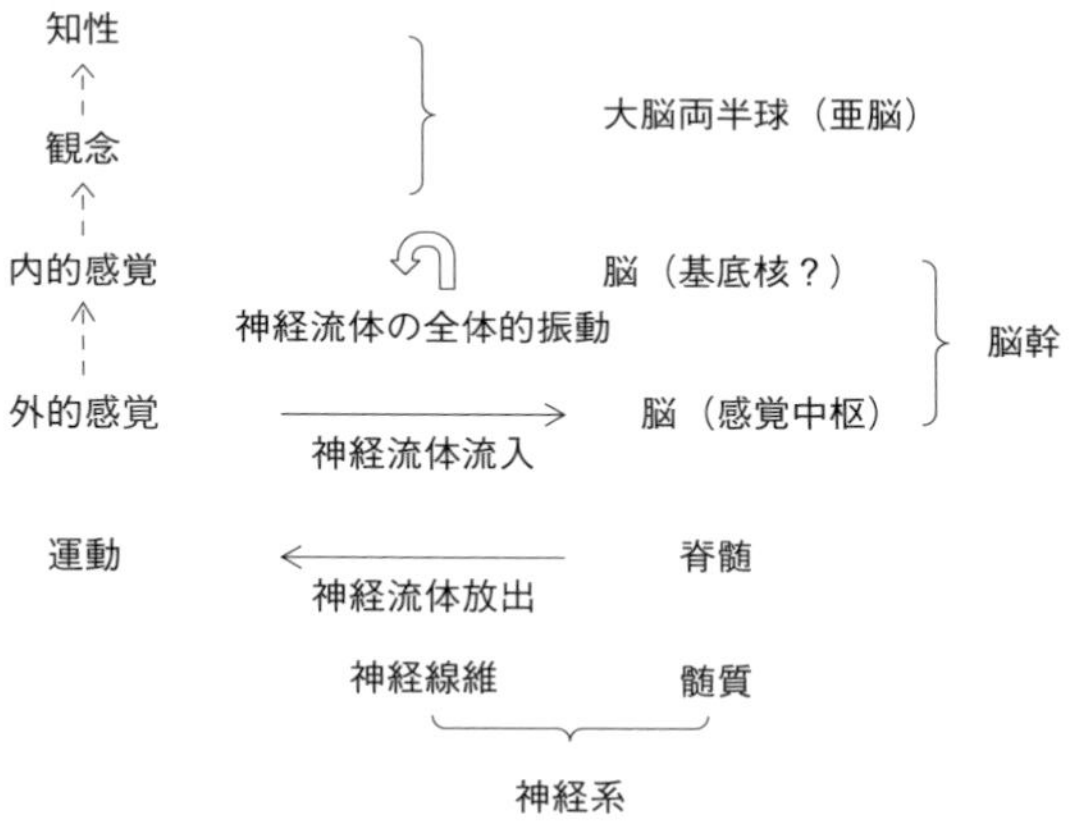

図３-３　神経系の機能

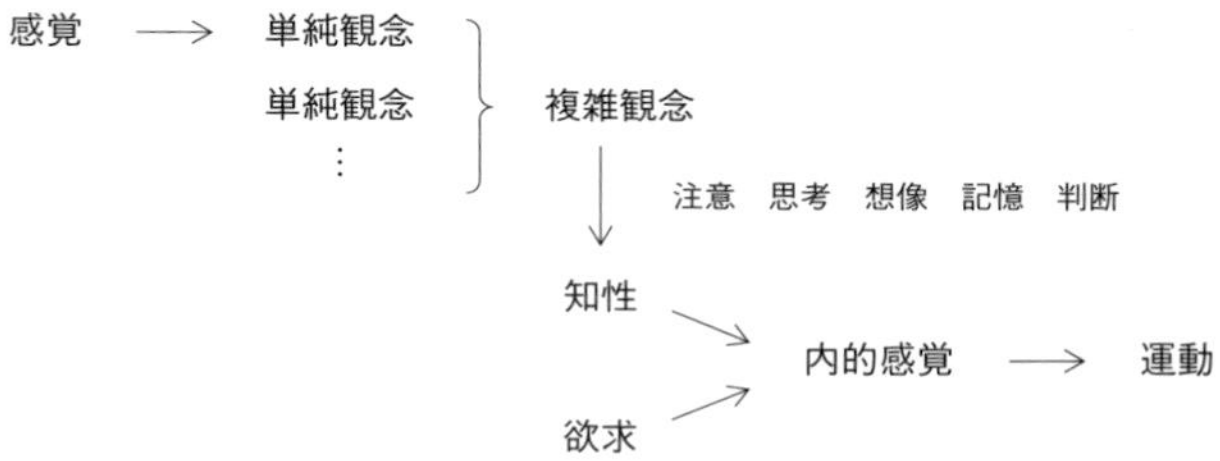

図３-４　ラマルクの心理学

がなければ知能はない、という論理は循環論に陥りやすい。

なにぶんこの時代の神経解剖学の知識は限られており、また、それぞれの機能の付与もいわば思弁的なものであって、実証的な事実に基づくものではない。しかし、重要な点は、動物行動の説明はあくまでも神経系による説明であり、擬人主義的説明ではないことである。このように、非擬人主義の立場の一つは神経系の機能として動物（そしてヒトも）の行動を理解するというものである。『動物哲学』を最初に翻訳した小泉丹はラマルクが悪文だといい、後に高橋達明も翻訳で閉口したと書いている。通常わかりやすくなる英訳本を読んでもあまりわかりやすくない。本来わかりにくいのだろう。遺伝学者の斎藤成也も、『種の起源』と比較すると実に読みにくいと評している。

その後のラマルク理論

僕は、巴里ではリュクサンブール公園の裏門近くのオテル・ル・サント＝ブーヴという宿によく泊まる。朝早く公園を散歩できるのと、近くに旨い店があるのと（僕はあまり行かないが、例のクー・ポールも近くだ）、地下鉄に近いくらいが取り得の宿だが、サント＝ブーヴは文芸批評家の名前でもある。ラマルクの講義を熱心に聴講してその様子を書き残したらしく、それによれば、ラマルクはなかなかカリスマ性があったようだ。

宗教がらみの話は僕の苦手とするところだが、進化論の発展にはキリスト教との対立が避けられない。ラマルクの進化論は、英国では「フランス式無神論」ではないかとして警戒されたという。ラマルクが広く知られるようになったのは、皮肉なことにラマルクへの反論を書いたチャールズ・ライエルの著作のおかげだった。『地質学原理』は大部な本だが、かなりの部分がラマルク理論の紹介に費やされている。ライエルの批判にもかかわらず、スペンサーのように熱心な進化論者になった読者もいた訳である。ラマルクの理論は、当時の英語圏の知的中心地であったエジンバラに輸入された。一八二六年に、『地質学の特徴と重要性についての発見』という本が匿名で出版された。これはキュヴィエの地質学とラマルク理論を紹介したもので、エジンバラ大学自然史の教授になったロバート・ジェイムソンが著者だとされている。もう一人の進化論支持者は、やはりエジンバラのロバート・グラントで、ダーウィンは彼を通じてラマルクを知ったともいわれている（同級生でもあった）。のちにユニヴァーシティ・カレッジに移ったが、大学での待遇はあまりよくなかったといわれている。

英語圏での進化論の普及は、これまた匿名出版（著者はロバート・チェンバーズ）の『想像の自然史の痕跡』で、ベストセラーとなり、一八七五年までに一万七五〇〇部を売り、これは『種の起源』の発行部数を楽に凌駕している。もっとも、チェンバースは出版社の社長さんで、純粋な研究者ではない。「胎児は下等動物の段階を経るので」進化は不思議ではないとしているが、ラマルクが「欲求を生物進化の原因としている」として批判している。繰り返しになるが、この手の批判が多かったのはラマルクにとって気の毒なことであった。ドイツ語圏でいわばラマルクの復権を行ったのは、「個体発生は系統発生を繰り返す」のフレーズで有名な発生学者、ヘッケルで、彼はダーウィンの進化論を知った後に、いわば歴史を遡る形で、ラマルクをゲーテ、ダーウィンと並べて進化論の創設者として

© Alamy／ユニフォトプレス

図3-5　ラマルクの銅像台座のレリーフ

扱っている。やがてラマルクは一九世紀末にネオ・ラマルキズムとして歴史に再登場し、ルイセンコ事件[4]が起き、獲得形質の遺伝の元祖としてミチューリン[5]とともに再度葬られた。もっともネズミの尻尾を何世代に亘って切り続けても尻尾が短くならなかった、というアウグスト・ヴァイスマンの実験が、獲得形質の遺伝の反証実験だというのは、牽強付会に過ぎるだろう。

図3-5はパリの植物園にある、ラマルクの銅像の台座の、盲目になったラマルクと令嬢コルネリーのレリーフであるが、これが建てられたのは彼の死後八〇年を経てからであった。コルネリーの「後世の人がお父様を賞賛し、恨みを晴らしてくれます」という願いは叶えられたのだろうか。

注

（1）蛇足とは思うが、赤は軍人、黒は僧職を意味する。

（2）蠕虫は蠕動によって移動する虫の総称で、ミミズや多くの寄生虫がこれに当たる。

（3）岩波文庫の『動物哲学』（小泉丹・山田吉彦訳、一九五四年）はそうだが、朝日出版社「科学の名著」に収録されている『動物哲学』は全訳である。

（4）トロフム・デニソヴィッチ・ルイセンコ（一八八九―一九七六）は、ソヴィエト連邦の農学者で、農作物の春化処理（低温操作などで開花結実が早まる現象）の研究から、獲得形質の遺伝を主張するに至った。小麦の不作に悩むスターリンの支持を得て、絶大な権力を揮った。大規模な農業実験は失敗し、今日では「疑似科学」の見本のように扱われている。ただ、フルシチョフにも支持され、長く要職にあった。

（5）　イヴァン・ヴラジーミロヴィッチ・ミチューリン（一八五五—一九三五）も農学者だが、唯物弁証法に基づく「ミチューリン生物学」を打ち立てた。政治的バックアップがあったとはいえ、一時期はかなりな勢力で、日本でも日本共産党がこれを推進し、「日本ミチューリン会」があった。今は昔の話である。

参考文献

バルテルミ＝マドール、マドレーヌ　横山輝雄・寺田元一（訳）『ラマルクと進化論』朝日新聞社、一九九三年

ドゥランジュ、イヴ　ベカエール直美（訳）『ラマルク伝——忘れられた進化論の先駆者』平凡社、一九八九年

グールド、スティーヴン・ジェイ　渡辺政隆（訳）『マラケシュの贋化石——進化論の回廊をさまよう科学者たち』早川書房、二〇〇五年

Lamarck, Jean Baptiste（1820）. *Philosophie zoologique: ou Exposition des considérations relatives à l'histoire naturelle des animaux*. Nouv. Éd.（Translated by Hugh Elliot（1984）. *Zoological philosophy: An exposition with regard to the natural history of animals*. Chicago: University of Chicago Press.）

ラマルク、ジャン＝バティスト　木村陽二郎（編）高橋達明（訳）『科学の名著第Ⅱ期５　動物哲学』朝日出版社、一九八八年

ライエル、チャールズ　シコード、ジェームズ（編）河内洋佑（訳）『ライエル地質学原理（上・下）』朝倉書店、二〇〇六—七年

松永俊男『ダーウィン前夜の進化論争』名古屋大学出版会、二〇〇五年

斎藤成也『自然淘汰論から中立進化論へ——進化学のパラダイム転換』ＮＴＴ出版、二〇〇九年

杉晴夫『天才たちの科学史——発見にかくされた虚像と実像』平凡社、二〇一一年

第4章 ダーウィン、ダーウィン、ダーウィン

チャールズ・ダーウィン（一八〇九―八二）の評価は真に高い。哲学者、ダニエル・デネットは、「もし私がこれまでに最良の思想を生み出したものを顕彰するとしたら、それはニュートンでもアインシュタインでもなく、ほかのだれでもなくダーウィンである」と述べている。大変な惚れ込みようである。また、人気テレビ番組「ダーウィンが来た！」はいうに及ばず、ダーウィン産業という言葉があるくらいで、商業主義に乗っているといっても良かろう。生誕二〇〇年の時には世界各地で催しものが行われた。僕もそのうちの一つに招待されたが、行けない旨を伝えると映像でもいいからといわれ、ビデオを撮って送ったことがある。「ダーウィン革命」という表現もよく見かける。ただこの表現は自然科学以外の人間観や倫理などへの波及効果の大きさを強調しているようである。もちろん批判もあって、ピーター・ボウラーは、『ダーウィン革命の神話』の中でいかに『種の起源』が過大評価され続けてきたかを詳述している。

『種の起源』の初版（図4-1）一五〇〇部は初日に売り切れたという。しかし、途中で読むのをや

めた人も結構いたのではないかと思う。僕がこの本を初めて読んだのは中学生の頃で（その頃の中学生には知的早熟を競う気風が残っていた）、かなりわかりにくく冗長なので閉口した。僕の次男は生物学を専攻した訳ではないが、ある時『種の起源』を読んでいたので、感想を聞くと「なにしろ読むのに時間がかかった」といっていた。正直なところだろう。電気生理学者の杉晴夫も冗長で歯切れの悪い記述に辟易して、何度も途中で投げ出したと書いている。ダーウィンの友人からも、「読みこなすのが最も困難な本の一つ」（トマス・ヘンリー・ハクスリー）、「得るところは十二分にあるのだが、これまでで一番読みにくかった本だ」（ジョセフ・ダルトン・フッカー）と散々である。

ダーウィンは擬人主義だったのだろうか。彼は動物の中に人間の原始的な心的機能を見ると同時に、人間の中に動物と同じような心的機能を見る。つまり、擬人主義と擬動物主義の両面を持っている。

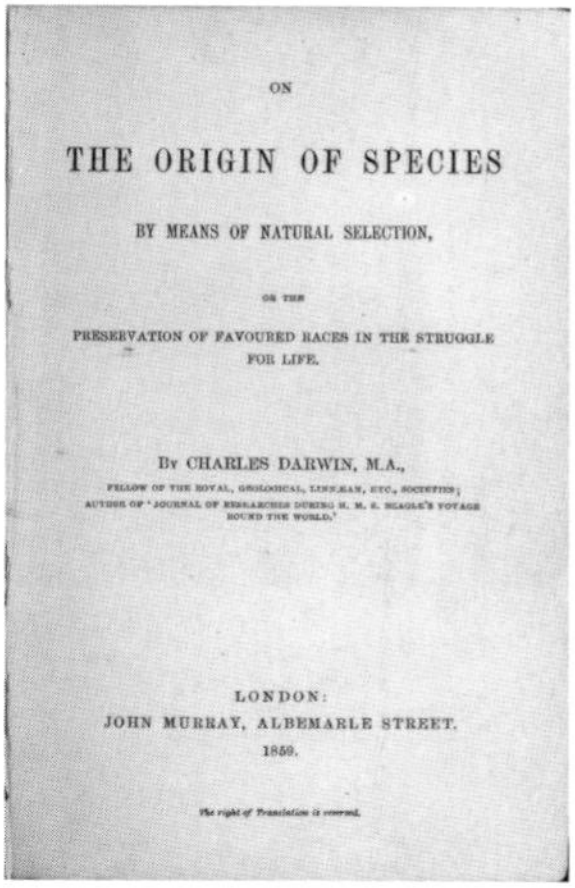
ON

THE ORIGIN OF SPECIES

BY MEANS OF NATURAL SELECTION,

OR THE

PRESERVATION OF FAVOURED RACES IN THE STRUGGLE FOR LIFE.

By CHARLES DARWIN, M.A.,

FELLOW OF THE ROYAL, GEOLOGICAL, LINNÆAN, ETC., SOCIETIES;
AUTHOR OF 'JOURNAL OF RESEARCHES DURING H. M. S. BEAGLE'S VOYAGE ROUND THE WORLD.'

LONDON:
JOHN MURRAY, ALBEMARLE STREET.
1859.

The right of Translation is reserved.

図 4-1　『種の起源』初版本

何故か？　彼の当面の敵はデカルト主義者だったのである。つまり、彼らに抗して、ヒト—動物の連続性を示すことこそが急務だったのである。そして、ダーウィンによって、現代まで続くデカルト主義者との戦いが始められたのである。

祖父について一言

進化論の歴史物を読むと、チャールズ・ダーウィ

©AFP/Biosphoto/Michel Gunther

©AFP/Leemage/Photo Josse

図4-2　祖父のエラズマス・ダーウィン（左）とチャールズ・ダーウィン（右）

ンの祖父エラズマス・ダーウィン（一七三一―一八〇二）が進化論の先駆者としてちょっとだけ登場することが多い（図4-2）。ラマルクにも影響を与えたとする見方もあるようだが、一応二人は独立に進化思想に至ったように思う。実は、この祖父は心理学に重要な貢献をしている。以前（第2章）、デカルトが私的事象としての心の存在を明らかにしたと述べたが、心のコンテンツがどのように形成されるかは明らかになっていなかった。心理学者が考えたコンテンツ形成のメカニズムは、連合である。連合自体はもちろんアリストテレスに遡れるが、英国経験主義者がいわばこれを再発見したのである。連合論について後に論ずることになろうが、心理学は今日に至るまで、これに代わる機構を発明していない。エラズマス・ダーウィンは、哲学者たちが考えた観念の連合を、運動にまで拡張したのである。観念と運動との連合、パヴロフの条件反射まであと一歩だ。

さあ、デカルト主義者との戦いの始まりだ

後に詳しく述べるが、ダーウィンが始めたヒト―動物の連続性をめぐるデカルト主義者との戦は未

だに終わっていない。デカルト主義者は縦深陣地で迎え撃った。第一陣は、動物の行動は本能で固定したものであるのに対し、ヒトは環境に合わせて行動を柔軟に変えられるというものだ。これは簡単に突破できた。心理学の学習理論の多くは動物の学習実験に基づいているからだ。

第二陣は、たしかにパヴロフの犬はメトロノームでよだれをたらしたかもしれず、スキナーのハトは丸窓をつつけば餌が出ることを憶えたかもしれないが、ヒトの記憶の量は圧倒的だというものだ。これも破られた。貯食性の鳥の場所の記憶は圧倒的だし、ハトの無意味図形や写真の記憶も私たちの記憶に匹敵する。チンパンジーの短期記憶は私たちの記憶容量を凌駕するように見える。もっとも、ヒトもチンパンジー並みに特訓すればチンパンジーと変わらなかったというデータもある。

第三陣。では、いつ、どこで、どのような出来事があった、というエピソード記憶はヒト固有ではないか。これもケンブリッジ大学のカケスが突破した。彼らは食料となる虫をいつ、どこに隠したかを憶えている。次に、このような過去への時間旅行ではなく、未来への時間旅行、例えば明日の遠足に備えて、お菓子や弁当を準備することはできるか。これもケンブリッジ大学のカケスが突破した。彼らは翌朝餌が与えられない実験箱に餌を隠し、餌が与えられる実験箱には隠さないのである。さらに無脊椎動物のコウイカはカニが好物だが、後でカニがもらえることがわかっていると、その前の摂餌量を調整するという。これも未来への時間旅行かもしれない。

残るは言語だ。言語学者との議論は難儀だった。なにしろ言葉が通じない。やがてわかったのは、彼らのいうシンタックスは「人間の文法」だということだった。動物研究者は系列的な行動の産出規則をシンタックスという。求愛ダンスから、ネズミの身繕い、電車の中のお姉さんのお化粧、みな同じである。言語学者が文法は人間の文法だというように、「鼻とは天狗様の鼻である」と定義したら、ゾウの鼻は鼻とはいえない訳だ。やがて言語学者とは、「広い意味での言語能力」と「狭い意味での言語能力」を分けるということで手打ちができた。(1) 僕は言語こそがヒトをヘンテコな動物にしていることを疑わないが、連続性もまた疑わない。

縦深陣地は3Dで考えれば階層構造であり、これこそホモ・サピエンスのお気に入りの考え方なのである。学問であれ、会社であれ、国家であれ、ヒトは階層構造が好きだ。そうでない考え方、例えば、無政府主義は苦手なのだと思う。僕らの神経系は、階層による整理なしで、ものごとを俯瞰できるようにはできていないのだろう。

しかし、この戦の最大の問題は別のところにある。敵の塹壕を抜くたびに、空になった塹壕には、擬人主義という毒が撒かれていたのである。そして、勝ち進めば進むほど、勇敢なる兵士の体にその毒は蓄積されていった。それと気づかぬうちに。

ダーウィンの心理学

認知心理学者のハワード・グルーバーによれば、ダーウィンは心理学者として失敗したことになっている。これは心理学の体系を作らなかったという意味だろう。各論としては心理学についての言及は豊富であるし、進化論の次のステップは心の進化の解明であるとも考えていた。ダーウィンの心理学に関係するまとまった著作は、『人間の由来』と『人及び動物の表情について』である。明白な主張は、①心は進化の産物である、②心的機能は人間と動物で質的な相違はない、の二点である。彼は形態と同様に、心にも個体変異があるとしている。ダーウィン進化論は個体変異とその自然選択が根幹であるから、このことは重要である。例として、ドブネズミは知能が高いが、これは知能が低い個体は人間によって屠殺されてしまったからだという。②のほうは難物で、人間固有のものとして知能と道徳が挙げられ（ウォレスもこの意見だった）、十分なスペースを割いて論じている。

確かに人間の道徳はよく発達しているが、彼は発達した社会的本能を備えていて、かつ人間並みの知能があれば、道徳または良心が獲得されるのは必然だとしている。すなわち、道徳もまた進化の産物であると考えた。彼は人間の高次機能の萌芽が動物で見られることと、人間の行動が完全に合理的なものではない、という二つの方向から連続性を主張している。道徳を支えるものとしては、第一に共感を挙げている。共感の基礎は、以前に感じた苦痛や快感を長く憶えていることである。他者の痛みを見ることによって過去の痛みが思い出されることが、共感の基本なのである。この過去経験の記憶ということは、ダーウィン心理学で重要な地位を占めている。さらに、言語によって他者の要求が明瞭に伝達されるようになった。自分がなにをなすべきかが明白になったのである。道徳的行動では、社会的本能がほかの本能を抑制できなくてはならないが、これにも過去の記憶が重要な役割を果たす。また、人間がこのような社会的本能を獲得したのは、人間が比較的弱い種で、捕食でも捕食に対する防衛でも協力する必要があり、社会的本能を形成しやすかったからだとしている。本能と知能の違い

©AFP/CARL DE SOUZA

図 4-3　ロンドン郊外ダウンにあるダーウィンの家

王様が羨んだというウィンストン・チャーチルの屋敷とは比較にならないが，日本基準では一応お屋敷といえる．

は、単純化すると前者が遺伝であることなのだがその区別はダーウィンでは明確でない。

ダーウィンは、心理学の研究方法においても貢献している。その一つは質問紙である。一八三九年には「動物の育種に関する質問」二一項目を配布し、「旅行者その他に宛てられる人類に関する質問」も作成している。これらの質問紙は現在の質問紙とはちょっと異なり、見聞きしたことを答えてもらうもので、いわゆるアンケートである。この方法は、弟子のロマネスの「逸話法」に踏襲されている。もう一つは子どもの縦断的観察[2]で、一八七七年に雑誌*Mind*に掲載された「幼児の伝記的スケッチ」は、長男ウィリアムの成長記録であり、このような研究では先駆的なものである（ただし、一番古いものはディートリッヒ・ティーデマンの自分の息子の観察記録である）。これに続いてウィリアム・T・プレイヤ（一八八二年）がやはり自分の子どもの一日三回の規則的観察の記録、ビネー（一八九〇年）が自分の娘の観察記録を報告している。

動物心理学者としてのダーウィン

『種の起源』の本能の章で取り上げられたものは、托卵、ミツバチの造巣、奴隷アリであるが、い

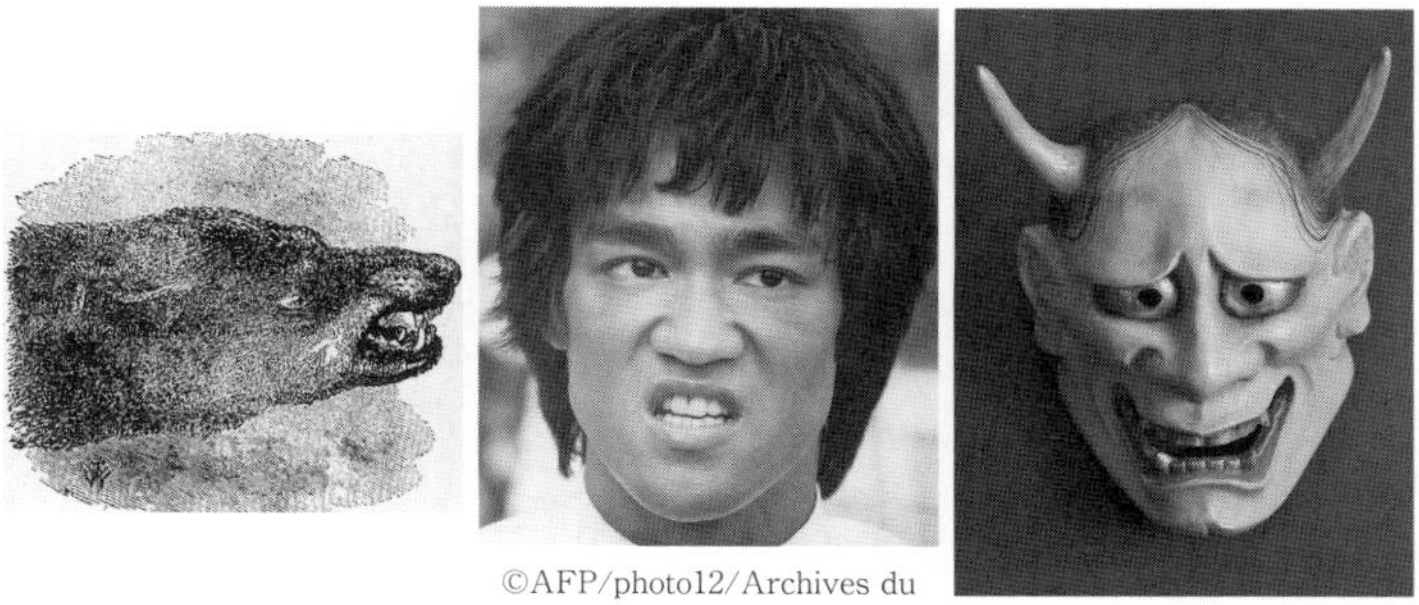

©AFP/photo12/Archives du 7eme Art

© 生原良幸／アフロ

図 4-4　表情の連続性

左から『人及び動物の表情について』のイヌ，ブルース・リー，般若．

ずれも遺伝されるものであり、かつ適応的であるとしている。彼がミミズの行動についての最初の論文を書いたのが一八三七年、そして最後が八一年である。この長丁場の研究持続力には頭が下がる。僕は、ロンドンの研究所にいた時にダーウィンの生家を訪ねた（図4-3）。ミミズの観察場所が保存されており、それなりの感慨を持った。ただし、彼はミミズに高度な知的能力を認めており、その記述は微笑ましいが、この点は擬人主義者として批判されねばならぬ。ダーウィンは動物と人間を同じように扱っており、行動の記述用語と観念的用語を区別なしに使っている。さらに、ある種の植物の目的があるかのごとき振る舞いも、全て統一的に理解できるものだとしている。植物は刺激に対する感受性、個体内の情報伝達、運動、適応の心的能力を持ち、それらは下等動物の行動とよく似ているとする。一貫してはいるが、かなりラディカルだ。

『人及び動物の表情について』では、表情について有名な三つの原理を述べている。第一原理＝かつて有用だった反応が繰り返しによって、役に立たなくなっても生じる。第二原理＝第一原理と反対の情動が起きる時には、反対の反応が起きる。第三原理＝神経系の直接的働きかけによる反応である。これらの原理は人間と動物に同じように働くとしている。表情が社会的本能であることを示すために、異人種の表情について質問紙による調査研究をしたり、電気刺激で顔面筋を動かしてその写真を撮り、その表情を判定させるようなこともしている。なかなか実験的なのである。ダーウィンにとっては特別な「動物心理学」というものはなく、人間と同じように扱えると考えていたようである。まあ、究極のヒト－動物連続説というべきか（図4-4）。

動物の美学(3)

しかしながら、ダーウィンには明らかな擬人主義と思われるものもある。性選択をめぐる議論だ。動物の美しさの典型例として取り上げられるクジャクの尾羽は、ダーウィンの悪夢だったといわれる。なぜ生存に有利だと思えない尾羽が進化してきたのかを自然選択では説明できなかったからである。クジャクの尾羽ばかりでなく、動物たちを見渡せばどうもなんの役に立っているのか首をかしげたくなるものがある。ゴクラクチョウの羽も素晴らしいが、なんの機能を持っているのかわからない。シカの立派な角もオオカミを追い払うことができるかもしれないが、あんなものを持ち歩くのは大変だ。

この難問に対するダーウィンの答えは性選択だった。ダーウィンは、メスがある種の「審美眼」を持っており、美しい尾羽を持ったオスを好み、配偶者として選択するので、そのような形質が進化していったと考えた。彼はメスの美学とオスの美しい形態の共進化を考えたのだった。こう考えれば個体の生存には役に立たないものであっても進化できる。しかし、メスの審美眼なるものを持ち出したために多くの批判を浴び（ダーウィンは適応度の指標としての美という考えは持たなかった）、性選択は非科学的理論として忘れられて、近年になって再び日の目を見るという数奇な運命を辿ったのである。

繰り返しになるが、ダーウィンにとって重要な問題は、ヒトと動物の連続性である。その立場からいえば、人間が美学を持つなら動物もまた美学を持つと推論することはそう不思議ではない。動物に細かな美的差異を見分けるような認知能力があるのか、という批判もあり、ダーウィン自身は性選択には「優れた感覚能力と強い情熱」が必要だとしている。現代心理学の用語で言えば、その「弁別と強化」が必要だということだ。メスの美学は世代を経ていっても一定に保たれるのか、という疑問も出された。この批判には、婦人の好みは風の中の羽毛のように不安定である、という現在では叱られそうな当時の婦人観がそのもとにあるようだ。

ダーウィンにとって性選択は、動物たちの美しさを説明するためだけのものではない。彼はそれがヒトの進化の最も強力な手段だと考えていた。これは炯眼であり、進化心理学の先駆けといえる。

迷信の起源

ダーウィンがイヌ好きだったことはよく知られており、『人及び動物の表情について』にはイヌの例が数多く引用される。美学もそうだが、彼はヒトと動物の連続性を主張するあまり、ヒトの属性のかなりのものを動物、特にイヌに認めようとする。迷信もそうだ。かつてヒトは地震や台風、洪水といった原因のわからない現象に、なにか恐ろしい超自然的な原因を想定した。イヌの月夜の遠吠えは、地平近くのぼんやりした輪郭に奇妙なイメージを想像して吠えるのだという。また、原因のなさそうな日傘の揺れに吠えるのも、そこに得体の知れない生き物の介在を見るからだという。それらはヒトの迷信に近いものだという。彼は迷信という言葉を明白に動物に使っている。

ずっと後になって、米国の心理学者スキナーもまた「動物の迷信行動」という論文を書いている。ハトを実験箱に入れて、ハトの行動とは関係なく一五秒ごとに餌を呈示する。すると、あるハトは箱の中を回り、別のハトは天井に頭を上下させ、といった特別な行動が出現するようになった。つまり、行動の生起と餌の呈示とはなんの関係もないのだが、たまたま行った行動とその時出てきた餌の間の原因—結果（行動分析的には随伴性）が、行動を統制していたのである。スキナーは雨乞いなどの儀式化した迷信の起源として、このような偶然的随伴性を考えたのである。ダーウィンがヒトから動物の行動を推論しているのに対し、スキナーは動物実験からヒトの行動を推論しているのである。

ダーウィンは勝ったのか

進化論そのものは概ね勝利した。しかし、インテリジェント・デザイン(4)は退治されていないし、人間だけは別という考え方は今も生き残っている。盟友でもあるウォレスが、人間には自然選択による進化が当てはまらないと考えるに至ったことは、ダーウィンにとって大打撃であったろう。ウォレス宛ての手紙には、有名な「あなたがあなたと私の子ども（自然選択によるヒトの進化）をあまり徹底的に殺めてしまわないことを願っています」という文言がある。別のところでは「あなたがあなた自身の学説を覆すことを私は拒否します」とも書いている。ダーウィンとウォレスの関係は微妙だが、ウォレスの変心はダーウィンにとっては痛恨の極みだったろう。ダーウィンは神を殺したかもしれないが、彼にもまた刺客がいたということか。

しかし、この問題以外ではダーウィンはウォレスを生涯支持し続けたし、ウォレスも自身で『ダーウィニズム』というわかりやすい解説書を著したくらいで[5]、終生ダーウィンへの尊敬を失っていない。ウォレスの心理学については次章で述べる。

日本での進化論の受容

西欧での進化論の苦闘から見ると、日本では誠にあっけなくこれを受け入れているのが目立つ。最初に進化論を教えたのはエドワード・モースで、東京帝国大学での一八七七年の講義であった。ダーウィンの進化論の誕生から二〇年である。この時、モースに異を唱えたのは日本人ではなく、同僚の御雇い外国人教師だったという。もちろん、キリスト教の伝統がなかったことが大きいが、著名なキリスト者であった内村鑑三も進化論を受け入れているし、むしろ、宗教と進化論の統合を考えている。このことは仏教徒であった井上円了も同様である。さらに初期の共産主義者たちも進化論を積極的に受け入れている。我が国は進化論に関する限り、誠にうまし国である。抵抗はずっと後に起きた。大日本帝国が西欧に対抗する日本精神と日本科学を構築するために一九三二年に設立した、国民精神文化研究所では、「日本人の先祖は神であり、進化の結果ではない」という主張もされたという(6)。もっとも、この思想が普及したとは思えないが。

仏教は一一世紀に日本に入ってきたが、その動物観は転生であり、人間は死後動物になるかもしれず、動物もまた生まれ変わって人間になるかもしれぬ。この円環関係は動物と人間の相互の転生が数多くの民話にあることからも察せられる（グリム童話では人間から動物への一方的な転生がほとんどである）。儒教の導入はその後だが、一七―一八世紀になると日本人の標準的な生活規範となった。儒教では死後の転生は極めて稀である。近代になってからは、国家的に神道を推進した訳だが、いわば神さんも仏さんもキリストさんも等しく敬う、あるいはほどほどに付き合うというのが一般的な日本人ではあるまいか。進化論も原理的に突き詰めて考えて、頑固に受け入れない、ということはしなかったというべきかもしれない。

もう一つの進化論受け入れの要因は、日本にはサルが自生していたことであるといわれる。現在ではそのような表現はあまり見かけなくなったが、サルは「人間から三本毛が足りないだけだ」といわれたものである。野生のサルに接することは少なかったろうが、サルはさまざまな民間伝承に登場するばかりでなく、見世物の動物として八〇〇年以上の歴史を持つ。サル回しの起源は多少宗教的なものがあり、サルはウマの健康を守ると信じられてきた。これはインドに発し、中国を経由して日本にもたらされた考えである。実際、日本と中国のサルの訓練には多くの類似点があるのだという。日本のサル回しの起源は、厩《うまや》を清めるためのお祓いであり、娯楽性は後に加えられたものである。サル回しは代々世襲であり、江戸時代には一五家あったという。将軍は一月六日にこれを見るのが慣わしだった。日本では身近なサルだが、西欧ではサルは淫ら、邪悪なものとされており、キリスト教の坊さんならずとも、サルがご先祖様だというのには閉口したのかもしれない。もっとも、これは正しい表現ではなく、サルもヒトも同じご先祖様から進化したというのが正しい表現である。

どうも日本人の動物観ではヒトと動物の距離が近く、これが進化論の受容になった。一九八九年の調査でも日本人の七七パーセントが動物にも魂があると考えており、英国人の一九パーセントと大きく離れている。動物の死後の世界も日本人は四七パーセントがあると考えており、英国人の場合は一八パーセントに過ぎない。ヒトの死後の世界についてはそれを肯定するものが日本では五五パーセント、英国では四三パーセントであるので変わらない[7]。やはり、日本人の動物観は西欧とは異なるのだろう。

謝辞　本章は進化生物学者の長谷川眞理子さんに眼を通していただいた。有り難いことである。

注

（1）これは重要な論文なのである。Hauser, M., Chomsky, N., & Fitch, W. T.（2002）. The faculty of language: What is it, who has it, and how did it evolve? *Science*, **298**, 1569-1579.

（2）縦断的研究は同じ被験者を長期に渡って継続的に調査し、その変化を追うもので、発達心理学の基本的な研究法の一つである。

（3）　興味のある方は、渡辺茂『美の起源――アートの行動生物学』共立出版、二〇一六年を参照されたい。

（4）　インテリジェント・デザインは生命が偶然に誕生したのではなく、「なにか知的なもの」によって設計されたという説で、神様とはいわず「なにか知的なもの」というのが味噌だが、衣の下の鎧は見え見えである。

（5）　大変わかりやすい本だが、この最終章「ダーウィニズムの人間への適用」こそ、自然選択では人間は説明できないという主張なのである（邦訳には含まれていない）。

（6）　坂野徹・塚原東吾（編著）『帝国日本の科学思想史』勁草書房、二〇一八年、二四頁。

（7）　いずれも、佐藤衆介『アニマルウェルフェア――動物の幸せについての科学と倫理』東京大学出版会、二〇〇五年、四頁。

参考文献

ボウラー、ピーター・J　松永俊男（訳）『ダーウィン革命の神話』朝日新聞社、一九九二年

ブラックマン、アーノルド・C　羽田節子・新妻昭夫（訳）『ダーウィンに消された男』朝日新聞社、一九九七年

クローニン、ヘレナ　長谷川眞理子（訳）『性選択と利他行動――クジャクとアリの進化論』工作舎、一九九四年

ダーウィン、チャールズ　浜中浜太郎（訳）『人及び動物の表情について』岩波書店、一九三一年

ダーウィン、チャールズ　堀伸夫・堀大才（訳）『種の起源（原著第6版）』朝倉書店、二〇〇九年

ダーウィン、チャールズ　長谷川眞理子（訳）『人間の由来（上・下）』講談社、二〇一六年

デネット、ダニエル・C　山口泰司監（訳）『ダーウィンの危険な思想――生命の意味と進化』青土社、二〇〇〇年

アイズリー、ローレン　ケネス・ホイアー（編）垂水雄一（訳）『ダーウィンと謎のX氏――第三の博物学者の消息』工作舎、一九九〇年

グルーバー、ハワード・E　江上生子・月沢美代子・山内隆明（訳）『ダーウィンの人間論――その思想の発展とヒトの位置』講談社、一九七七年

入江重吉『ダーウィンと進化思想――人間論からのアプローチ』昭和堂、二〇一〇年

マクベス、ノーマン　長野敬・中村美子（訳）『ダーウィン再考』草思社、一九七七年
松永俊男『ダーウィン前夜の進化論争』名古屋大学出版会、二〇〇五年
中村禎里『日本人の動物観——変身譚の歴史』海鳴社、一九八四年
日本哲学会『ダーウィンと進化論の哲学』勁草書房、二〇一一年
レイビー、ピーター　長澤純夫・大曾根静香（訳）『博物学者アルフレッド・ラッセル・ウォレスの生涯』新思索社、二〇〇七年
杉晴夫『天才たちの科学史——発見にかくされた虚像と実像』平凡社、二〇一一年
丹治愛『神を殺した男——ダーウィン革命と世紀末』講談社、一九九四年
タウンゼンド、エマ　渡辺政隆（訳）『ダーウィンが愛した犬たち——進化論を支えた陰の主役』勁草書房、二〇一〇年
ウォレス、アルフレッド・ラッセル　湯浅明（訳編）『ダーウィニズム——自然淘汰説の説明とその若干の応用』大日本印刷、一九四三年
Wallece, A.R.（1989）. *Darwinism and exposition of the theory of natural selection with some of its applications.* London: MaCmillan and Co.

第5章　ウォレス君、何故だ

ダーウィンの光と影

今日から観るとダーウィンの人気は圧倒的で、彼に反対した人たちは頑迷なわからず屋ということになる。正史とはそういうものだが、敗者には少々気の毒でもある。オックスフォード主教、サミュエル・ウィルバーフォースなどはハクスリーとの論争で間抜け役を演じたようにされているが、「家畜の人為選択と自然選択の違い」など結構鋭い指摘がある（実は当時自然選択の実証性は乏しかった）。

そして、ダーウィンにはなにか影のある噂がつきまとう。ウォレスとの関係について実に多くの論争があった。二人の科学者の美談とするものからダーウィンの剽窃だという説、ダーウィン、ライエル、フッカーの英国科学エスタブリッシュメント（図5-1）の陰謀説まである。僕の印象を述べると、ダーウィンは贔屓目に見ても相当に複雑な人間であり、一方、ウォレスのテルナテ論文(1)は実に明快な論文だということだ。しかし、ダーウィンとウォレスの主張が全く同じ訳ではない。ダーウィンは家畜の人為選択から自然選択を着想したのだが、ウォーレスは自然の中で変異から変種への変化を見た。

この違いはダーウィン自身が述べてもいる。意外な共通点は、どちらもトマス・ロバート・マルサスの『人口論』に影響を受けていることである。社会科学者（特に米国の）は生物学のアイデアの導入に熱心だが、進化論の成立は生物学者が社会科学のアイデアを受け入れた珍しい例なのである。

もう一人、ダーウィンに関わる醜聞の役者として登場するのはエドワード・ブライスである。一八一〇年、ロンドン生まれ。ほぼ独学、長くインドに滞在した。一八三五、三七年の英国『博物学雑誌』に自然選択に関するアイデアを発表。ローレン・アイズリーによれば、ダーウィンはほぼ間違いなくこの論文を読んでおり、しかも引用していない。今日の研究倫理では灰色より黒に近いだろう。一方、彼は『種の起源』の中でブライスを高く評価した（もちろん先の論文の引用はないが）。やはりダーウィンは複雑なのだ。ただ、ブライスは進化論者ではない。たとえダーウィンがブライスのアイデアを使ったとしても、進化論としてまとめた栄光はダーウィンのものだ。

ブライスには動物心理学についての著述があり、動物に一見すると合理的な行動が多く見られるが、「人間なら推理の結果でしかないような行為に対して動物の動機も内省であると推測することは全くの誤解である」とし、反擬人主義を貫

図５-１　英国科学エスタブリッシュメント（右からダーウィン、ライエル、フッカー）の陰謀？（レイビー，2007）

いている。動物には多くの生まれつきの本能があり、それらを修正できることも認めているが、人間だけが直感的以外の指導原理を持つとしている。現代的にいい換えれば、動物はヒューリスティックのみ、人間のみがアルゴリズムを持っているという主張である(2)。

図5-2　1848年ブラジル出発のおりのウォレス（レイビー，2007）

社会主義者としてのウォレス

アルフレッド・ラッセル・ウォレス、一八二三年一月八日、ウェールズのモンマスシャー生まれ。生家は元々裕福であったようだが、没落。住まいは転々とし、正規の教育は一四歳までである（ヘッドフォード・グラマー・スクール）。貧困のために退学した訳ではなく、普通の卒業である。測量などの仕事もし、高校教師にもなった。ロンドンではロバート・オーエンの社会主義に触れ、社会主義者となる。博物学への興味は一貫しており、擬態で有名になったヘンリー・ウォルター・ベイツと昆虫採集を通じて知り合い、生涯の友人になった。一八四八年にはともにブラジルに出かけている（図5-2）。また、ロバート・チェンバースの『痕跡』、ライエルの『地質学原理』、マルサスの『人口論』も読んでいる。結局、プロの採集人になる。南米への採集旅行を皮切りに、マレー、シンガポール、ボルネオなど多くの時間を探検と採集旅行に費やし、ハチからヤマネコまで数多くの新種を発見している。僕の子どもの頃の愛読書に『積みすぎた箱舟』（ジェラルド・ダレル）という本がある。プロの動物採集人の話で、すこぶる楽しく、何回読み直したかわからない。多少英語が読めるようになると英文のものも読んだ。日本で動物の採集旅行というと殿様のお遊びのようだが、西洋にはこのようなプロの採集人もいた。もちろん、その背後には植民地主義がある訳だが。

これらの採集旅行から、彼はアジアとオーストラリアを分ける今日ウォレス線と呼ばれる境界を発見し、ウォレス－ダーウィンの進化論でアカデミズムに登場する。一八六二年にロンドン動物学会の会員、リンネ協会の会員にもなり、多くの本を出版している。この点は見落とされがちなのだが、ダーウィン、ブライス、ウォレスは、いずれも元々アカデミズムの中で育ったのではなく、かつ自分自身でデータの収集を行っている。このことは、彼らがアマチュアであるがゆえに学界の常識であった、「自然には秩序があり、それは安定している」という前提から自由であったことにつながる。また、当時は動物の収集や観察を行うのは学者自身ではなく、その下で働く調査員ないし技術員であった。学者が行うのは博物館のコレクションや蔵書の研究なのであった。ダーウィン、ウォレスの登場は、現場の研究者が学界の中心に躍り出たという意味でも画期的なことであった。

カール・マルクス、ダーウィン、ウォレスは同時代に同じ場所にいたが、交流はなかったようだ。マルクスはダーウィンに『資本論』を贈ったが、ダーウィンはちょっとしか読んでいない。何故わかるかというと、その頃は本がいわば袋とじで自分でページを切って読み進むようになっていたからである。ダーウィンは最初のところしか切っていない。一方、ウォレスは社会主義者として熱心に活動している。英国の「土地国有化協会」の初代会長になっているし、著書でも「我々の社会体制は徹頭徹尾腐っている」といい切っている。ブルジョアのダーウィンとは思想的には相容れないはずである。ダーウィン自身がどう考えようとも、進化論が適者生存として帝国主義的侵略の理論的根拠になったことは否めない(3)。ウォレスはヘンリー・ジョージの『進歩と貧困』を読むようにダーウィンに勧めたが、彼は社会的な関心を持たなかったという。ウォレスにとっては残念なことだったろう。しかし、ウォレスは不思議な人徳があり、主義主張が異なってもダーウィンの良き友人として終生友情を維持した。

ウォレスの心理学と擬人主義批判

さて、ダーウィンの性選択を振り返って見よう。ダーウィンによれば、メスがある種の「美学」を持っており、それを基準として配偶者を選択するのでオスのそのような形質が進化していったという。ウォレスは性選択批判の急先鋒であった。生真面目な唯物論者だったウォレスは、性選択を審美眼などといった擬人主義的概念を使わず、なんとか自然選択一本で説明しようとした。これだけだとウォレスのほうが科学的でダーウィンは妙に擬人主義だったとも思えるが、これには人間の起源に関する二人の考え方の違いがある。ダーウィンはもちろん進化の結果としてヒトが誕生したと考えている。一方、ウォレスは後述するように、進化の過程で霊魂の流入があって人間が誕生したと考えている。人間が霊魂流入による特別な生き物であれば、ヒトに美の感覚があるから動物にもあるだろうという論理は成り立たない。ウォレスは、ヒト以外の動物のヒトに似た美学的現象を、自然選択のみで説明しようとしたのである。彼が着目したのは保護色、つまりカモフラージュの効果である（図5-3）。

一部のご婦人方が好むヒョウやトラの毛皮を観れば、それらが美しく人目を惹くと同時に、カモフラージュとしても役に立っていたことは容易にわかるだろう（もっともそのカモフラージュも、最も危険な動物であるヒトには通用しなかったから、皮を剝がれることになった訳だが）。ウォレスはチョウの羽のパターンを調べ、一見目立つようなパターンも、自然の光の下ではカモフラージュとして機能することを主張した。カモフラージュというと軍事的なものが思い浮かぶ。特に、人間の視覚によって敵を発見していた時代には、カモフラージュは重要な軍事技術だった。軍用カモフラージュの専門家であるジェラルド・セイヤーは、その経験から、動物のさまざまな模様は捕食者または獲物からのカモフラージュではないかという説を出した。フラミンゴのピンクの羽も日の出や日没ではカモフラージュになるし、水鳥の模様も水面の変化を考慮すれば意外なほどカモフラージュ機能を持つ。

図5-3　アボット・セイヤー「森の中のクジャク」(1907)（スミソニアン博物館蔵）
華麗なクジャクの羽もカモフラージュかもしれない.

しかし、美のすべてをカモフラージュによ

って説明するのには無理がある。ウォレスが考えたのは、「信号としての色」である。当たり前のことだが、動物は同種異性を配偶者とすることによって子孫を得る。色彩は種を示す信号なのだという。しかし、極彩色の鳥もいれば超地味な鳥もいるわけで、この説にも限界がある。ウォレスが最後に考えたのが、進化に伴いそもそも生理的な変化があり、多様な色彩はその副産物だというものである。しかし、彼はその「生理的な変化」の内容は詳らかにしていない。

ウォレスにとってのもう一つの難問は、動物たちのディスプレイ（メスに見せびらかすこと）だった。なにしろメスに見せびらかすものだから、これを自然選択で説明するのは難しい。そこで彼はディスプレイが単なる活動性の反映であるとした。オスはメスより元気で活動性が高く、活動性の高さは自然選択で説明できる。「ディスプレイ元気説」も当時は結構支持されており、メスは「恥ずかしがり屋」だからその気にさせるには活動的なディスプレイが必要だという超擬人主義まであった。

心霊術の罠

かくも唯物論を貫いたウォレスが、何故に心霊主義に走ったのか？　それには霊魂の自然科学的研究を振り返る必要がある。昔から、霊魂を物質的基盤によって説明するという考えがあった。プネウマ学[4]としての霊魂論である。例えば、人間の性格を体液によって説明しようとしたガレノスの性格論などがそれに当たろう。やがて、引力、磁気、電気など目に見えない物理的な力の存在が明らかになるにつれて、霊魂もまた目に見えない物理的な基盤があるのではないかと考えるようになったのも自然といえる。物理的なものなら重さを持つはずで、そこで、死によって霊魂が身体を離れる時に体重に変化が起きるかどうかを調べる多くの実験が行われた。

もう一つは降霊術である。これは複雑な手続きによって霊を呼ぶ、というものである。適切な方法に従えば同じ結果が繰り返し得られる、という考え方は降霊術でも錬金術でも、そして実験科学でも同じである。今から考えると科学とオカルトは全く違うようであるが、ある時期には両者の距離はごく近いものであった。ニュートンやジェームズも心霊研究を行った。実際、ウォレスとジェームズは、同じ交霊会に出席している。ヨハネス・ミュラーの神経特殊エネルギー[5]という考えや、グスタフ・フェヒナーの精神物理学[6]も、霊魂の物理的研究と見ることは可能である。

交霊会に出席して、そこで起きたことを事実として納得したら、エヴィデンス・ベースでものを考える立場としては心霊を認めることは自然な結論である。理系の秀才がオカルトに嵌る理由がここにある。オウム真理教の信者にはまさかと思うような将来を嘱望された科学者がいた。これは実証科学的発想が陥る罠なのである。東洋には「怪力乱神を語らず」という叡智があるが、西洋にはない。僕がウォレスについて理解に苦しむのは、降霊術のイカサマが次々と暴かれても、霊の存在を支持し続けたことである。何故か。

ウォレスが心霊術に興味を持ったのはマレー旅行以降である。現地で多くの魔術体験があったし、またある種の臨死体験もあったらしい。彼の心霊主義がキリスト教起源でないことは彼自身が明らかにしている。若い頃に催眠術に凝ったこともあるので、そのような嗜好は元々あったのかもしれない。

ウォレスは、ヒトの身体が動物からの連続的進化の産物であることを否定しないが、知性と道徳だけは別だというのである。彼の自伝によれば、最初にこれを主張したのは一八七〇年である。しかし、別のところでは、裸の皮膚、言語器官、脳、二足歩行なども自然選択では説明できないとしている。この論理は、適応主義ないし実用主義によっている。つまり、なんらかの適応的な利点がなければ進化は起き得ないというわけだ。

彼は未開人と西洋人の間に脳の大きさに差を認めていないし、道徳的にも「我が植民地の白人たちこそあまりにもしばしば真の野蛮人で、教育されキリスト教化される必要がある」と述べているくらいだ。グールドの言葉を借りれば、「ウォレスは一九世紀における数少ない非・人種差別主義者だった」のである。一方、ダーウィンはアジア、アフリカの原住民や女性は、西洋人男性より劣っているとしている。観相学のところでも述べたが、これが西洋人の常識だったのだろう。ウォレスは同じ種としての人類を考えていたのであり、その公平性に驚かざるを得ない。しかし、そうなると未開人の大きな脳はなんのためにあるのかということになる。つまり、オーバースペックだ。彼は人為選択と同様に「誰かが」意図的に行わない限り、そのような進化はないと考える。再びグールドの表現を借りると、ウォレスは「過剰淘汰主義者」で、ダーウィンは神殺しをしたが、ウォレスはダーウィンの子ども（自然選択によるヒトの進化）を殺してしまったのである。ただし、ウォレスはその何者かが「神」であるという表現は慎重に避けている。唯物論者としての一線は守った、というべきか。

ウォレスは、一九一三年に自宅で穏やかに亡くなった。ウエストミンスター寺院に埋葬するという申し出は家族によって断られたという。

ウォレス的人間観は根強い

進化は認めよう、ただしヒトだけは別だ。この考えは根強い。霊長類学の基礎を築いたといわれるセントジョージ・ジャクソン・マイバードもその一人だ。主張はほぼウォレスのものと同じだが、ウォレスの場合と異なり、ダーウィンは彼に絶交状を送りつけるほど敵意をむき出しにしている。マイバードの考えはカトリック教会に歓迎されたが、彼は後にドレフュス事件についてローマ法王を糾弾し、結局破門されている。マイバードにはなにか人を怒らすようなところがあるのかもしれない。

ヒトは別、という考え方には、そうしないと道徳の基盤がなくなる、という危機感があるようだ。この感覚は日本人にはわかりにくいように思う。心理学者のマーク・ハウザー(7)は、ヒトがいわば普遍的に他人の不幸に不快感を持つとして（ただし、問題はどの範囲の他人かということになるが）、普遍文法と同じように、我々は種として共通な普遍道徳を持つのではないかと主張した。さらに、他個体の不幸が持つ嫌悪性はヒト以外の動物でも知られており、道徳の起源をヒト以外に求めることは可能である(8)。その、どこに不都合があるのだろう。いや、食べるためでもなく、テリトリーのためでもなく、ただ他人を殺し、あるいは殺されるかもしれないという恐れのために、信じられないくらい過剰に武器を蓄えるヒトのほうが、普遍道徳を醜いものに変形してしまった奇妙な動物なのではなかろうか。

注

（1）ウォレスがダーウィンに送った論文で、これが契機となってダーウィンは急ぎ『種の起源』を出版したといわれる。一八五七年、リンネ学会でダーウィンがこれを紹介した。テルナテはニューギニアの西にある島の地名で、この場所でマラリアの発作中に最適者生存のアイデアが閃いたという。短い論文で、ウェブでＰＤＦが入手できる。

（2）ノーベル賞を受賞したダニエル・カーネマンによれば、人間の判断には素早い直感的な判断（ヒューリスティック）と熟考した推論による判断（アルゴリズム）がある。

（3）社会ダーウィニズムの祖とされるスペンサーは、ダーウィンに心酔して社会ダーウィニズムを立ち上げたのではないが、evolutionという用語は彼の発明である。

（4）プネウマ学は霊物学と訳され、荒っぽくいえば、霊魂（精気）の物理的研究である。

（5）目が光を感じ、耳が音を感じるのは、それぞれの感覚細胞が、特殊化した神経特殊エネルギーを持っていて、刺激によってそれを解き放つ、という考え方で、この特殊エネルギーはプネウマと考えることができる。

（6）実験心理学の祖ともされるフェヒナーは、精神物理学を作り、その感覚測定法は現在も継承されている。が、彼は精神界と物質界の関係を数式で明らかにしようとしたのであり、かなりなオカルトである。グスタフ・フェヒナー協会からＣＤ版の著作集が出ているので便利。何故か二〇〇八年に『フェヒナー博士の死後の世界は実在します』が邦訳されて（原題『死後の世界についての小論』、英訳版からの重訳のようである）ちょっと驚いたことがある。

（7）ハウザーは、ハーヴァード大学の教授だった。*Animal Cognition* 誌が創刊された時には、僕は一緒に編集メンバーで、この方面の若手として大いに期待していたが、研究不正で結局大学を辞めた。研究不正は芽の出ない、しけた研究者ではなく、しばしば将来を嘱望されている研究者が手を染める。胸が痛むが、ハウザーの著書が"*Moral mind*"であるのも今となっては皮肉である。

（8）渡辺茂「共感の進化」、渡辺茂・菊水健史（編）『情動の進化――動物から人間へ』朝倉書店、二〇一五年参照。

参考文献

別冊宝島編集部（編）『進化論を愉しむ本――人間・宇宙・精神まで』ＪＩＣＣ出版局、一九九〇年
ブラックマン、アーノルド・Ｃ　羽田節子・新妻昭夫（訳）『ダーウィンに消された男』朝日新聞社、一九九七年
カンギレム、ジョルジュ　金森修監（訳）『科学史・科学哲学研究』法政大学出版局、一九九一年
アイズリー、ローレン　ケネス・ホイアー（編）垂水雄二（訳）『ダーウィンと謎のＸ氏――第三の博物学者の消息』工作舎、一九九〇年（ブライスのいくつかの論文が収録されている）
グールド、スティーヴン・ジェイ　桜町翠軒（訳）『パンダの親指――進化論再考（上・下）』早川書房、一九九六年
クローニン、ヘレナ　長谷川眞理子（訳）『性選択と利他行動――クジャクとアリの進化論』工作舎、一九九四年
新妻昭夫『進化論の時代――ウォーレス＝ダーウィン往復書簡』みすず書房、二〇一〇年
新妻昭夫『種の起原をもとめて』筑摩書房、二〇〇一年
レイビー、ピーター　長澤純夫・大曾根静香（訳）『博物学者アルフレッド・ラッセル・ウォレスの生涯』新思索社、二〇〇七年
Thayer, G.H. (1909). *Concealing coloration in the animal kingdam*. London: Macmillam.
Wallece, A.R. (1889). *Darwinism: An exposition of the theory of natural selection with some of its applications*. London: Macmillan.
Wallece, A.R. (1903). *Man's place in the universe*. New York: McClure, Phillips & Co.（なお、ウォレスについては情報サイト Wallace-online. org が便利である）
ウォーレス、アルフレッド・Ｒ　近藤千雄（訳）『心霊と進化と――奇跡と近代スピリチュアリズム』潮文社、一九八五年
ウォーレス、アルフレッド・Ｒ　新妻昭夫（訳）『マレー諸島――オランウータンと極楽鳥の土地（上・下）』筑摩書房、一九九三年
ウォーレス、アルフレッド・Ｒ　谷田専治・新妻昭夫（訳）『熱帯の自然』筑摩書房、一九九八年

第6章 元祖「心の理論」——ロマネス、モルガンの動物心理学

「心の理論」

今、心理学の流行語大賞を選定するとすれば、「心の理論」は間違いなくその有力候補であろう。二〇一七年一〇月、PsychINFO（心理学関連のデータベース）で調べると、一九七八年から現在まで「心の理論」という用語が出現する論文は一万三篇ある。「心の理論」は一九七八年のデイヴィッド・プレマックとガイ・ウッドルフのチンパンジーの論文に端を発している。しかるに、この万を超す論文の中でプレマックらを引用しているのはわずか三九篇である。なにかの間違いかと思ってPubMed（医学系のデータベース）でも調べてみたが、全体で七〇八二篇、プレマックらを引用しているのは一四篇に過ぎない[1]。つまり、この理論は創始者の手を離れてひとり歩きをしているということだろう。

さて、「心の理論」だが、相手が自分と同じような心を持つと推測し、それに基づいて相手の行動を予測することを意味する。当たり前のようだが、ヒト以外の動物にもそれがあるのではないか、と考えたことが新しかった。また、相手の「行動の予測」をしているかどうかが行動的に検証できるこ

とが、発達心理学で広く使われるようになった所以《ゆえん》でもあろう。しかし、この理論はその元祖であるロマネスやモルガンのもののほうが洗練されている。

進化論が心理学に与えた影響

前章まで、進化論と擬人主義の関係を述べてきたが、これからがいよいよ心理学の登場である。進化論が心理学に与えた最も大きい影響は心理学と生物学を結びつけた点である。二人の心理学者を取り上げよう。

ハーバート・スペンサーは、一八二〇年生まれ。高等教育を受けなかった。終生、在野の研究者で壮大な哲学体系を構築した。適者生存という用語を作り、社会ダーウィニズムの主張者でもある。心理学については『心理学原理』を著している。ラマルク進化論に傾倒し、進化論は当然、心の進化へと研究を進めるべきだとしている。したがって心理学は生物学の一分野と位置づけている。心理学を外部現象（運動）と内部現象（意識）を総合するものと考え、主観的心理学と客観的心理学があるとする。そして、反射、本能（複合反射）、知能に至るまで同じ原理で説明できるはずだとしている。この辺は英国連合主義の影響も感じられる。主観的心理学と客観的心理学が対応するのは両者がともに進化の結果だからであり、神経系が両者を結びつける。ロマネスの心理学とよく似ている。

アレキサンダー・ベインは、一八一八年生まれ。最終的にはスコットランド、アバディーン大学の教授になり、連合主義心理学者として心理学史に名を留めている。実際、外的な出来事に応じる応答と自発的な活動を分けるといった、後のレスポンデントとオペラントの区別(2)のようなことも主張しているし、試行錯誤とその結果の快不快による行動の強化も主張している。モルガンはベインの学習の重視を受け継いでいる。しかし、これらの心理学とロマネス、モルガンの心理学との決定的な相違は実証性にある。スペンサーもベインもつまりは思弁的心理学なのだ。

逸話法――ロマネスの実証的研究

ジョージ・ロマネスは、一八四八年オンタリオ州生まれだが、幼少期に英国に移住している。多少の曲折を経て、ケンブリッジで生理学を学んだ。ダーウィン(当時六五歳)はまだ学生だったロマネスを自宅に招待し、以降、ダーウィンが死ぬまで交流が続き、ロマネスはその後継者といっていい(ダーウィンは収集した動物行動に関する膨大な資料をロマネスに託している)。なかなかの秀才で、クラゲ神経系の研究などを行い、三一歳で英国科学アカデミーの会員になっている。

当時、「動物に心があるか」ということに世間の関心があり、多くの目撃情報が集まっていた。ダーウィンはこのような情報を収集しており、これを若きロマネスに託した訳である。ロマネスはこれらの情報を精査して、取捨選択し、系統発生に従って分類した。これが彼の最初の著書『動物の知能』(一八八二年)である。この本をまとめた一つの動機は、巷に「動物の驚くべき能力」についてのトンデモ本が溢れていたからだといわれている。しかし、彼の精査が十分に批判的であったかというとそうではない。やはりトンデモな話も載っている。彼の取捨選択の基準は、①権威ある人の報告であること、②そうでない場合は間違った観察ではないかという吟味を行う、③一般人の重要な報告はほかの独立した観察者が同じ観察をしていること、である。

このデータ収集の方法（逸話法）は心理学の正史では批判を受けて消えたことになっているが、現在でもこれを使っている研究者がいる。ドゥ・ヴァールの『共感の時代へ』で取り上げられているデータの多くは、新聞、テレビなどの報告である。もちろん彼は逸話法の問題点は理解していて、それが出発点にすぎないとしている。実際、逸話が科学的な研究につながる例はあって、「踊るオウム」のスノーボール[3]がそうである。これは最初 YouTube に投稿され、研究者の真面目な研究対象となり、シンポジウムで取り上げられ、論文も出されている。ご覧になった方も多いと思うが一見ものである。僕は逸話（現在ではメディアへの投稿）の情報価を否定しないが、それだけに基づいた議論には賛成しない。スノーボールのように科学的な検討に耐えたものだけが議論の論拠になると思っている。逸話法の批判はもっぱらモルガンが始めたように思われるが、一九五八年に動物学者、デイヴィット・フレデリック・ワインランド（一八二九―一九一五）が米国で、「比較動物心理学における方法について」という講演で行ったのが最初のようである。彼はドイツ生まれだが、新大陸に渡り、後にドイツに戻っている。彼の動物心理学は比較を重視したもので、「異なる動物で見られる心的（psychic）現象の体系的知識」である。

ロマネス－モルガンの心の理論

ロマネスは、まず心には二つのものがあるという。第一は自分で理解する自分の心である。この理解とは内観のことであり、心理学的な立場としては意識主義である。第二は他人やほかの動物の心である。この場合は、第一の場合のように直接アクセスすることはできない。他者の心は推測するしかない。そしてその推測は、他者の表出された行動（ロマネスは behavior ではなく activity を使っている）に基づいてなされる。彼の有名な「行動は心の大使である」という表現はここから来ている。意識のない反射と意識のある行動の区別はどこにあるかというと、反射は特定の環境に対する特定の反応であり、意識のある行動にはそのような制約はなく、行動の可塑性がある。そして、動物に意識があると類推する根拠は、「選択行動」にあるとしている。

このロマネスの主観的心理学と客観的心理学の関係をより明白にしたのが、モルガンの心理学である。ロイド・モルガンは、一八五二年ロンドン生まれ、ロマネスより四歳若い。彼の家は代々オックスフォード大学に進学する習慣があったらしいが、父親が事業に失敗、ロンドン鉱業学校に進学、ここでハクスリーと出会うことになる。彼の薦めに従い、鉱業学校の生物学の助手になり、いくつかの変遷を経て、南アフリカ、ケープタウンの学校教師になった。その後、一八八四年から新設のブリストル大学に勤めた。一八九三年に『動物の生活と知能』を著す。モルガンは『比較心理学入門』でロマネスに感謝を述べているし、両者は友好的な関係を終生保っている。死の床にあったロマネスは、最後の著書『心、運動、一元論』をモルガンに託し、原稿の改稿を頼んでいる。

モルガンの擬人主義心理学については序章でも紹介したので、ご記憶の方もあろうかと思う。彼の『比較心理学』の図を描き直したのが図6-1である（この本は一九一四年に邦訳されているが、なぜかこの図は含まれていない）。個体Aが個体Bを観察している。AはBの行動を自分の主観的心理学に基づいて解釈・予測する。この図では心理学者Aが自己観察に基づいて動物Bの行動を推測することになる。したがって、内観による主観的心理学なしに動物心理学は成立しない。

プレマックの「心の理論」はもう一ひねりある。Aが被験体、Bが刺激個体であり、この構図を研究者Eが観察している。このことにより、AがBも自分と同じ「心」を持つと仮定してBの行動を予測するかを判定することができる。被験体Aは「擬A主義」によってBを解釈するが、研究者Eはこの「擬A主義」を「心の理論」だと解釈しているのである。

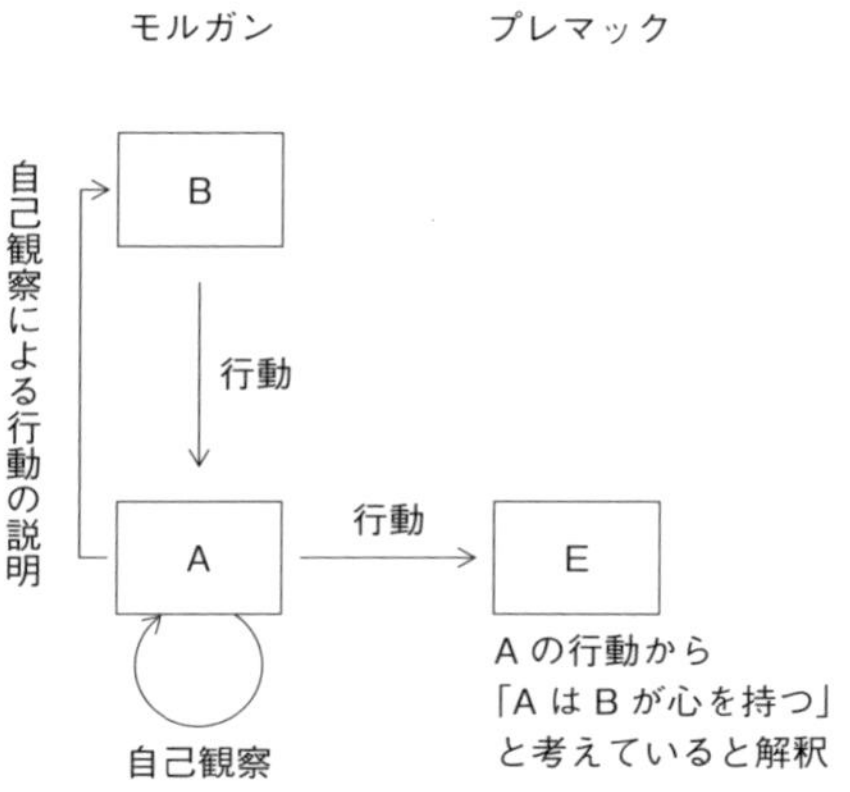

図6-1　モルガンの擬人主義動物心理学とプレマックの心の理論

ロマネスとモルガンの本能についての考え

ロマネスの本能の概念は少し変わっていて、「反射+意識」が本能だとしている。固定的で生得的な本能という考え方とは少し違う。図6-2は彼の本能についての考え方を示すもので、反射活動と知的活動の統

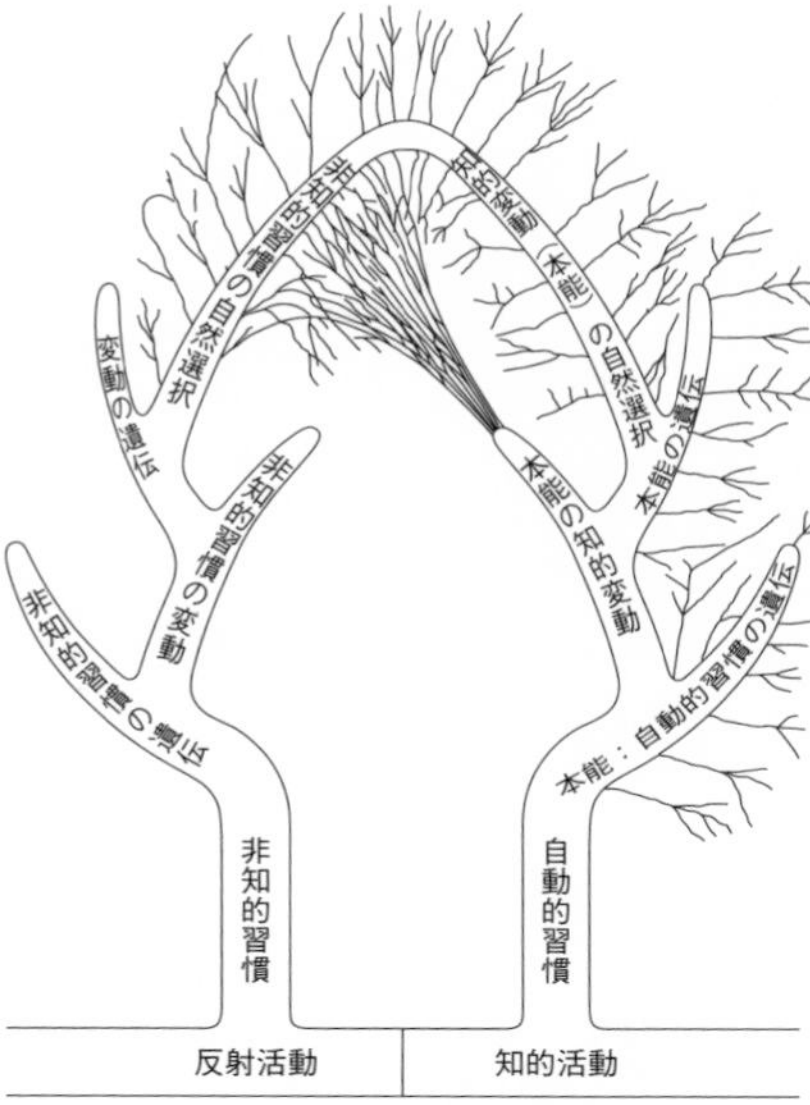

図 6-2　ロマネスの本能の考え方（ボークス, 1990 を改変）

合として本能を理解している。知的活動を繰り返すと自動的習慣になり、それは遺伝する。彼はラマルク主義者なのだ。したがって、彼の本能には、自然選択によるものと獲得したものの遺伝の両者が含まれており、ロマネスは本能と知能は連続的なものと考えている。

モルガンの本能についての考え方はより現代のものに近く、本能行動は経験に先立ってあるもの（生得的）とし、知的行動は経験（後天的）によるものとしている。

ロマネス－モルガンの比較心理学

ロマネスは『動物の知能』で、進化を形態進化ではなく、機能である心の進化として考えれば、形態進化とは全く異なる系統樹が描けると主張している。この系統樹は『動物の心的進化』および『人間の心的進化』で図表としてまとめられている（図6-3）。

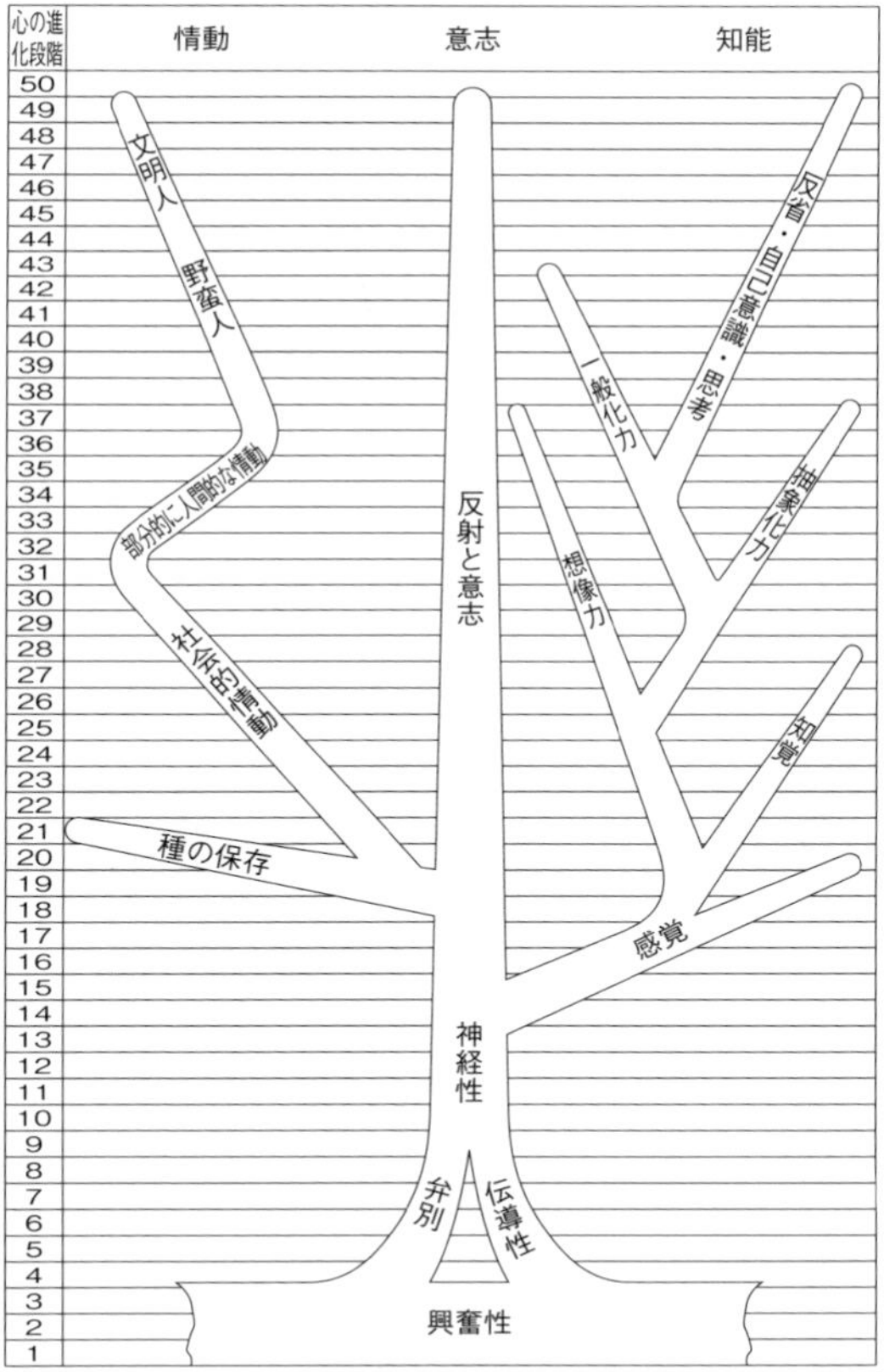

図6-3　ロマネスによる心の進化（ボークス, 1990 を改変）

彼は心的機能を知・情・意に分けている。すべての基盤にあるのは神経の興奮性である。ここから弁別と伝導性が総合されて神経性になる。これはさらに反射と意志となる。知的側面は感覚が分岐し、さらに知覚と想像力に分けられ、想像力からは抽象化力が、抽象化力からは一般化力が、一般化力からは反省・自己意識・思考などが進化する。情動のほうは種の保存が分岐し、そこから社会的情動・

部分的に人間的な情動、野蛮人を経て文明人の心に至る。

面白いのは、この図6-3の横に動物の種とヒトの発達段階尺度が付されていることで、段階二八に達しているのは類人猿とイヌ（ヒトの発達では一五カ月）、二七はサルとゾウ（同一二カ月）、二六は肉食動物、げっ歯類、反芻動物（同一〇カ月）、二五は鳥類（同八カ月）である。ちょっと不思議なのは、彼が高く評価している昆虫が段階二〇（同一〇週）で登場することで、『動物の知能』での記述とは矛盾がある。『動物の知能』が形態の系統発生に従った逸話の分類であるのに対し、『動物の心的進化』は基本的に図6-3の説明である。この系統樹は心の放散を示すようだが、いわゆる心の多様性を示すものではない。心の進化は、横の段階が示すように梯子状の直線進化を考えていたのであり、結局は一次元に配列されている。ロマネスは心の進化がヒト固有であることを否定し、ヒトの心の進化は動物の心の進化の延長上にあるとしている。

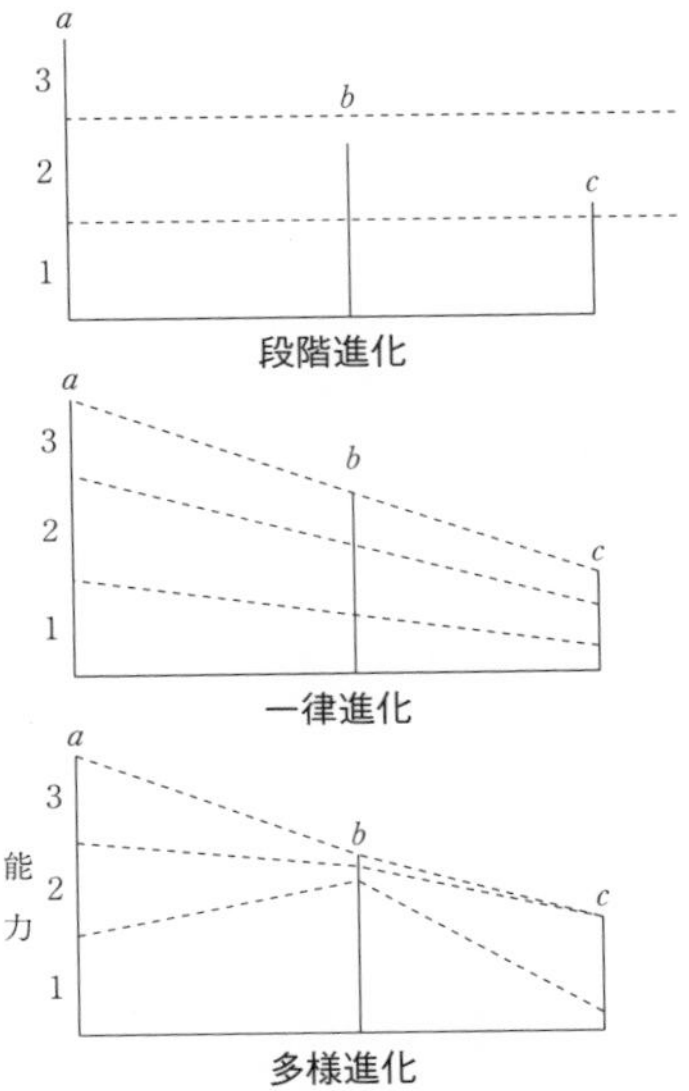

図6-4　モルガンによる三つの比較法
（Morgan, 1900）
a はヒト，b・c はほかの動物．

図6-4に示すように、モルガンの考えは一次元上の進化ではない。モルガンはヒトと動物の三つの比較方法を示した。最初の「段階進化」(Method of levels) は、ヒトから順次段階的に動物の能力を

査定する段階方式である。ある動物の能力はそれを持つか持たないか、である。ロマネスはこの方法を採用している。第二の「一律進化」（Methods of uniform reduction）は、ヒトが持ついずれの能力も、より劣るレベルでほかの動物が持っているとする。この方法の難点は、これを徹底すれば、ヒトからアメーバまで、すべて程度の差はあるが同じ機能を持っていなくてはならない点で、ちと無理目である。第三の「多様進化」（Method of variation）は、ある動物はある能力についてはヒトより優れている場合もあるとするもので、動物の能力をプロフィールとして解釈するものである。これがモルガンのお薦めである。

ロマネスとモルガン、どこが違うのか

もちろん二人の考え方には違いがある。まず、方法が違う。ロマネスも実験を行ってはいるが、彼の動物心理学を支える証拠は逸話の収集である。つまり、彼の動物心理学は博物学的である。モルガンは動物心理学に実験という考え方を導入し、学習実験を行っている。すなわち彼の動物心理学は実験的である。動物心理学は、逸話法と実験法の両方を方法として認める時代を経て、逸話法を捨て実験の時代に入っていく。米国ではクラーク大学（一八九八年）、ハーヴァード大学（一八九九年）、シカゴ大学（一九〇三年）などで動物心理学の実験室が誕生する。行動主義全盛の時と違い、実験動物に多様性があり、また動物学者の寄与が大きい。多くの場合、擬人主義的解釈は維持されたが、ロエブやジェニングスは反擬人主義を旗幟鮮明にしている。

ロマネスは習慣の遺伝を主張したが、モルガンは学習の遺伝を明白に否定した。モルガンの晩年の『習慣と本能』は、この問題を扱ったものである。モルガンは、遺伝ではなく、模倣によって世代を超えた習慣の伝播があるとした。ロマネスにとってヒトと動物の連続性はいわば自明であるが、モルガンはヒトがかなり特殊であることを認めていた。用語については、モルガンは『動物の行動（*Animal behavior*）』という本を出版しており、行動という言葉を使うが、ロマネスは行動という用語はまず使っていない。

モルガンの公準とはなにか

「モルガンの公準」は大抵の心理学の教科書に出てくるが、もちろん、モルガンは自分で「モルガンの公準」などと称していた訳ではない。彼自身は「説明公準」（cannon of interpretation）と呼んでいる。内容を直訳すると、「もし、ある行動（action）を、ほかの心理学的尺度の上でより低次な心的能力の運動（exercise）の結果として説明できる場合は、より高次な心的能力の運動の結果としては説明しない」というものである。擬人主義を否定している訳ではないことは明らかだ。決定的なのは、「心理学的尺度」がヒトの主観的心理学によって構成されたものであることだ。モルガンはヒトから動物を見ているのだ。いわゆるモルガンの公準が擬人主義批判だとするのは全くの誤読である。彼は無批判な擬人化を批判したのであって、擬人主義という考え方そのものを否定した訳ではない。心理学が解釈としての擬人主義を否定するには、まだ時間がかかるのである。

ウォシュバーンの動物心理学

ロマネス、モルガン時代の動物心理学をよく表しているのが、ウォシュバーンの『動物の心』である。マーガレット・ウォシュバーンは、一八七一年ニューヨーク生まれ。女性初の心理学での学位取得者である（コーネル大学）。コーネル大学では、ヴントの直弟子であるティチナーに習っている。一九二一年には、女性としては二人目のアメリカ心理学会の会長を務めた。余談だが、日本心理学会は一九二七年に発足したが、二一世紀の今日に至るまで一人の女性会長も出していない。

『動物の心』（一九〇八年）の第1章は「比較心理学の難点とその研究法」で、冒頭、自分の心はよくわかっているが、他人の心は推測するしかない、とし、他人の心が不可思議ならば、いわんやイヌの心はさらに不可思議だろうと難点を指摘している。研究法の第一は逸話法である。その問題点として、観察者が科学的訓練を受けていない、一例のみではその動物全体に通じるものかわからない、観察した動物の履歴（経験）が不明、動物に愛着があると誇大に解釈しがちになる、面白い話を報告したがる、といった点を批判している。第二の方法が実験であるが、厳密な統制下に動物を置くこと自体が、動物を異常な状態にする危険性を指摘している。そして、実験をするには、動物を出生時からよく知っていて、動物の信頼を得て、かつ、結果に過度の個人的快楽を求めず、中立的な立場を維持できなくてはならないとしている(4)。

実験結果の解釈では、基本的には「ヒトの経験との類似を基礎とする」という擬人主義の立場である。①すべての動物に心がある、②ある種の動物には心がある、③類推に基づく動物心理学は不可能だから、生理学用語による記述のみにする、の三種類の立場があるとする。彼女は、類推によるから動物心理学はそもそも不可能であるという論を進めると、ヒトの心理学も不可能になろうと述べている。③の立場はこれをヒトにまで拡張すれば行動主義になるのだが、この時代、心理学はあくまでも内観心理学である。彼女はヒトからの類推による動物心理学を支持しているが、モルガンの公準を積極的に支持している。ただ、簡単な説明が必ずしも真理であるとは限らない、という適切な注も加えている。

日本でのウォシュバーンの翻訳は一九一八年。一九二九年には畠山久重の『動物の心の進化』、一九三六年は当たり年でカール・ウォールデンらの『生物心理学概論』、黒田亮の『動物心理学』、林泉の『動物趨性学』なども出版されている。いずれも逸話法、実験法併記で、擬人法批判にも言及している。

本章で紹介した動物心理学に共通なことは、神経系についての言及である。彼らはヒトと動物の心の連続性の論拠として、神経系の連続性を取り上げていたのである。この視点は後の行動主義ではほぼ抜け落ちている。以前にも述べたが、進化論は心理学において、人間から動物を観る擬人主義と動物から人間を観る擬鼠主義の両方をもたらした。本章で紹介した擬人主義的動物心理学は、人間の心理学を前提としている。次章では実験心理学の祖とされるヴントと彼の動物心理学、さらに動物心理学史上最も有名な動物であるハンスというウマを取り上げる。

注

(1) プレマックらの論文の引用が少ないことを指摘したが、それにしても少なすぎるので、図書館員に相談したところ、Web of Scienceを利用するのがよかろうという示唆を得た。検索し直した結果、"theory of mind"という用語を使っている論文は八五〇九件であり、プレマックらを引用している論文数は七六一件であることがわかった。やはり一割以下の論文にしか原典は引用されていないことになる。

(2) スキナーは、行動を刺激によって引き起こされるレスポンデント行動と、動物が自発するオペラント行動とに分けた。

(3) スノーボールはオウムの名前だが、音楽に合わせてダンスをする。これは飼い主が教えたものでなく、自発的に行ったもので、音楽との同期化などの細かい分析が行われた。その後、いくつかの動物で同じようなことが観察されている。

(4) 広くは実験者効果といわれるもので、ラットを二群に分けて、一方は優秀なラットであるという教示を実験者に与えると、たとえスキナー箱を用いた実験でも、優秀だといわれた群が良い成績を修める。心理学の実験は再現性に乏しいといわれる理由の一つで、実に深刻な問題である。決定的な解決は、研究者が、研究者と異なる実験者に、いかなる予備知識も与えずに実験の実行を依頼する盲検法である（Rosenthal, Robert（1966）. *Experimenter effects in behavioral research*. New York: Appleton-Century-Crofts.）。

参考文献

ボークス、ロバート／宇津木保・宇津木成介（訳）『動物心理学史——ダーウィンから行動主義まで』誠信書房、一九九〇年
Grenberg, Gary, & Tobach, Ethel（1984）. *Behaviotal evolution and integrative levels*. Hillsdale, NJ: Lawrence Erlbaum Associates.
畠山久重『動物の心の進化』中興館、一九二九年
林泉『動物趨性学』養賢堂、一九三六年

黒田亮『動物心理学』三省堂、一九三六年
Morgan, C. Lloyd (1894). *An introduction to comparative psychology*. London: W. Scott.（大鳥居弃三（訳）『比較心理学』大日本文明協会、一九一四年）
Morgan, C. Lloyd (1896). *Habit and instinct*. London: E. Arnold.
Morgan, C. Lloyd (1900). *Animal behaviour*. London: E. Arnold.
Morgan, C. Lloyd (1912). *Instinct and experience*. London: Methuen.
Premack, David & Woodruff, Guy (1978). Does the chimpanzee have a theory of mind? *Behavioral and Brain Sciences, 1*, 515–526.
Romanes, George (1883). *Mental evolution in animals: With a posthumous essay on instinct by Charles Darwin*. London: Kegan Paul, Trench.
Romanes, George (1885). *Jelly-fish, star-fish and sea urchins: Being a research on primitive nervous systems*. New York: D. Appleton.
Romanes, George (1892). *Animal intelligence*. New York: D. Appleton.
Romanes, George (1895). *Mind and motion and monism*. New York and London: Longmans, Green.
Spencer, Herbert (1875). *The principles of psychology*. New York: D. Appleton.
de Waal, Frans (2009). *The age of empathy*. New York: Riverhead Books.（柴田裕之（訳）『共感の時代へ──動物行動学が教えてくれること』紀伊國屋書店、二〇一〇年）
Warden, Carl J., Jenkins, Thomas H., & Warner, Lucien H. (1934). *Introduction to comparative psychology*. New York: Ronald Press.（小野嘉明・丘直通（訳）『生物心理学概論』三省堂、一九三六年）
Washburn, Margaret F. (1936). *The animal mind: A text-book of comparative psychology (4th ed.)*. New York: MacMillian.（谷津直秀・高橋堅（訳）『動物の心』裳華房、一九一八年）

第7章 ドイツ実験心理学の栄光と賢馬ハンスの没落

前章では、擬人主義的動物心理学が理論的に主観的人間心理学に依存していることを示した。しかし、全体としてはヒトの心理学の体系を動物に体系として当てはめたとはいい難い。ヒトの心理学の用語のいくつかを動物に当てはめたという程度である。心理学の正史では、心理学は一八七九年にヴントがライプツィヒ大学に心理学実験室を開設した時に始まるとされる。本章では、彼が率いたドイツ実験心理学が動物心理学をどのように理解し、動物心理学にどのように貢献したかを見ていこう。

前史

「心理学は長い過去と短い歴史を持つ」といわれる。長い過去とは古代からの心の研究のことであり、短い歴史とは一八七九年にヴントが心理学実験室を開設して以降のことである。心理学者が心理学史を見ると、どうしてもずっと昔から人々は人間の心について一生懸命考えてきたように思ってしまう。しかし、それはどうも違うようだ。人間に対する関心、人間についての探究は一八〜一九世紀に急激に起こった。フーコーの用語を借りればそれまでの「エピステーメ」が変化したのである。ジョン・ロックの『人間知性論』（一六八九年）、エラズマス・ダーウィンの『自然の神殿』（一八〇三年）、イマヌエル・カントの『人間学』（一七九八年）、ヒュームの『人間本性論』（一七三九年）、ジェレミ・ベンサム『道徳および立法の諸原理序説』（一七八九年）始め、自然哲学、道徳哲学や哲学的人類学など、人間の心についてのさまざまな提案、試行錯誤が行われ、勝ち抜き戦の結果、ヴントに端を発する今日の心理学が、心理学の正統として生き残ったのである。

ヴント心理学が成立するまでに感覚の実験的研究が盛んに行われるようになっていた。アイザック・ニュートンの色覚説、ヤング－ヘルムホルツの三原色説、ヘルマン・フォン・ヘルムホルツの神経伝導速度の測定、といった研究が次々と行われた。エルンスト・ウェーバーは変化が感知できる刺激の強さはもともとの刺激の強さと比例することを発見し、フェヒナーはそこから精神物理関数といわれるものを導出した。これは、数学が適用できないから心理学は科学足り得ないというカントの主張を打ち砕くものであった。彼はまた統計学の中央値の概念を作ったことでも知られている。心理現象の実験的研究の機運はできていたのである。ただ、第5章で述べたようにフェヒナーには汎神論的なオカルト思想があり、近代心理学は彼の技法のみを受け継いだと言える。

ヴントの心理学

ヴィルヘルム・ヴントは、心理学史上最も有名な学者であり、実験心理学の創設者とされる。一八三二年南ドイツのバーデン生まれ。ハイデルベルク大学で医学を修めた後、ベルリン大学でミュラー、ハイデルベルク大学でヘルムホルツに師事し、その後ライプツィヒ大学に移った。ハイデルベルク時代には労働運動にも関与し、マルクスを評価していたともいわれる。大学の地位としては最後まで哲学の教授であり、哲学から心理学を独立させた訳ではない。彼を最初の実験心理学者として見るか、最後の思弁的心理学者として見るかは意見が分かれる。一九一五年にはノーベル賞候補になっている。

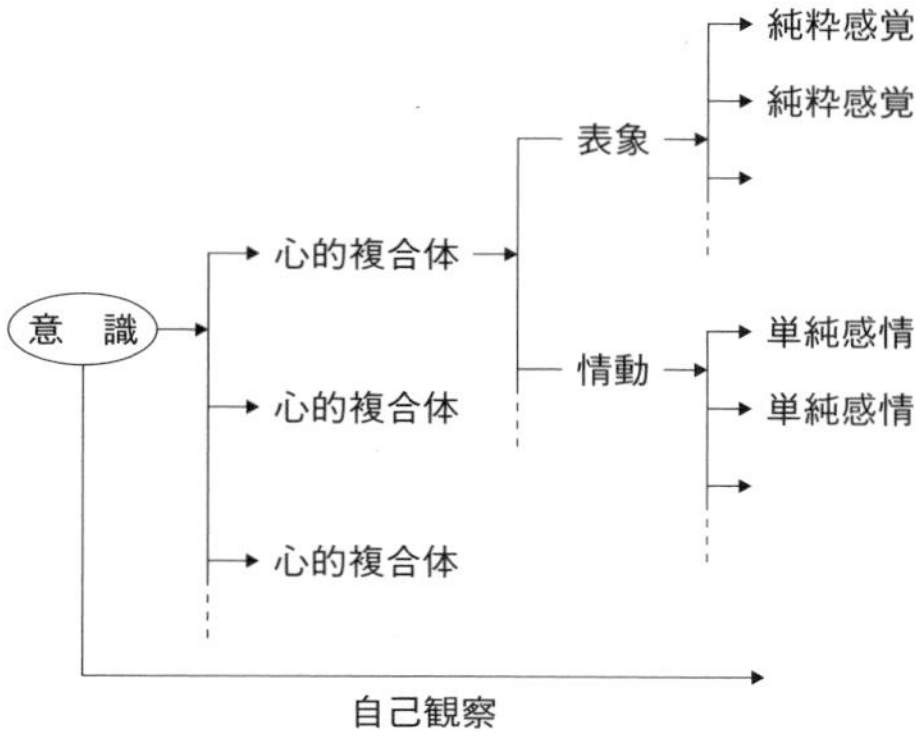

図7-1　ヴントの心理学

彼は学問を自然科学と精神科学に分けた。心理学は文献学、歴史学とともに精神科学に属し、直接経験を対象とする個人心理学（実験心理学）、精神物理学、民族心理学からなる。実験心理学は「意識を研究対象」として、自分で自分の意識を観察する「自己観察」（Selbstbeobachtung）をその方法とした。外界の出来事は純粋感覚と単純感情を起こし、純粋感覚は表象を、単純感情は情意運動を起こす。表象と情意運動の両者は心的複合体（Gebilde）を形成する。この形成は単なる加算ではない。複合体はさらに結合（統覚的結合と連合による）されて意識となる（図7-1）。

自己観察は、この意識を感覚と感情まで分解していくことである。彼は自己観察と内観の相違として、前者は意識の開始がはっきりしていること、再現性があること、刺激の連続的変化に対応した意識の変化があること、などの条件を挙げている。彼のいう実験心理学とは生理学的心理学と同義である。生理学実験との相違は、生理学が刺激と神経活動の関係を求めるのに対し、心理学が刺激と意識の関係を求めることにある。すなわち、従属変数の相違である。心理学では自己観察によって意識を分解し、さらに、分解したものから心的複合体を演繹する。それにしても自己観察でここまで自分の心を分解していくのは並大抵のことではないように思う。ワトソンは自己観察の訓練でノイローゼになったという。

研究方法としては、自己観察以外に、言語報告を求める「印象法」、呼吸、脈、行動などを用いた「表出法」を用いた。高次意識は民族心理学が扱うが、これは神話、芸術研究や社会調査を含み、文化人類学や認知考古学のもととなる考え方である。

結局、ヴントはなにをしたのだろう? 実験心理学を作ったといわれている。しかし、彼の心理学全体における実験の寄与はそれほど大きくなく、しかも知覚に限定した方法である。哲学から心理学を独立させたといわれる。だが、彼は大学の職位としては最後まで哲学教授であり、彼自身は哲学からの独立を主張してはいない。彼は心を分解する要素主義者だといわれる。しかし、心的複合体には要素にない新しい機能の創発があるとしており、単純な要素の加算を考えていた訳ではない。彼は構成主義者だったといわれる。しかし、意思や注意は彼の中心課題であり、むしろ後の認知心理学に似ている面がある。彼の自己観察は、つまり現象学ではないかといわれる。しかし、現象学は「分析なしの自由な心象の質的表現であり」、自己観察とは明らかに異なる。なお、彼は心理学を予測ではなく後からの説明だと考えていた。この点は後の行動主義と全く異なる。

ヴントの動物心理学

ヴントは、動物心理学には二つのアプローチがあるという。一つは比較研究により心的機能の発達の一般的な過程を探るもので、動物行動の観察が基本になる。これはヒトの生理学研究と変わらないし、ヒトは多くの動物の一種でしかない。もう一つはヒトの心が中心的課題で、動物研究により、意識の進化を明らかにするものである。この動物心理学の基盤はヒトの心理学であり、下等動物からヒトまでの直線的進化の解明である。この二つのアプローチは、現代的ないい方をすると、「心の一般理論」確立のための動物心理学と、「ヒトの心の進化」の解明のための動物心理学ということになる。前者はやがて行動主義心理学が、後者は進化心理学が目指したものである。ヴントの慧眼に敬服する。

ヴントは後者を目指すが、動物の精神生活はもちろん直接研究することができない。したがって、外に現れる行動から類推するしかない。この類推はヒトの心理学を動物に当てはめる擬人主義である。彼は実験心理学の祖らしく実験を重視し、逸話法で心の進化の解明を目指したロマネスをかなり厳しく批判した。そして、動物心理学が人間心理学に依拠せざるを得ないことを認めながらも、心的現象は複雑であり複数の説明が可能で、その中で「最も単純な（例えば、連合による）説明」が求められるとしている。ほぼモルガンの主張に沿った意見である。ヒトの意識は下等動物の意識の発達したものと考えている。心の進化については基本的に自然選択だが、特定の能力の遺伝は認めていた。

彼の『人間及び動物の精神についての講義』の初版は一八六三年で、四版が最終版である。動物の精神生活は、要素とその結合においてヒトと同じであり、ヒトの発達と比較できるとし、原生動物でも表象、意志を推論できるとしている。理論的には動物心理学にそれほどの貢献をしているとは思えないが、ヴントによって練り上げられた厳密な実験（ジェームズは「顕微鏡的」心理学だと揶揄したくらいだ）、研ぎ澄まされた観察眼こそが、クレバー・ハンスの秘密を解き明かす鍵だった。

クレバー・ハンス

動物が計算をする話はしばしば登場する。ヴィクトル・ユーゴーの『ノートルダム・ド・パリ』（一八三一年）では、ヤギを尋問する場面で検事がヤギに時間を尋ねると、足で床を叩いて時間を答えるが、これは小説であり、心理学に与えた影響としてはなんといってもこのウマのハンスである。ベルリンで一頭の、後に「賢いハンス」として動物心理学史に名前を残すウマが登場した（図7-2）。オルロフ・トロッター種のオス、当時八歳前後といわれた。彼はドイツ語を理解し、数を数えることも、計算することも、文字を読むことも、単語を書くことすらできた。ウマは首を上下左右に振ることと、蹄《ひづめ》で床を叩くことによって、これらの解答を表現したのである。飼い主はフォン・オステン、教師で、ウマの調教師でもあったが、ハンスを聴衆に見せてお金を稼いでいた訳ではない。

一三人の委員からなる調査委員会が発足し、このウマが本当にそのような能力を持っているのか、はたまたオステンがなんらかのトリックを用いてウマに正解を知らせているのかを調査した。一九〇四年九月一二日、委員会は「九月鑑定書」といわれる報告書を提出し、なんのトリックもないとした。

しかし、この後、ベルリン大学の心理学教授、カール・シュトゥンプ[2]と助手のオスカー・プフングストはさらに実験を続け、一二月九日に「一二月鑑定書」と呼ばれる鑑定書を提出した。まずはブラインド・テストをした。誰もが正解を知らない条件である。ハンスは正答できなかったのである。次に、なにが手がかりになっているかを突き止めるために、プフングストはハンス及びオステンの行動を詳細に分析し、ハンスが蹄で床を叩き始め、正答の数に達すると、オステンが無意識に頭を上に動かすことを発見した。ハンスが蹄で床を叩き始める時にはオステンの頭部と体がわずかに前傾し、叩きやめる時にはオステンの頭は瞬間的に上方に動くのである。この微小な動きはオステンが意識的に行っているのではなく、無意識な動きで、かつ一般性がある。オステン以外の人でもハンスが正答する時には同じような頭の動きをするのであ

ハンスとオステン

シュトゥンプ

プフングスト

図7-2　ハンスと研究者たち（Fernald, 1984）

る。キモグラフ[3]を使って解析すると、オステンの場合、一ミリ以下という微小な動きである。肉眼でこの動きを発見したプフングストの観察眼には敬服するしかない。

もし、ハンスが体動を手がかりにしているなら、視覚を使っているはずである。視覚の剥奪のために目隠し革をハンスに装着した。ウマはかなり嫌がったようだが、確実に見えない条件では、ハンスはやはり正答できなかったのである。

また、オステンの動きを真似ることによりハンスの答を自由に操ることができた。これは能動的統制条件といわれる方法である[4]。さらに、プフングスト自身がハンスの立場になり、蹄の替わりにピアノの鍵盤を叩いて、正解を知っている質問者の微細な動きから正答することをやってのけた。僕は実験心理学徒として、このドイツ実験心理学の功績を誇りに思う。プフングストの『オステン氏の馬（りこうなハンス）――動物心理学（＝人間心理学）の実験例』は邦訳が二〇〇七年と一四年に出ている。二〇〇七年の訳者は心理学者ではないようだが、丁寧な訳注がついており、お薦めである。

オステンは結局、ハンスをカール・クラールに売却、クラールはほかの二頭のウマとともにさらに複雑な数学を解く芸を訓練して供覧したという。クラールは専門の研究者ではないが、一九一一年に『考える動物』を出版する。しかし、一九一四年にはウマ学者、ステファン・メディが『考える動物はいるか？』という分厚い本でこれに反論した。クラールのトリックは意図的なものなのでオステンの場合より精緻であったが、結局はウマに信号を送っていたのである。その後ハンスは軍馬として売却され、一九一六年にハンガリー兵士によって殺されたという。

ハンスの能力を支持する研究者もいた。一人は超心理学者のジョゼフ・B・ラインだが、トマス・A・シービオクが八一年のニューヨーク科学アカデミーの「クレバー・ハンス現象」特集号で、ESP（extra-sensory perception）のトリックの例としてその研究を紹介している。もう一人のトニー・グッドイヤーは、ハンスがある種の問題解決をしたのだと主張した。一理あるが、計算をしたわけではないことは否定できない。

哲学者ジョン・サールの有名な思考実験に「中国語の部屋」がある。被験者を部屋に入れ、中国語回答マニュアルを渡す。部屋の外から中国語で書かれた質問を渡す。被験者はマニュアルに従って中国語で回答する。外の人間は被験者が中国語を理解しているのだ、と思ってしまう。コンラート・ローレンツ進化認知研究所のミシェル・トレストマンは、ハンスと中国語の部屋の関係を論じている。ハンスはマニュアルこそ持っていないが、条件づけはできたわけだ。

本邦では、一六九三年に人語を喋るウマが登場した。日本政府（幕府）は直ちに調査を開始、しらみつぶしに三五万三五八八人の町民から調書を取り、最初に流言を流した人物を特定し、市中引き回しの上、斬刑に処している。迅速にして鮮やかな処置である。もっとも、ウマの口を介して政府批判を行ったからだという説もある。

心理学者はクレバー・ハンスからなにを学んだのか

擬人主義心理学の問題点をこれほど明らかにしたものはない。ロマネスだったらこれをウマの知能

図7-3　スキナー・ボックス（左）（筆者撮影）とパヴロフの実験室（右）（林, 1963）

の例としたことだろう。馬脚を現したのは、周到な実験の賜物である。実験心理学の本領は、実験条件をさまざまに工夫して変数を絞り込むことにある。しばしば、一変数だと思っていたところに、統制されていない複数の変数が隠れている。ハンスの例では、オステンが正解を知らない条件から、だれもが正解を知らない条件に進んだのが良かった。また、視覚剥奪で裏を取ったこと、能動的統制実験を行ったことも素晴らしい。今見ても、よく計画された実験である。

もう一つ、さらに重要な貢献が「人－動物相互作用」の発見である。実験者は、意図せずに動物に手がかりを与えてしまう可能性がある。ドイツの心理学者はいち早くこの問題に対応し、動物の数認知を研究していたオットー・ケラーはテストの時に動物から自分が見えないような工夫をしたし、ダーヴィト・カッツは、『動物と人間』の冒頭でハンスを取り上げ、擬人主義的動物心理学ではなく批判的動物心理学を強く主張している。「人－動物相互作用」を断つには、実験者と動物が対面しないようにすれば良い。その究極の姿がスキナー・ボックスであり、「沈黙の塔」におけるパヴロフの実験室なのである[5]（図7-3）。僕は格段の配慮がされていない限り、対面型の動物実験や、母親が子どもを膝に乗せて行っているような発達心理学の実験を信用しない。

ハンスの話は過去のものではない。発達障害の治療に「促進コミュニケーション法」（facilitated communication）なるものが用いられたことがある。この方法は自閉症治療のブレーク・スルーであると信じられた。方法は以下のようなものである。子どもの前にキイボード（あるいはそれに替わるもの）が置かれている。促進者は子どもの隣に座り、子どもの腕を支える。促進者はキイには触れず、子どもの上腕を支えているだけである。これだけのことによって、発話できない子どもがキイボードを使ってさまざまな質問に答えられるようになったのである。この方法は、一九七七年にメルボルンの聖ニコラス病院でローズマリー・クロスリーによって開発され、シラキュース大学のダグラス・ビクレンが宣伝、同大学に促進コミュニケーション研究所を設立した（現在も存在している）。ノーベル物理学賞受賞者であるアーサー・ショーローは、一九九三年のインタヴューで自分の自閉症の子どもにこの方法が有効だったと認め、一部の家族から熱烈に支持された。

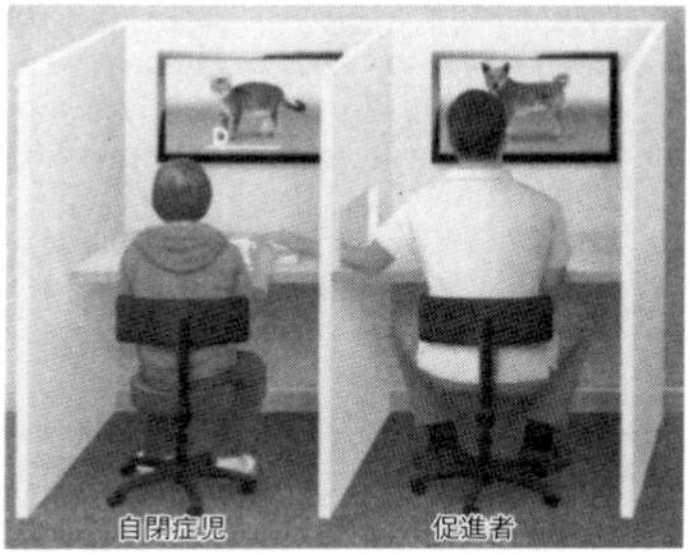

図7-4　促進コミュニケーション法の秘密を暴く実験（Heizen *et al.*, 2015）

この方法は典型的なクレバー・ハンス現象である。促進者の見えないところで子どもに物体を見せ、その後に促進者に介助してもらいながらなにを見たかを聞くと、正しい答えはできない。さらに図7-4のように二連のキュービクルで子どもと促進者になにが見えるかを尋ねてみる。両者が同じ絵を見ていれば子どもは正答できる。しかし、両者が違う絵を見ている試行では、子どもはなんと促進者の見ている絵を答えたのである。結果は明らかだ。僕がショックを受けたのは、これほど単純にテストで見破ることができるのに、促進コミュニケーション法が大勢に支持されたことだ。米国心理学会が促進コミュニケーション法を否定したのは一九九四年である。スウェーデンでは二〇一五年にこの方法を禁止している。クレバー・ハンスは中等教育の題材として教えるべきだとさえ思える。

チンパンジーの手話、ゾウの絵画

一斉を風靡した実験に、ネバダ大学の心理学者、アラン・ガードナー夫妻がチンパンジーに手話を教えた実験がある。それ以前にチンパンジーに音声言語を教えようとする実験があり、失敗している。チンパンジーには物理的にヒトのようには音声を出せなかったのである。そこで、出力を音声から手話に変える、という発想の転換をした訳である。僕はかなり早い段階でこの映像を見る機会があった（一九七六年のパリでの国際心理学会）。どうも、チンパンジーが手を動かす直前に、ちょっとガードナーの手が動いている。もちろん、意図的だとは思わなかったが、相当に慎重な検討が必要だと思った。当時、僕は学位取り立てのチンピラで、先方は今をときめく大御所だったから、質問の手を挙げかねた。チンパンジーの手話研究はその後、コロンビア大学のハーバート・テラスが膨大なビデオデータを分析し、否定的な結論を得ている。

絵を描くゾウがいる。実は、僕もネットオークションで一枚入手している（価格は秘す）。チンパンジーの抽象画のような絵と違って、花を描いた具象画（?）である（図7-5）。自慢して人に見せたが、ゾウの絵画と見破られたことはない。ゾウの絵画は有名になり、インターネットでも多くの絵を描くゾウの映像が流された。そのおかげで僕は僕の持っている絵が一点ものの芸術作品ではなく、ゾウの大量製作の作品であることを知った。しかし、まあ、民芸品と考えればいいか。だが、さらに重要なことは、ゾウ使いがゾウの行動をコントロールしていたことである。このような映像を見る時に、人はまずゾウの動きに注目し、ゾウ使いには注目しない。一旦ゾウ使いに注目すると、カラクリは明明白白である。ぜひ一度ご覧いただきたい。ゾウの描画はヒトとゾウの協同作業の結果なのである。アジアゾウの計算能力についての実験報告も、クレバー・ハンス現象を十分に配慮した実験では追試に成功していない。

図7-5　ゾウの絵画（筆者蔵）

ハンスが示した能力は、抜群の「読心術」だったのだろうか。オステンの頭の動きは一ミリ以下である。ハンスがこれを検出できるようになるには、膨大な訓練が必要だった。ハンスと同じくらい有名な動物に、オウムのアレックスがいる。アイリーン・ペッパーバーグが訓練したオウムで、手話ではなく英語で質問して英語で答える。映像を見ると圧倒的な迫力がある。ペッパーバーグはクレバー・ハンス錯誤に十分な注意を払っているが、訓練には膨大な時間がかかっている。

ハンスが示したものは、しかし、読心術ではない。プフングストは自分がハンスの立場になってみる実験もしている。プフングストがピアノの鍵盤を二回叩いた時に、質問者の頭が動いた。さらに五回目でも動いた。そこから彼は、質問者の問題は「2＋3＝5」であることを推察した。これが読心術である。ハンスがしたことは、もっと単純な「頭の動き→叩きやめる」という連合に過ぎない。

クレバー・ハンスは思い出したように取り上げられ、一九八一年、ニューヨーク科学アカデミーはハンスに関するシンポジウムを開催し、一九八四年にダッジ・フェルナルドが『ハンスの遺産』を著している。さらに二〇一五年にはトーマス・ハエイツエンらが『去ろうとしない馬』を上梓している。しかし、昨今の動物研究を見ると、どうもこのハンスの教訓は忘れられつつあるようにも思う。ヒトは動物の超能力に魅せられる。薬物探知犬なども批判的な検討が必要で、二〇〇六年のオーストラリア政府の研究では偽検出が多く、正しい検出は一万例で二六パーセントに過ぎなかった。

注

（1）ある時代の知的活動全体の枠組みのようなもので、個別科学だけで考えるとトマス・クーンのパラダイムに似ているが、エピステーメは諸科学を包括するものである。第13章参照。

（2）一八四八年生まれ。フランツ・ブレンターノの弟子で、ゲシュタルト心理学のもとになる音楽のゲシュタルト質を主張し、マックス・ヴェルトハイマー、クルト・コフカとヴォルフガング・ケーラーという、後にゲシュタルト三銃士といわれる俊才を育てた。ドイツ実験心理学の創設者のひとりであり、ヴント心理学とは異なる作用心理学（意識内容の分析ではなく、その作用の分析をすべきだとする立場）を主張した。

（3）　円形のドラムに煤を塗った紙を巻きつけて動かし、紙を引っ掻く針の動きを記録する装置で、針には梃子がつながっており、この梃子が増幅器の役割を果たす。筆者の学部時代にはまだ研究室にこの装置があった。

（4）　ある変数（この場合、頭の動き）が従属変数（ハンスの行動）を統制していると思われる時に、この変数を独立変数として積極的に操作し、それによって従属変数が変化するかを調べる方法。

（5）　パヴロフの実験室は実験動物のいる場所と実験者のいる場所が完全に隔離され、建物自体に厳重な防音設備が施されていた。そのため、「沈黙の塔」と呼ばれた。

参考文献

Agrillo, Christian, & Petrazzini, Maria E. M.（2012）. The importance of replication in comparative psychology: The lesson of elephant quantity judgments. Frontiers in Psychology. doi: 10.3389/fpsyg. 2012.00181

Fernald, L. Dodge（1984）. *The Hans legacy: A story of science*. Hillsdale, NJ: Erlbaum.

Goodyear, Toni（1996）. Clever Hans revisited: The effects of contextual variability on natural context learning. In Jaan Valsiner & Hans-Georg Voss（Eds.）, *The structure of learning processes*（pp. 267-305）. Greenwood Publishing Group.

林髞『条件反射』岩波書店、一九六三年

Heinzen, Thomas E., Lilienfeld, Scott O., & Nolan, Susan A.（2015）. *The horse that won't go away: Clever Hans, facilitated communication, and the need for clear thinking*. New York: Worth Publisher.

Katz, David（Trans. by A. I. Taylor & H. S. Jackson）（1937）. *Animals and men: Studies in Comparative Psychology*. Longmans, Green.（山田坂仁（訳）『動物と人間——比較心理学的研究』三笠書房、一九四〇年）

Krall, Karl（1911）. *Denkende Tiere*. Leipzig: Freidrich Engelmann.

von Maday, Stefan（1914）. *Gibt es denkende Tiere? Eine Entgegnung auf Krall*. Leipzig: W. Engelmann.

Passkönig, Oswald（1912）. *Die Psychologie Wilhelm Wundts*. Leipzig: Siegismund & Volkening.

Perdue, Bonnie M., *et al.*（2012）. Putting the elephant back in the herd: Elephant relative quantity judgments match those of other species. *Animal Cognition, 15 (5)*, 955-961.

Pepperberg, Irene M. (2002). *The Alex studies: Cognitive and communicative abilities of grey parrots.* London: Harvard University Press. (渡辺茂・山崎由美子・遠藤清香（訳）『アレックス・スタディ――オウムは人間の言葉を理解するか』共立出版、二〇〇三年)

Pfungst, Oskar (1907). *Das Pferd des Herrn von Osten (Der kluge Hans)*. Ein Beitrag zur experimentellen Tier- und Menschen-Psychologie. Leipzig: Johann Ambrosius Barth. (R. Rosentahl (Ed.) (1965). *Clever Hans: The horse of Mr. Von Osten.* Oxford, England: Holt, Rinehart & Winston. (秦和子（訳）『ウマはなぜ「計算」できたのか――「りこうなハンス効果」の発見』現代人文社、二〇〇七年／柚木治代（訳）『りこうなハンス』丸善プラネット、二〇一四年)

Samhita, Laasya, & Gross, Hans J. (2013). The "Clever Hans Phenomenon" revisited. *Communicative & Integrative Biology, 6 (6)*. doi: 10.4161/cib. 27122

Sebeok, Thomas A., & Rosenthal, Robert (Eds.) (1981). *The Clever Hans phenomenon: Communication with horses, whales, apes and people.* New York: The New York Academy of Sciences.

Trestman, Michael (2015). Clever Hans, Alex the parrot, and Kanzi: What can exceptional animal learning teach us about human cognitive evolution? *Biological Theory, 10 (1)*, 86-99.

Wundt, Wilhelm M. (1906). *Vorlesungen über die Menschen-und Thier-seele.* Verlag von Leopold Voss. (Trans. by J. E. Creighton & E. B. Tichener (1984). *Lectures on human and animal psychology.* London: Swan Sonneschein.)

ヴント、ウィルヘルム　速水滉（補訳）『ヴント氏心理学要領』不老閣書房、一九一五年

Wundt, Wilhelm M. (1918). *Grundriss der Psychologie.* (元良勇次郎・中島泰蔵（訳）『ヴント氏心理学概論』冨山房、一八九九年)

Wundt, Wilhelm M. (1921). *Erlebens und Erkenntnis.* (川村宣元・石田幸平（訳）『体験と認識――ヴィルヘルム・ヴント自伝』東北大学出版会、二〇〇二年)

山下恒夫『フェヒナーと心理学』現代書館、二〇一八年

第8章　新大陸の動物心理学

ジェームズ、お前はだれだ

ここで目を新大陸に転じよう。北米の心理学といえば、なんといってもジェームズである。ジェームズは、「私が初めて聞いた心理学の講義は、私が初めて行った講義だった」と述べている。教科書としてはスペンサーの『心理学原論』を使っていたようだ。では、その前に新大陸に心理学はなかったのか。当時、米国に心理学という用語はあったが、かなり道徳哲学に近いもので、しばしば牧師が講じたという。

一八九六年のベルリンでの第三回国際心理学会では、「旧世界のヴント、新世界のジェームズ」として対比されたという。ジェームズの『心理学原理』で最も引用が多いのがヴントの著作であり、実験的方法をドイツから輸入したともいえる。それなりに重視していたと思われるが、彼にとってドイツ心理学は「顕微鏡的心理学」であり、「真鍮《しんちゅう》機械」の心理学であった。一方のヴントは、ジェームズの心理学を評して、「それは美しい。が心理学ではない。文学だ」としている。やはり、求めているものが違うのだ。

ジェームズにしろ、ヴントにしろ、近代心理学成立時の人たちはつまり、なんだかわかり難い。研究者もまた自分自身がなにものであるかを模索していたともいえる。ウィリアム・ジェームズは一八四二年に生まれた。裕福な家の出で、しばしば欧州に滞在し、一八六一年にハーヴァード大学ローレンス科学校に入学、比較解剖学と生理学を専攻、後に医学校に進学し、医学博士になった。在学中にドイツでおそらくヘルムホルツに実験生理学を学んだ。医学校を卒業後、講師として比較解剖学と生理学を教え、一八七四年から心理学を講じ、七五年に実験室を作った。その意味ではヴントより先んじたことになる。その後、一八七六年に生理学助教授、七九年に哲学助教授、八五年に哲学教授、八九年に心理学教授、九七年には再び哲学教授、というように目まぐるしく心理学と哲学を往復しているが、心理学の教授としては在職一二年に過ぎない。後年、「心理学は彼の妻で、哲学は愛人だった」ともいわれたが、最後に戻るところが妻であるとすれば、むしろ哲学が正妻で心理学は愛人だったのかもしれない。

彼の心理学の成立に影響を与えたものとしては、①英国連合主義、②進化論、③感覚生理学、そして、④プラグマティズムを挙げることができる。わけても、ハーヴァード大学での「形而上学クラブ」[(1)]における、哲学者、チャールズ・サンダース・パースの影響は大きい。

彼の学問体系のわかりにくさは、方法としては内観を用いながら、説明としては生理主義だったところにある。彼の教科書の始めは脳の解剖学と生理学で、脳の図もカエルからイヌ、ヒトとある。心

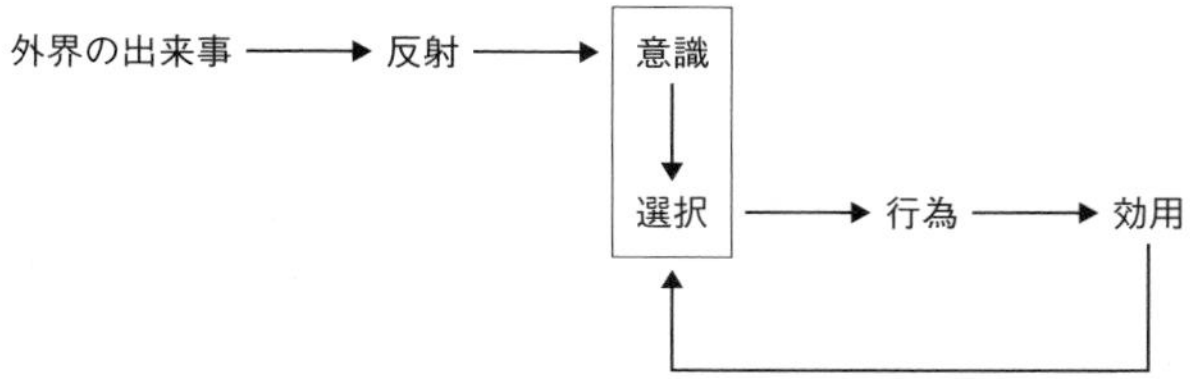

図８-１　ジェームズの心理学

は反射であり、反射の結果として行為の選択を行うエージェントとしての意識が生じる（図８-１）。つまり、意識は一つの機能なのである。そして、意識は川の流れのように絶えず変化して流れていくものであり、同じ刺激がいつも同じ意識を生ずるとは限らない。僕は非常に早くＮＩＲＳ[2]を心理学研究室に導入したが、当時は技術的にも未解決な問題が多く、メーカーに再現性を尋ねたところ、七〇パーセントだという。僕が渋い顔をしたら、「でも先生、心とはそのようなものではないでしょうか」といわれ、ジェームズのことを思い出して、一本取られたと思ったことを憶えている。

　ジェームズが意識の再現不可能性を主張したことは、ヴントとかなり違う訳だが、一時的に変化する意識と持続的な意識があることは認めていた。また、意識は、ヴントと同様に内観でしかアクセスできないものとしていた。意識した結果として、選択された行為が生ずる。そして、行為の結果が効用として選択にフィードバックされ、習慣となる。功利主義といわれる所以《ゆえん》であるが、これがその後の学習心理学隆盛のもとになった。このフィードバックの回路の発想は、ヴントにはないものである。また、反射が先で意識はそれを後追いするという情動の理論（ジェームズ－ランゲ説[3]）は、アントニオ・ダマシオの「ソマティック・マーカー仮説[4]」のもととなったものである。

動物心理学については、内観でアクセスできるヒトの心理学とは異なるとし、動物の行動は連合によって説明できると考えた。したがって、擬人主義の立場をとっていない。心理学史の上では、ジェームズの実験室開設はヴントより早く、バリバリの実験家のように見えるが、心理学における実験の意義はそれほど認めていなかったようである。

ジェームズのわかりにくさの一つに、心霊術への思い入れがある。米国心霊協会の創設メンバーの一人でもある。第5章でも述べたが、当時は磁気や重力のように直接見えない力、物体同士が接触しないで及ぼす力が発見された時代であり、霊魂のニュートン物理学的研究はそれほど突飛なものではない。ただ、ティチナーなどの筋金入り実験心理学者からは厳しく批判され、彼がドイツから招聘したミュンスターベルクもこのオカルト趣味をずいぶん心配して忠告したらしい。ジェームズは若い時から精神状態が不安定になることがあり、そのことも心霊術などへの傾倒に関係するかもしれない。

その後の米国心理学を見ると、ジェームズの影響はあらゆるところに及んでいるといっても過言ではなかろう。直接の弟子であるジェームス・ローランド・エンジェルは、やがて心は行動に取って代わられるだろうと予言し、実際、エンジェルの弟子であるワトソンは、行動主義宣言を果たした。機能主義、功利主義はいわば米国の国是となり、行動主義の基盤の一つとなったのである。ジェームズは晩年には、若かったユングにも大きな影響を与えている。ジェームズの心理学はわかりやすいものではないが、今日の心理学の形成に与えた影響はあるいはヴント以上かもしれない。心理学史家、エドウィン・G・ボーリングは、ジェームズは「(心の)探検家であって地図の作成をした訳ではない」

と評価した。けだし、至言かと思う。

何故、新大陸では心理学が実用の学になるのか

心理学についてはやはりドイツが先進国で、さまざまな国から多くの外国人がヴントのもとで研鑽を積んで故国に心理学を持ち帰った。エドワード・ティチナー（一八六七―一九二七）は、英国人だが、米国コーネル大学で心理学を教えた。英語圏でのヴント理解は、ティチナーのフィルターを介している。しばしばヴントが要素主義、構成主義とされるのはそのためである。ティチナーは感情も感覚に還元できると考えており、ヴント心理学をある意味で突き詰めたとも考えられる。また、狂人、児童、動物は心理学の対象から除外している。極めて無味乾燥な相関研究が特徴で、ボーリングは「まるで月世界のヴァケーションだ」と評したくらいである。

米国心理学会の初代会長のスタンレー・ホール（一八四四―一九二四）は、ジェームズのところで学位を取得したのち、ライプツィヒ大学でヴントに学んだ。一八八三年にジョンズ・ホプキンス大学に実験室を開設し、質問紙法を開発し、応用心理学の普及に努めた。ジェームスが学術的な意味で米国心理学の創設者であるなら、ホールは米国心理学の制度的創設者である。米国人として初めてヴントの研究室で学位を得たジェームズ・キャッテル（一八六〇―一九四四）は、ペンシルヴェニア大学で米国初の心理学教授になった。彼は精神物理学を拡張して品等法を考案し(5)、実用性のある心理学を目指した。特徴的なのは、ジェームズに招聘されたヒューゴー・ミュンスターベルク（一八六三―一九一

図 8-2　新大陸の心理学者たち

六）で、ヴントの弟子であったが、米国に渡ってからは機能主義を取り入れ、産業心理学、応用心理学を作り、『精神工学（*Psychotechnik*）』などという本を著し、ついには嘘発見器を作るに至った（図8-2）。さらに、ジェームズの後継者のジョン・デューイ（一八五九―一九五二）は、意識の実用主義を唱え、実験心理学に基づく教育心理学を作った。

何故、心理学は北米では現世化して実用の学になるのか。これは単に心理学だけの問題ではない。今日の我が国の「科学」のイメージは、濃厚に「米合衆国の科学」のイメージである。社会で実用に供される学問であり、知的財産によって研究者に富をもたらす学問だ。しかし、これは比較的新しく新大陸で培われた科学観で、科学上の発明・発見は人類共通の財産だという考えのほうが由緒正しい。いかなる発明・発見といえども、過去の研究成果の上に成り立つ。巨人の肩に乗った最後の発見者・発明者が、声高に個人の所有権を主張するのは品が悪い。何故、北米ではこれが当然だと思われ、拝米諸国もこれに追随するのだろう。愚考するに、新大陸にはピューリタリズム以外にもう一つの信仰がある。すべてが商いであるという信仰である。政治も、戦争も、科学も、ビジネスなのである。つまり、功利主義、もっといえば拝金主義なのだ。そして、これが太平洋の荒波を越えて、米国の保護領にまで広がってきたのである。

新大陸での動物心理学

北米で動物心理学に相当するものは、動物学者が行っていた。面白いことに、下等動物での研究が数多くなされていた（図8-3）。ジャック・ロエブは、一八五九年生まれ。医学部でイヌの脳損傷実験を行う。ベルリン大学の助手になるが、イヌの損傷実験が嫌になり、一九一八年に米国に移住。シカゴ大学に職を得る。彼は趨性（走性）説を唱えた。走性とは、方向性のある刺激に対して一定の方

Fig. 37. Attitude of an Amblystoma under the Influence of a Galvanic Current Passing from Head to Tail.

Fig. 38. Attitude of an Amblystoma when the Galvanic Current Passes from Tail to Head.

NLM 蔵

faculty-history.dc.umich.edu/faculty/herbert-spencer-jennings

図 8-3　ロエブ（左下）とジェニングス（右下）

サンショウウオの電流に対する趨性（左上）と，ゾウリムシがミドリムシを捕食するところ（右上）は，それぞれ Loeb（1918），Jennings（1904）より．

向性を持った行動を示すもので、植物の趨性と同じように、動物の行動も物理化学的に説明できるとする。よく知られたものは光を刺激とした走光性であるが、左右対称性のある光感覚器が、両方の光感覚器に光化学的反応があればまっすぐに進み、不均衡であればこれを補正するように動く訳だ。無脊椎動物ばかりでなく、魚類が水の流れに向かって定位する走流性などがある。この考えを敷衍すれば、「特定の婦人に対する男子の求愛も、性ホルモンと連合記憶が要因をなす複雑な趨性である」ということになり、かなり痛快な機械論の立場で、動物からヒトを観ていることは確かだ。ただ、ここで連合記憶という言葉が使われているように、ロエブは、動物の行動が現在ある刺激の直接的効果のみで決まっていると考えていた訳ではない。

この趨性説に反対したのが、ハーバート・スペンサー・ジェニングス（一八六八―一九四七）である。イリノイ州の小さな村に生まれた。父は医者だった。この名前に記憶のある方もいるかもしれない。そう、「ハーバート・スペンサー」は社会ダーウィニズムのスペンサーに因んで、父親が名付けたのである。彼は、かなりの紆余曲折の後、ハーヴァード大学で動物学の学位を得ている。その後もダートマス、ミシガン、ペンシルヴェニア、と目まぐるしく大学を移り、最後はジョンズ・ホプキンス大学の動物学教授に落ち着いた。ダートマス時代の『プロトゾーマの心理学』で、プロトゾーマが心の始まりだとしている。『下等動物の行動』は版を重ね、実験心理学の基礎文献とされた。

彼は多くの下等動物、特に単細胞動物の研究を行った。そして、単細胞動物の行動は、外界の刺激の直接的効果によって起きるのではなく、単細胞動物の内部状態に依存することを突き止めた。刺激と行動の間にギャップがあるのだ。そして、単細胞動物は、個々の器官の機能の足し算の結果として行動するのではなく、個体としての統一体（unit）として行動し、個体差を認めることができる。ジェニングスの理論はある種の生気論と受け取られたが、これは「内部状態」というものが具体的に明らかにされなかったためだと思われる。彼はヒトの研究と動物の研究を分ける傾向を批判し、その連続性を繰り返し主張している。擬人主義による動物の理解ではなく、全く逆の立場を取っている。ヒトの行動も、単細胞動物の行動と同じように研究できるというのだ。ヒトの場合は、生理的な状態に結びついた主観的経験がある。しかし、単細胞動物の行動が生理的状態で説明できるなら、ヒトの行

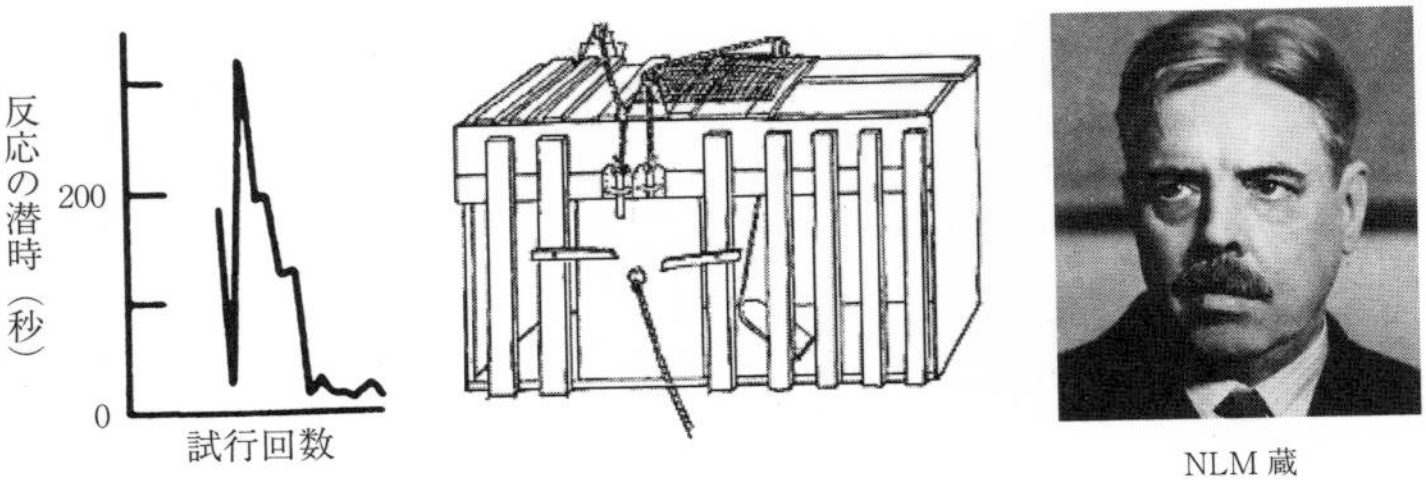

図8-4　ソーンダイク（右）のネコの問題箱（中）と箱から出るまでの時間を指標とした学習曲線（左）（Thorndike, 1898）

動も主観的経験に言及することなしに研究できるはずだという。ヒトの行動には過去の経験が強く影響するが、単細胞動物の場合も程度の差であって、過去の経験が影響すると主張する。

ジェニングスは、モルガンやソーンダイクの試行錯誤研究を評価し、単細胞動物においてもやはり試行錯誤が見られるという。そして、「誤り」は動物が避けようとするものであるなら、それは単細胞動物でもヒトでも同じであり、「痛み」という用語を導入する必要はない、成功した場合も「快感」などという主観的用語なしに研究できる、とした。ロエブとジェニングスとは対比的に扱われるが、ジェニングスを擬人主義者と考える必要はない。

心理学出身の動物心理学者としては、エドワード・ソーンダイク（一八七四―一九四九）が特記される。彼は、ジェームズの心理学の教科書を読んで、ハーヴァード大学に進学し、やがて、モルガンが述べていたイヌが扉の掛け金を外す実験に想を得て、有名なネコの問題箱の実験を行った（図8-4）。空腹のネコを掛け金のついた箱に閉じ込め、ネコが掛け金を外して外に出ると餌が得られるというもので、外に出るまでの時間を測定した（再現ものではあるが、YouTube の Puzzle box（Thorndike）を見ると様子がわかる）。この課題を繰り返し、徐々に時間が短縮することを観察したのだった。これが学習曲線の始まりである。

「効果の法則」は、何故考えられたのか。「効果の法則」は、それまでのアリストテレス以来の連合の法則ではネコの行動が説明できないとし、新たな連合の法則として、ソーンダイクの『動物の知能』で導入されたものである。それまでにも、快不快によるヒトの行動の説明はあったが（例えばベンサム）、ソーンダイクが初めてその行動的定義を与えた。すなわち「快（satisfaction）とは、動物が避けようとせず、それを保持しようとする」ものであり、「不快（disconformity）とは、動物が避けようとする」ものである。そして、「同じ状況で行われるさまざまな反応のうち、それに続いて快が生じる反応がその状況に結びつく」のが効果の法則である。ヒトの行動も、練習や効果の法則によるニューロンの結合によって説明できるとした。行動主義の先駆者といわれる所以だが、後に述べるように、行動主義者ワトソンはソーンダイクには批判的であった。

単細胞生物の動物心理学？

僕は、動物心理学にとって単細胞生物の行動研究の意義は大きいと思う。何故なら、それが神経系なし（脳なし）の行動だからである。ロマネス、モルガンの、ヒトと動物の心の連続性の根拠の一つは、脳の連続性である。単細胞生物にまで連続性を拡張すると、連続性の根拠としての神経系の連続性は否定されなくてはならない。僕は、単細胞生物の行動の可塑性は、神経系を持つ動物の行動の可塑性とは別のものだろうと思う。二〇〇八年のイグノーベル賞になった中垣俊之の粘菌の実験がある。粘菌を迷路の中に入れ、迷路の端と端に餌を置くと、粘菌は餌と餌の最短距離をつなぐ経路に広がる、ある種の迷路学習ができ、適応的な行動の可塑性を示す。単細胞生物の行動研究は擬人主義を考える上でもさまざまな示唆に富むものである。

注

(1) プラグマティストが形而上学とは不思議だが、一八七〇年代にパース、ジェームズ、オリヴァー・ウェンデル・ホームズJrたちの集まりで、当時彼らはほぼ無名の若者で、鶴見俊輔によれば多少自嘲的にそう称していたのだという（黒川創『鶴見俊輔伝』新潮社、二〇一八年、二一八頁）。しかしながら、これは鶴見の誤解ではないかと思う。なんとなれば形而上学は、語源的には問題があろうが、当時（一九世紀）は心理学を指していたからである。

(2) 近赤外線分光測定法、光トポグラフィとも呼ばれる。近赤外光を頭皮上から当て、その反射光を受光し、光が脳内を通過した時にどのように吸収されるかを測定することによって、脳内血流量（正確には血液量）を推定する方法。現在では脳科学で広く用いられている。

(3) ジェームズ-ランゲ説は、俗に「悲しいから泣くのではなく、泣くから悲しいのだ」といわれるもので、身体反応が情動に先行することを示す。ダマシオの説はその現代版である。

(4) 外部刺激によって起きる身体的情動反応が、意思決定に影響するという説。

(5) 品等法（ranking method）は、今日さまざまなところで見られる順位づけ（ランキング）のもとになったものので、一〇人の心理学者に五〇人の心理学者の順位をつけてもらい、ランキングした。一位はジェームズ、二位はキャッテルであった。

参考文献

オールダー、ケン　青木創（訳）『嘘発見器よ永遠なれ——「正義の機械」に取り憑かれた人々』早川書房、二〇〇八年

ブラム、デボラ　鈴木恵（訳）『幽霊を捕まえようとした科学者たち』文藝春秋、二〇一〇年

藤波尚美『ウィリアム・ジェームズと心理学——現代心理学の源流』勁草書房、二〇〇九年

林泉『動物趨性学』養賢堂、一九三六年

本城市次郎『動物の趨性』北方出版社、一九四九年

James, William (1890). *Principles of psychology*. The University of Chicago.（今田恵（訳）『心理学（上・下）』岩波書店、一九三九年）

Jennings, Herbert S. (1904). *Contributions to the study of the behavior of lower organisms*. Carnegie Institute of Washington.

Jennings, Herbert S. (1930). *The biological basis of human nature*. New York: W. W. Norton.

Loeb, Jacques (1903). *Comparative physiology of the brain and comparative psychology*. New York: G. P. Putnam's Sons.

Loeb, Jacques (1918). *Forced movements, tropisms, and animal conduct*. Philadelphia and London: J. B. Lippncott Company.

ロエブ、ジャック　宇田一（訳）『生体論』大日本文明協会事務所、一九二二年

ロエブ、ジャック　神田左京（訳）『生命の機械観』表現社、一九二四年

田寺寛二『動物の運動と心理と進化論』二松堂、一九〇八年

Thorndike, Edward (1898). *Animal intelligence*. New York: Macmillan.

第9章 行動主義宣言!

宣言

ついに「行動主義宣言」の時が来た。ワトソンの論文のタイトルは、行動主義宣言ではなく、「行動主義者から見た心理学」である。が、この論文は「宣言」と称されるのがふさわしい。長いものではないし、最重要ポイントは最初の一パラグラフに凝縮されている。今読み返しても新鮮である。以下に訳す。

「行動主義者から見た心理学は、自然科学の純粋に客観的な実験部門である。その理論的な目標は、行動の予測と制御である。内観はこの方法の本質的な部分ではないし、意識による説明に依存したデータに科学的価値はない。行動主義者は、動物の反応の統一的研究方法を得ようとしており、人間と動物の間に区別を設けることを認めない。人間の行動は、それが如何に精緻で複雑なものであっても、行動主義者の研究全体の一部を成すに過ぎないのである。」

実験心理学がいつ生まれたかというのは心理学史上の大きな問題だろうが、正史としてはヴントの言であろう。ここまでくれば誰でも科学としての実験心理学を認める。

実験室の設立、早めに考えるのはフェヒナーの精神物理学、そして最も慎重なのは、この行動主義宣

ワトソンの生涯

ジョン・ブローダス・ワトソン（一八七八―一九五八）は、南カロライナの小さな農場に生まれるが、喧嘩、発砲騒ぎなどを起こし、良い子であったとはいい難い。シカゴ大学で学位を得るが、当時の心理学の手法である内観が苦手で、神経衰弱になったといわれる。ここではエンジェルに心理学を、ロエブに生理学を習っているし、動物実験室で精力的に実験をしている。次いで一九〇八年に、ジェニングスやマイヤーがいたジョンズ・ホプキンス大学に移り、ラシュレイと共同研究を行った。一九〇九年にはロバート・ヤーキスがジョンズ・ホプキンス大学に来て、二人はヤーキス―ワトソンの弁別実験法を開発し、これは動物の弁別実験（同時弁別）の標準的な方法となった（後掲図9-2）。ワトソンは心理学科の主任教授になったが、もっぱら動物実験に専念し、周囲の普通の心理学者たちとは微妙な関係であったらしい。このことが、動物実験と人間の心理学を如何に統一すべきかと考えることを促したといわれる。彼の回答が、一九一三年のコロンビア大学での講義に基づいた「宣言」なのである。彼の行動主義がある種の攻撃的な印象を与えるのは、そのような軋轢《あつれき》のなせる技かもしれない。

ワトソンは弱冠三七歳で米国心理学会の会長に就任している。眉目秀麗であり、ジョンズ・ホプキンス大学の美男教授コンテストで優勝したりする。が、好事魔多し、不倫がもとで大学を去った。ま

あ、本邦においてもそのような事例を見たり聞いたりすることはあるが、その後、華麗に転身して名を成す例はないように思う。ワトソンはそこが違う。後に広告代理店に勤めて成功し、副社長にまでなった。何故か今でも心理学科を卒業して広告業界に進む学生は少なくない。ワトソンのご利益というべきか。「甘いものよりラッキー・ストライク（煙草の商標）」というコピーを作ったのは彼だといわれている。

The Johns Hopkins Gazette: 22/01/2001

facweb.furman.edu/~einstein/watson/watson1.html

図9-1　ワトソン

図9-1の左の写真は、大学で美貌を謳われていた時のもの、右は広告代理店で成功を収めた時のものである。差は歴然としている。真理を追求する澄んだ瞳の学究と、やり手ビジネスマンの姿である。もちろん僕は商業世界を蔑むつもりは毛頭ないのだが、一身にして二世を生きたワトソンのこの変化には胸が痛む。やがて、行動主義が全盛時代を迎えた時、彼は事実上科学の世界を離れていたのだ。それでも彼は副社長時代に何冊かの著作を上梓し、行動主義の普及に努めた。彼の『行動主義』（一九二四年）はウォルター・トンプソン広告会社社長のスタンレー・レザーに捧げられている。

行動主義宣言以前

行動主義が不倶戴天の敵としたのは方法としての内観法である。当時の心理学の共通点（つまり、ヴント、ジェームズ、ゲシュタルト心理学の共通点）として次のようなものが挙げられる。①方法としての内観、②対象としての意識、③メカニズムとしての連合、④現象の生理学的説明を目指したこと、そして、⑤基本的に個人心理学であること、である。内観に対する批判としては、ドイツではオスワルト・キュルペが内観で捉えられない無心像思考（Unanschauliche Denken）があることを主張し、シュトゥンプの弟子であったマックス・マイヤーが『他者の心理学』を著し、さらに『人間行動の基本法則』という本も出版している。出版物としては、ティチナーの弟子であったウォルター・バウワース・ピルスバリーの『行動の科学としての心理学』、ウィリアム・マクドゥガルの『心理学――行動の研究』などもある。が、これらからワトソンの行動主義宣言が生まれたのではない。ワトソンの行動主義はそれ以前のものと断絶しているのであり、彼こそが行動主義の祖である。

実証的な研究としては、第８章で述べた北米での動物研究、特にソーンダイクやロバート・ヤーキスの動物実験の方法は行動主義の実験方法といってよいし、児童研究も方法としての行動研究を開始している。ジェームズの弟子にしてワトソンの先生であったエンジェルは、やがて「心」という用語は「行動」に取って代わられるであろう、と予測している。つまり、当時の内観心理学に対する批判は燎原の火のごとくに広がっていたというべきだろう。師弟関係で考えれば、ジェームズ－エンジェルーワトソンが流れであり、ワトソンに功利主義を認めることは容易である。ただし、ワトソンは、ジェームズの機能主義心理学も内観主義であるとして、「宣言」の中で厳しい批判を行っている。

ワトソンの行動主義

行動主義はまず内観批判から出発している。内観に依拠する限り、心理学は自然科学になり得ない。この立場は自然科学と精神科学を分けたヴントとは大いに異なる。内観による主観的なデータの取得は、研究者とその対象が同じ人格の中で行われるのであり、公共性に欠ける。彼が内観の代わりにしたのは、客観的に観察可能な行動であった。行動であれば、複数の研究者たちが同じ対象を研究することができる。しかし、「行動」は多義的である。ワトソンの行動は、基本的には筋肉反応であるが、心拍、血圧などの反応も含む。これはある種の末梢主義であり、多くの行動主義が脳抜きの心理学であったのもこの考えに発している。行動主義は「筋肉収縮心理学」（muscle twitch psychology）と悪口をいわれた。彼は刺激と反応を研究対象とし、思考などの複雑な心理も微小な筋運動として分析できるとした。ただ、生理学と心理学の差について、前者は動物の部分的な働きに興味があるのに対し、後者は全体行動に興味があるとしているので、分子的行動主義者という批判は必ずしも正しくない。

もう一つ、ワトソンの主張の重要な点は、科学の目的が「予測と制御」であるとしたことである。これは理学ではなく工学の発想であり、その背景に新大陸の功利主義や、発達しつつある米国の工業主義が見える。予測を目的としたことは、ヴントが心理学は基本的に事後の説明であると考えたのと対蹠的であり、革命的な発想の転換であった。同時に、説明を求めないというこの革命的な宣言は、彼の行動主義を継承したスキナーの行動分析が衰退する原因を、すでに胚胎していたともいえる。人間は予測と制御ばかりでは満足できない。説明を求めるものなのだ。

ワトソンの動物心理学

外から見える行動を研究するのであれば、動物もまたヒトと同じように研究できる、いや、動物と同じようにヒトも研究できる。これは「宣言」に明記されている通りである。擬鼠主義ともいわれる所以である。ヒトの内観心理学からの推測に基づく動物心理学では、身も蓋もないいい方をすれば、動物の心は結局直接わからないことになる。系統発生に基づく類推は類推でしかない。行動主義によって、ヒトと動物は全く同じように研究できるようになった。ワトソンの行動主義に基づく動物心理学が、彼の『行動——比較心理学入門』（一九一四年）である。出版時期としては、第6章で取り上げたウォシュバーンの『動物の心——比較心理学』（一九一七年）とほぼ同時期である。両者の章の構成は案外似ているが、タイトルが語るように、両者の違いは明白である。ワトソンが「習慣の形成」と書けば、ウォシュバーンは「経験による意識過程の変化」と書く、ワトソンが「形と大きさに対する反応」と述べれば、ウォシュバーンは「形の視覚的知覚」と述べる、といった具合である。ワトソンは、動物の行動には、遺伝による本能[1]と、生後獲得される習慣（habit）があるとし、それらの基本的な単位は反射である。よく引用される彼の言葉に、「中枢から発する反射はない」というのがある。つまり、「刺激—反応」の単位で考えていたのである。

『行動——比較心理学入門』の第10章が「動物と人間」となっており、両者の違いは基本的に複雑さの程度の違いで、アメーバの行動が反射で研究できるなら、ヒトも同じであると説いている。行動が複雑になると急に特別な概念が持ち出されることを批判し、ロエブですらその傾向があるとしている。ただ言語習慣だけはヒト固有の習慣だとしている[2]。さすがに実験家の書いた教科書で、「装置と方法」の章は、五〇頁の中に図9-2のような装置の図が二七枚も入っている。イヌの唾液が測定できるパヴロフの条件反射の装置も載っている。しかし、この本では条件反射をあまり評価していない。サルはもちろん、鳥、爬虫類、魚類などには適用できないとしている。これはワトソンが当時、条件反射を唾液反射に限られた方法だと考えていたためで、後に条件反射が彼の心理学の中心になっていく。

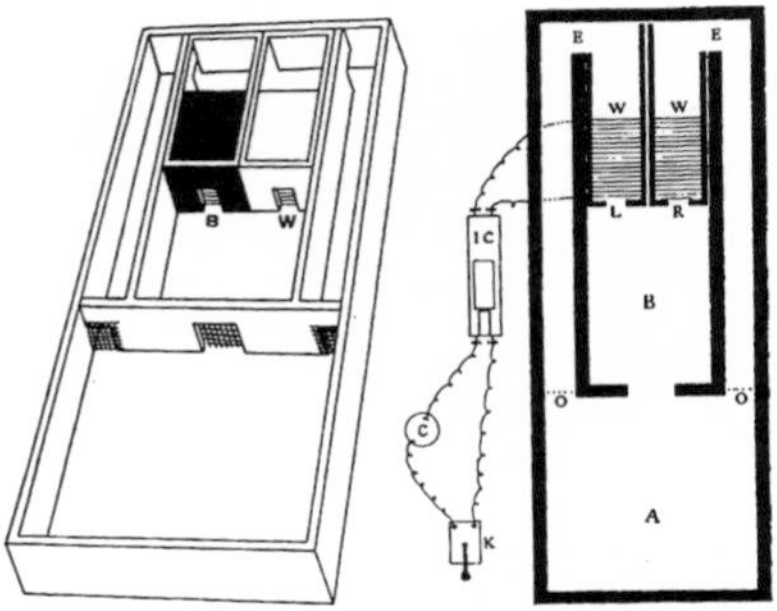

図9-2　ワトソンの弁別箱（Watson, 1914を改変）

行動主義とパヴロフの条件反射

ワトソンが「宣言」を著した時には、パヴロフの条件反射は知らなかったと思われる。パヴロフは一九〇六年に、ロンドンのチャリング・クロス病院でドイツ語で講演し、その要旨が *Lancet*（英国の医学雑誌）に掲載され、ヤーキスが〇八年にパヴロフに別刷を請求し、翌年、*Psychological Bulletin* 誌で「動物心理学におけるパヴロフの方法」として詳細な紹介を行った。しかし、ワトソンはドイツ語のものを読んだと思われる節がある。それは名前の表記がPavlov ではなく、Pawlow というドイツ語表記になっているからである。ワトソンは一九一五年にウラジミール・ベヒテレフの『客観的心理学――心理反射学』のドイツ語訳を読み、条件反射を彼の理論の中心にして、精力的に子どもの実験を行った。ワトソンが米国心理学会会長講演として「心理学における条件反射の位置」を行ったのが、一九一六年（*Psychological Review* 誌に掲載）である。

ここでパヴロフの条件反射理論を詳細に紹介する紙数はないが、その守備範囲の広さは実に驚嘆すべきもので、のちのオペラント条件づけの刺激弁別に関する現象のほとんどすべてを条件反射で発見している。睡眠、精神薬理（行動耐性は彼が初めてその理論を打ち立てた）[3]、神経系の型（つまり人格）、実験神経症、さらには言語理論（第二信号系）[4]まで構築した。面白いことに条件反射の現象を最初に報告したのは米国人で、一九〇四年に米国心理学会で、ベルを聞かせてからハンマーで膝を叩いて膝蓋腱反射を起こすことを繰り返すとベルだけで反射が起きることを報告したという。やはり、現象を観察するだけではだめで、その現象の意味を見抜く眼力が必要なのだ。

イワン・ペトロヴィッチ・パヴロフ（図9-3）は、一八四九年に帝政ロシアに生まれたが、その生涯は誠に起伏に富んだものである。ヴントの生年は一八三二年、ジェームズは一八四二年、ほぼ同世代である。当時、ニコライ一世は科学によるロシアの強化を目指していた。パヴロフは代々東方教会の司祭の家に生まれたが、神学校にいる時から進化論や生理学の本を読み、結局彼はサンクトペテルブルク大学で生理学を学ぶ。やがて、オルデンブルクスキー皇太子がパスツール研究所を模した医学研究所を設立、パヴロフは生理学部長になる。彼は有能な工場長のように研究を指導し、一八八一年から一九〇四年に一〇〇人の博士を生産したという。さらに、かのアルフレッド・ノーベルが膨大な資金提供をし、イヌの条件反射の研究所（いわゆる「沈黙の塔」）を設立した。そして一九〇四年にノ

図9-3　パヴロフのデスマスク
（パブロフ，1937）

ーベル賞を受賞している。この辺が彼の絶頂期であろう。
一九一七年にウラジミール・レーニンのボリシェヴィキ政府が誕生すると、ノーベル賞の賞金は没収され、食べ物の自給を行うまでになった。彼は七〇歳を超えていたが、出国を決意する。レーニンはさすがに彼を失うことを恐れ、「彼が望むものは全て得られるような」資金提供を行った。彼は結構スターリン批判を行ったりしたが、厚遇され、一九二九年には広大な「科学村」を提供され、チンパンジーの研究も始めた。やはり、タフな人だと思う。現世との妥協はするが、節は曲げていない。

パヴロフは心理学者だったのだろうか。彼は精神が科学的研究では解明できないと考え、ある時期まで研究室でイヌの感情や思考に言及することは厳禁で、それに反すると罰金が科せられたという。やがて、条件反射学こそが精神を科学的に研究する窓だと考えるに至った。しかし、これはあくまでも大脳生理学であり、彼が研究したのは高次脳機能としての心である。反射学の創始者、サー・チャールズ・シェリントンは、条件反射学があまりに唯物論的だと批判した。一方、パヴロフは、彼の「水曜例会」でシェリントンをアニミズムであると厳しく反論している。ソヴィエト・ロシアでの研究という時代／場所精神を勘案しても、パヴロフは唯物論的立場を崩していないように思える。彼の研究法である条件反射は行動の研究であるが、説明は大脳皮質における興奮と制止に基づいている。彼は、擬人主義的概念の導入なしに、条件反射によってすべての動物行動は説明できると主張した。チンパンジーの問題解決に関する研究では、それらがつまりは条件反射であるとして、チンパンジーにおける洞察を主張したゲシュタルト心理学者、ヴォルフガング・ケーラーを批判した。

ワトソンは条件反射を自分の心理学の基盤に置いたが、パヴロフとは決定的な違いがある。パヴロフは条件反射を大脳皮質の研究法と捉えていたが、ワトソンはそうではない。行動の研究法なのである。条件反射は、つまりは行動実験なのであるが、パヴロフは刺激と反応の間に脳があり、その機能を研究する方法だと考えていた。

ワトソンの条件反射の研究として人口に膾炙したのは、アルバート坊やの実験である（図9-4）。生後八カ月のアルバートという男児にシロネズミを見せて、後ろで銅鑼《どら》を叩く。男児はびっくりして泣く。このことを繰り返すと、男児はシロネズミを見ただけで泣くようになる。そればかりでなく、白いウサギでも泣くようになった、というものである。つまり、生まれつきネズミを怖がるのではなく、条件づけによって怖がるようになるのだということを示したのである[5]。この様子はYouTubeで見ることができる。

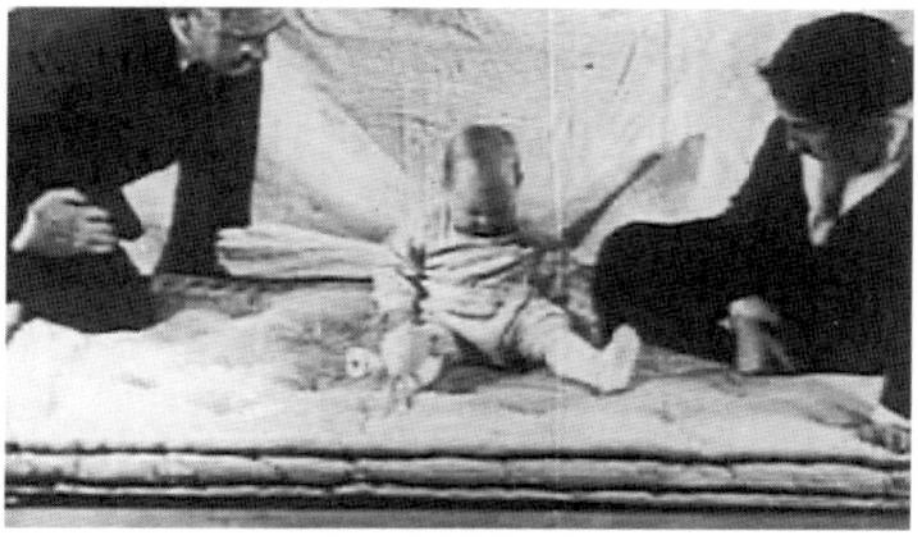
Archives of the History of American Psychology 蔵

図9-4　アルバート坊やの実験

パヴロフの心理学批判

パヴロフの条件反射の研究とほぼ同時期に動物の学習実験を行っていたのが、ソーンダイクである。パヴロフは、「ソーンダイクの研究とほぼ時を同じくして、ソーンダイクのことは知らなかったが、私も対象に対して同じ態度を取ろうとする考えに至った」としている。しかし、行動主義は何故か脳を無視するようになっていき、パヴロフおよびその後継者たちはそれを批判した。「心理学者は条件づけを学習の原理として認め、この原理をさらに分析することができないものと考えている」（パヴロフ）。現在でも、連合学習理論では連合そのものはいわば公理であり、そこからさまざまに行動の現象を演繹して見せているように思う。

おそらく、当時の行動主義者たちは、条件反射から脳の機構をあれこれ推測するのはあまりに思弁的で、生産的でないと考えたのだろう。これにも一理ある。実際、生理学者がＣＮＳ（central nervous system：中枢神経系）というのは、実はconceptual nervous system（概念的神経系）だ、というのが当時の心理学者の悪口だった。もちろん、その後の神経科学の進歩は、このような議論を無意味なものにしている。

日本では、林髞《たかし》（慶應義塾大学）、吉井直三郎（大阪大学）、柘植秀臣（法政大学）など、条件反射学の伝統が主として生理学教室にあった。僕は若い頃に、「オペラント条件づけを解説しに来い」といわれて、生理学教室に出向いて丁寧に説明をしたが、最後に「つまり、条件反射だな」といわれて、がっくりしたことを覚えている。

ワトソンの行動主義心理学には理論体系がない。彼の行動主義は行動主義の出発点であり、その完成ではない。彼に続く、新行動主義者といわれる人たち、特にハルやトールマンの理論構築は見事である。次章では花開く行動主義の展開と動物研究の隆盛を見よう。

注

（１）やがて、ヒトの本能はほぼ否定され、ほとんど習慣のみであると主張するようになる。彼が極端な環境主義といわれる所以である。

（２）のちに、言語習慣は特別なものではなく、声帯や舌などの発声に関わる器官の習慣であるとしている。

（３）耐性は、薬の反復投与により、薬の効果が下がることだが、パヴロフは薬の投与が無条件刺激、投与した時の環境が条件刺激となる条件づけと考えた。彼の工夫は、条件反応が薬物の効果そのものではなく、薬物の効果に対抗する生体反応だとしたことである。

（４）パヴロフは、通常の条件づけによる第一信号系とは別に、ヒト固有の言語機能である第二信号系を構想した。第一信号系が現実の信号であるのに対し、第二信号系は信号の信号としての機能を持つ。第二信号系が第一信号系の運動出力につながらない場合が内言であり、これが思考の基本であると考えた。

（５）今だと研究倫理で引っかかりそうな実験だが、この実験は謎が多く、興味のある方は、Griggs, R. (2015). Psychology's lost boy: Will the real little Albert please stand up? *Teaching of Psychology*, *42*, 14-18 などを参照されたい。どうでもいいことだが、図９-４で実験の助手を務めているのが不倫のお相手。

参考文献

コーガン、Ａ・Ｂ　川村浩（訳）『脳生理学の基礎——高次神経活動の生理学（上）』岩波書店、一九六三年
コシトヤンツ、ハ・エス（編）　東大ソヴェト医学研究会（訳）『パヴロフ選集（下）』合同出版社、一九六二年
パヴロフ、イワン・ペトロウィチ　林髞（訳）『条件反射学——大脳両半球の働きに就ての講義』三省堂、一九三七

年
トーデス、ダニエル・P　近藤隆文（訳）『パヴロフ――脳と行動を解き明かす鍵』大月書店、二〇〇八年
柘植秀臣（編著）『進化と条件反射――反射活動から認識活動へ』恒星社厚生閣、一九七一年
ヴァローニン、エル・ゲ、ビリューコフ、デ・ア　堀夕美・山岸宏（訳）『条件反射と進化学説――高次神経活動の比較研究』世界書院、一九六七年
Watson, John B.（1914）. *Behavior : An introduction to comparative psychology*. New York: Henry Holt.
Watson, John B.（1928）. *The ways of behaviorism*. New York and London: Harper & Brothers.（伊藤道機（訳）『唯物心理学』社会思想研究所、一九三〇年）
Watson, John B.（1930）. *Behaviorism*. New York: W. W. Norton.（安田一郎（訳）『行動主義の心理学』河出書房、一九六八年、那須聖（訳）『人間は如何に行動するか』創元社、一九四二年）

第10章 花盛りの動物心理学——新行動主義の栄光

行動主義は主たる研究方法として動物実験を用いたから、行動主義の発展はそのまま動物心理学の発展だった。ラットの行動は、ヒトを含めた動物一般のモデルであり、そこで得られた知見はそのままヒトにも当てはまる一般理論だと考えられた。

心理学——遅れて来た科学

ニコラウス・コペルニクスが『天球の回転について』を著したのが一五四三年、その後、ガリレオ・ガリレイ（一五六四―一六四二）、ヨハネス・ケプラー（一五七一―一六三〇）と続き、ニュートンの『プリンキピア・マティマティカ』（一七八六年）までの期間が、科学革命の時代といわれる。科学は純粋な真理探究と、役に立つという二つの側面を持ち、哲学的思考と職人的技術の融合によって成立したといわれる。しかし、見ての通り、科学革命の「科学」とは、物理学、天文学なのである。化学、生物学はこの科学革命に乗り遅れたのであり、これらの分野が科学の市民権を得るまでにはそれなりの時間と努力が必要だった。そして、心理学は最後の最後に登場した「科学」なのである。今の「心理学」の範囲は非常に広い。心理学は科学ではないと信じる心理学者もいるだろう。しかし、行動主義以降の心理学の最大の課題は、科学としての市民権の獲得であった。

ヴントは自然科学と精神科学を分けたが、科学は一つであるという考え方もある。論理実証主義者が主張した統一科学（Einheitswissenschaft）である。論理実証主義では、問題は記号論理の命題に変換し、その命題は有限回の手続きで真偽が検証[1]できるプロトコル命題でなくてはならない。この条件を充たせば科学のメンバーシップが得られるという訳で、二流科学市民である心理学者が飛びついたのも無理はない。この考えは、哲学者ハーバート・ファイグルによってハーヴァード大学のスタンリー・スミス・スティーヴンスに伝えられ、スティーヴンスは一九三九年に『心理学と科学の科学』を著し、ここに方法論的行動主義[2]が確立されたのである。

論理実証主義と双子ともいえるのが、物理学者、パーシー・ブリッジマンが旗を振った操作主義である。操作主義では、概念とは一連の「操作」と同義であるとされる。したがって、操作と結びつけられない概念は、間違った概念とされる。時間はいつ始まったのか、とか、物自体[3]とはなにか、とか、心とはなにか、等々がそうである。この操作的定義の重要性は強調して強調しすぎることはない。特に、心理学では学術用語が間主観的[4]に納得されている日常言語と区別がつかないので、しっかり定義しておかないと収拾がつかなくなる。自然科学の硬派の人と話をすると、心理学者が言葉の定義から話を始めるといっておかしがるが、知能や学習は、磁気や重力とは違う。「お前のいっている磁気は私のいっている磁気ではない」などという議論は、物理学ではありようがないのである。むしろ、問題なのは、心理学の教育を受けていない神経科学者が心理学の問題に踏み込んだ場合で、なにぶん、心理学の用語は日常言語でもあるので、「自分なり」にわかった気になる。「私の考える知能」が「知能そのもの」であると無邪気に考えてしまうことが起きる。

操作主義でもう一つ重要な主張は、「論理構成概念」というもので、これは直接見たり聞いたりできなくても、操作的に定義できていれば概念になり得る、というものである。これも心理学の理論構築には強い味方となった。では、実験心理学がどのように、これらの考えを利用したのか見てみよう。まさに、行動主義、動物実験のゴールデン・エイジである。

ハルと論理実証主義

クラーク・ハル（一八八四－一九五二）は、米国ニューヨーク州出身。鉱山技師となるが、二四歳にして小児麻痺になり、ミシガン大学で心理学を学び、ウィスコンシン大学を経て、イェール大学に移った。一時期の彼の影響力は圧倒的で、一九四一－五〇年に米国の主力心理学雑誌である *Journal of Experimental Psychology* と *The Journal of Comparative and Physiological Psychology* に掲載された論文の実に七〇パーセントが、彼を引用していたという。

彼の心理学の体系は、心理学の体系としては実に美しい（図10-1）。まずは、動物にはそもそも生得的に刺激（S）と反応（R）の結びつきがあるとする。これを刺激－反応結合（SUR）という。刺激

生得的反応強度	${}_{S}U_{R}$
習慣強度	${}_{S}H_{R} = (1 - e^{-iN})$
反応ポテンシャル	${}_{S}E_{R} = {}_{S}H_{R} \times D \times K$
有効反応ポテンシャル	${}_{S}\bar{E}_{R} = {}_{S}E_{R} - \dot{I}_{R}$
瞬間有効反応ポテンシャル	${}_{S}\dot{\bar{E}}_{R} = {}_{S}\bar{E}_{R} - {}_{S}O_{R}$

$\dot{I}_{R} = I_{R} + {}_{S}I_{R}$	抑制の総和，${}_{S}I_{R}$は条件性抑制
${}_{S}O_{R}$	反応オシレーション
D	動因
K	誘因
N	試行数

図 10-1　ハルの学習理論

と反応の間に論理構成体（U）を想定している。学習の機構としては、動因低減（drive-reduction）を考えた。反応の結果がその個体の動因を減らすものであれば、その反応が強化され、習慣強度（${}_{S}H_{R}$）になる。${}_{S}H_{R}$は強化を受けた回数（N）の関数である。しかし、お腹が空いていなければそもそも動因（D）はないし、誘因（K）である餌が不味ければ学習はできない。それを考慮したのが反応ポテンシャル（${}_{S}E_{R}$）である。DとKが掛け算になっているのは、どちらかがゼロだと全く学習できないことを意味する。

しかし、反応することはエネルギーの消費だから、ネズミとしても小さな餌のために走るのは大変だ。つまり、学習にマイナスに働く部分（抑制I_{R}）もあるはずだ。しかも、学習の場面は、それ自体が抑制の条件刺激になるから、条件性の抑制（${}_{S}I_{R}$）も含まれる。ここで擬人的表現をするのも妙なものだが、走路に入れられたネズミがやれやれこれから走るのかとうんざりする状況である。したがって、反応ポテンシャルが抑制の総和である$\dot{I}_{R}$を上回らないと反応が出てこない。これが有効反応ポテンシャル（$_S\bar{E}_R$）である。しかし、動物の行動は機械とは違ってその時々で変動する（反応オシレーション$_SO_R$）。ある瞬間に動物が実際に反応するためには有効反応ポテンシャルが$_SO_R$を超えなくてはならない。これが瞬間有効反応ポテンシャル（$_S\dot{\bar{E}}_R$）である。少々長い道のりだが、筋道は明白だと思う。

この体系は初めての行動の体系的数理モデルであり、大人気になった。僕の敬愛する数理心理学者のIさんは、「当時の心理学者に丁度理解できる程度の数学だったからね」といわれた。なるほど、出だしの関数を除けば、あとはかけ算と引き算である。しかし、ハルの体系はその後の学習の数理モデルの出発点になった。今でも自分はハリアンであると胸を張る心理学者もいるだろうが、全体としてはもはや過去の話である。しかし、僕は最初に彼の『行動の原理』を読んだ時の感慨を忘れ得ない。その最後には次のように書かれている。

「希望は常に来たるべき若い者にある。彼らの上に苦労しても往々にして報いられない努力の重荷が負わされている。彼らには知的な冒険のスリルと科学的達成のための信用が得られるであろう。この書物は第一に、彼らに対して語られているのである。」（能見・岡本訳、一部省略）

ハルは擬人主義が行動理論の最大の障害であるとし、予防法として、ヒトを動物として考える可能性を述べている。しかし、「自分がネズミだったらどうするか」と考える誘惑が残る。彼の推奨する方法はヒトをロボットとみなす、ということであった。もちろん彼はロボットではなく、ネズミで数多くの実験をやり遂げ、その体系を構築した。

トールマンと操作主義

ハルと並び称されるのがエドワード・トールマンである。一八八六年、ニューイングランド生まれ。裕福なクエーカー教徒の家に生まれた。マサチューセッツ工科大学卒業後、ヤーキスのいたハーヴァード大学大学院に進んでいるが、動物研究はカリフォルニア大学バークレー校に移ってからである。現在から見れば、なぜトールマンが認知心理学者ではなく行動主義心理学者とされるのか、という疑問が湧くかもしれない。答えは単純である。当時、認知心理学はなかったのである。そして、なによりもトールマン自身が自分を行動主義者と考えていたからである。彼は行動主義に則り、心理学の目的を行動の予測と制御としていた。

彼は学習の基盤として「方法（mean）─目的（end）」関係の獲得を主張した。当然ゲシュタルト心理学の影響があり、目的と手段が一つの場としてのゲシュタルトを構成し、これが認知できることが学習になる訳である。彼の主著のタイトルは、『動物と人間における目的的行動』（一九三二年）である。行動は目的を持っている。これが彼の主張であり、彼の理論を際立たせている特徴である。その目的達成のために方法─目的ゲシュタルトを形成し、より目的を達成しやすいゲシュタルトが選択され、その選択に基づいて行動が陶冶《とうや》（docility）される。

彼の立場を鮮明に示すのが、外に現れる遂行行動（performance）と直接見えない認知（cognition）を分けたことである。空腹なネズミに自由に迷路を走らせる。しかし、終点に辿り着いても餌がないと、別に間違わずに迷路を走る訳ではない。その後に、餌を迷路の終点に置くようにする。先のハル

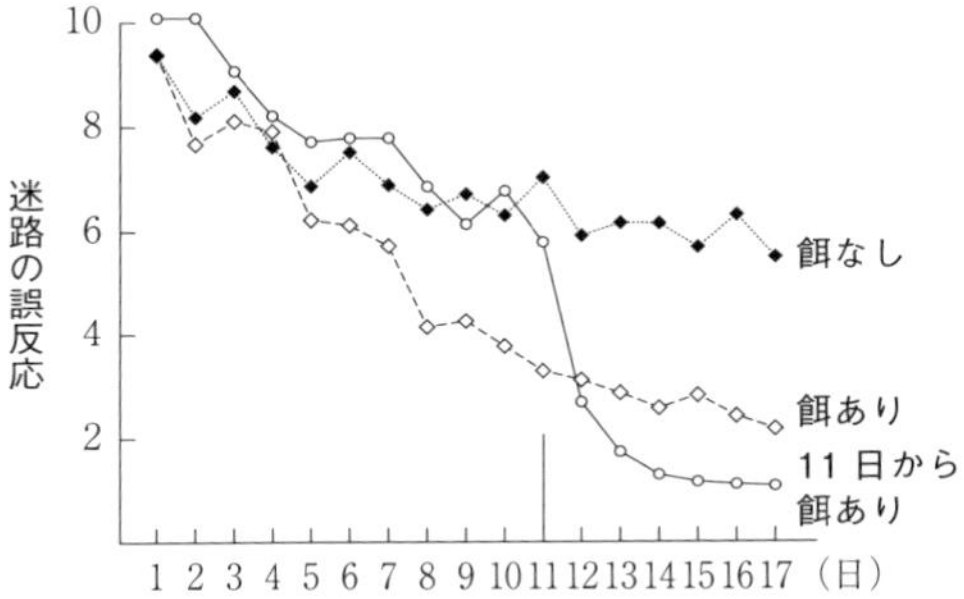

図10-2　トールマンの潜在学習（Hilgard & Marquis, 1961）

の理論でいけば、今まで報酬はないのだから学習はこの時点から始まる。しかし、それまでに迷路を自由に走ったことのあるネズミは、その経験のないネズミより、はるかに早く迷路を通り抜けるようになる。何故か？　トールマンによれば、ネズミがすでに「認知地図」を学習していたからである。必要がない段階では、認知地図を使わない。餌を得るという目的が生じた時に、認知地図を使った遂行行動が現れるのである。これが「潜在学習」といわれる現象である（図10-2）。

もう一つ彼の立場を示すのが報酬期待である。そもそもの実験は、サルに二つの容器の一方にバナナを入れるところを見せて、容器を伏せてから選択させるというものである。サルはもちろんバナナが入った容器を選ぶ。しかし、バナナをレタス（もちろん食べられるが、バナナほど魅力的ではない）に替えておくと、サルは容器を空けてからレタスを食べずに、もう一方の容器を探す。つまり、レタスは期待していた報酬ではなかったのである。

トールマンは自分の理論を次々と複雑なものにしていき、ついに誰もわからなくなった、といわれる。最終版は一九五九年のもので、独立変数、媒介変数、従属変数によって五つの学習を分けている。用語がわかりにくいのが新行動主義の特徴の一つで、彼は弁別体（discriminanda）、操作体（manipulanda）、期待（expectancy）、行動調整（behavior-adjustment）、行動サポート（behavior-support）、レディネス（readiness）、ネーメ化（mnemonization）、カセクシス（cathexis）などなどを次々と新語を繰り出した。

彼の研究は、期待理論や確率論的学習理論の発展にもつながり、認知地図という概念はジョン・オキーフとリン・ナーデルが著書『認知地図としての海馬』で衝撃的に蘇らせたし、神経科学への貢献はヘッブと双璧である。科学の歴史の中で十分、その役割を果たしたといえる。彼は書いている。「私は心理学におけるすべての重要なことは迷路の中の選択点におけるネズミの行動の決定因子の連続した実験的理論的分析を通じて本質的に理解できると信じる」。やはり、心理学一般理論としての動物実験である。

『動物と人間における目的的行動』は、タイトルにある通り「人間」についてかなりのスペースを割いているが、それは実験的研究ではない。第三部では動物の種差を論じている。彼が指摘したのは感覚能力、運動能力の相違が、見かけ上の認知能力の差を生み出す可能性である。つまり弁別体、操作体の違いによる認知能力の差である。この指摘は現在でも、比較研究における心得事の一つである。実験的事実としては、ヒヨコ、ネズミ、ネコ、チンパンジーなどの例がバラバラに紹介されているだけで、系統発生をたどるような包括的な話ではない。やはり、トールマンはネズミの研究による心理学一般理論を目指したのである。

神経科学的行動主義

神経科学に与えた影響という意味では、ドナルド・ヘッブが大きい。一九〇四年カナダ生まれ、ノヴァ・スコシアにあるダルハウジー大学に学び、マギル大学大学院、そしてハーヴァード大学でラシュレイに学び、学位を取得した。最終的にマギル大学の教授になり、モントリオール神経科学研究所のワイルダー・ペンフィールドとも共同研究を行った。晩年はあまり恵まれず、母校ダルハウジー大学にいたが、自殺したと伝えられる。亡くなったのは一九八五年であり、今日ほどヘッブ則がもてはやされていない時である。

学習や記憶の元として軸索や樹状突起が変化するという考え方は、以前からサンティアゴ・ラモン・イ・カハールなどが主張していた。二つの神経細胞が同時に興奮すると、神経間の連絡が強化される。神経系の中には閉鎖回路があるので、その閉鎖回路が繰り返し刺激され、その興奮が維持される。これが続くとシナプスの構造自体が変化して長期記憶になるとする。これは長期増強[5]（long term potentiation）が発見される実に二〇年以上前に発表されている。素晴らしい先見の明というべきである。ヘッブは、細胞の集まりである細胞集成体を「媒介過程」として考え、さらにそれがつながって位相連鎖ができるとし、思考なども位相連鎖の流れとして考えた[6]（図10-3）。細胞集成体は同じ機能の細胞の集まりと考えられるので、今日のモジュールのような考え方であるが、円柱構造を考えていた訳ではない。しかし、あの時代のデータからこれだけの構想を持てたというのは実に驚嘆に値する。

彼は行動主義に対するいささか情動的な批判の高まりの中でも、なおワトソン、ハル、トールマン、

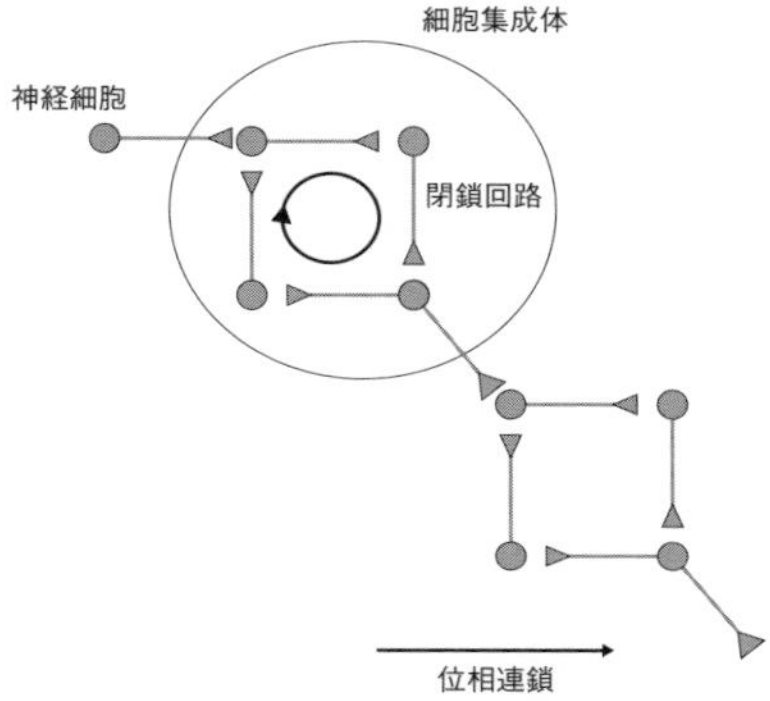

図 10-3　ヘッブの細胞集成体

ラシュレイ、スキナーを擁護し続け、「ワトソンが心理学の方法に課した客観性は知識に偉大な進歩をもたらす基盤である」とし、「彼の理論を決定的に論破することは実際には困難である」としている。

ヘッブは、比較心理学については、何故か素朴な、単純なものから高等なものへの単系的進化（ネズミ―ネコ―イヌ―サル―類人猿―ヒト）を考えている。実は神経科学者の多くが、神経科学の原理はすべての動物で共通だと考えている。進化による神経系の多様な放散という考え方が少ない。国内の脳科学の会議で、ノーベル賞受賞者のTさんに「日本の脳科学で欠けているのは進化の研究だ」と指摘したところ、「その通りだが、自分は全く興味がない」といわれたことがある。ヘッブが神経系の進化は単純に量的なものと考えても不思議はないかもしれぬ。

カール・スペンサー・ラシュレイ（一八九〇―一九五八）はウエストヴァージニア生まれ。ウエストヴァージニア大学では動物学を専攻した。ピッツバーグ大学大学院でも生物学を専攻、ある夏にジェニングスと出会い、その指導で学位を得ている。ジョンズ・ホプキンス大学ではワトソンと知り合い、心理学に転身し、行動実験を行った。のちにハーヴァード大学の教授になり、多くの行動実験を行った。その一つにラシュレイの跳躍台（図10-4）がある。ネズミは視覚優位の動物ではない。視覚弁別は苦手である。視覚手がかりを強制的に使わすために、ネズミを台に乗せ、少し離れたところにある二つの視覚刺激の一方に飛びつくことを教える。これだと視覚を使う以外にない。そして目の良いラシュレイ・ラットという系統を作った。

かつてハーヴァード大学を訪ねた時に、当時存命だったリチャード・ハーンシュタインが、ラシュレイ・ラットの系統を分けようかといってくれたのだが、その頃はラットの実験をしていなかったので断った。その後、この系統は絶えたらしいので、ちと残念に思う。ラシュレイはヤーキス霊長類研究所の所長も兼任し、フランスで客死している。行動主義者の中では最も動物行動学に理解を示し、ハーヴァード大学にティンバーゲンを教員として招聘しようとしたくらいである（実現しなかったが）。しかし、ヤーキスの所長時代にはフォン・フリッシュ、ローレンツ、ウィリアム・ホーマン・ソープなど多くの動物行動学者を招聘している。

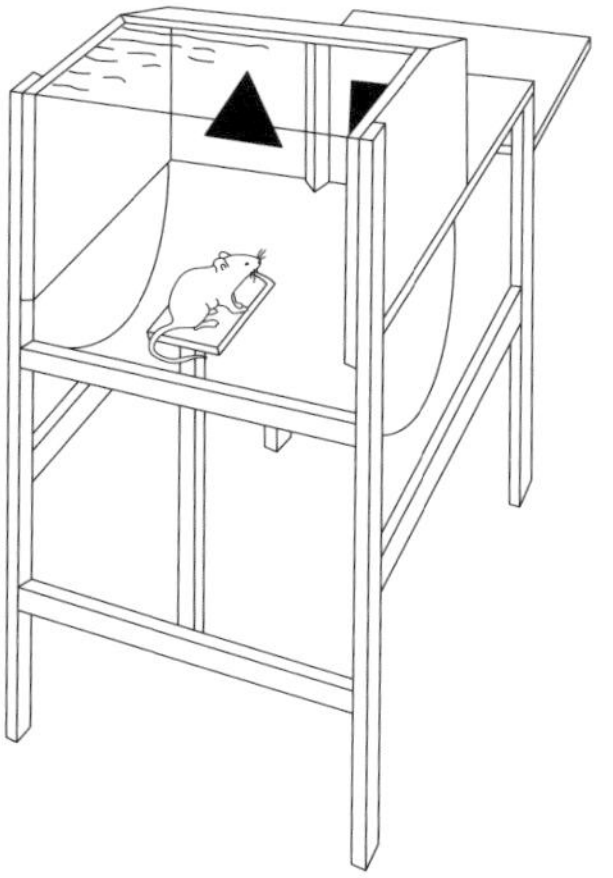

図10-4　ラシュレイの跳躍台

脳の中で連合ができる時には、神経間の連絡が形成されるはずである。だとするならば、大脳皮質のさまざまなところを切断すれば、その連絡を切った場合に、選択的に学習が障害されるはずである。また、大脳皮質を損傷すれば、特定の場所の損傷で、特定の学習障害が起きるはずである。さまざまに実験を繰り返した結果、記憶は脳に局在せず、損傷部位の大きさに依存して学習が障害されるという「大脳機能量作用説」と、大脳皮質はどこも同じ機能を持つという「大脳皮質等機能説」を唱えた。当然ながらパヴロフと論争になった。ただ、ワトソンとの友情は長く続き、ワトソンが完全に科学の世界から身を引いてからも、彼のコネチカットの農園を訪れたりしている。ヘッブは細胞集成体がさまざまな間接経路を持つので、細胞集成体の考え方はラシュレイの実験結果と矛盾しないと主張した。

行動主義心理学と研究費の不都合な（？）関係

行動主義心理学が米国を席巻したのには、米国らしい原因がある。財源である。今でもそうだが、動物実験にはお金がかかる。米国では一九二六年に民間の「行動研究基金」が設立され、そのお金の多くはラシュレイの研究に注ぎ込まれた。カリフォルニア大学バークレー校はトールマンの研究に気前よくお金を出したし、ロックフェラー財団はイェール大学の「人間関係研究所」に資金提供し、ハルは人間ではなくネズミの研究にそのお金を使った。僕は米国に留学した時、日本では研究室に一台あって皆が交代で使うような装置が、工場のように並んでいるのを見て、なるほど物量で戦に負けたというのも本当かもしれぬと納得したものである。

現在、心理学の動物実験、殊に行動に特化した研究は誠に苦境に立たされている。もちろん動物実験で心理学の一般理論を構築するという夢が持てなくなったことが大きいのだが、研究倫理がやかましくなったことも大きい。つまりは実験室の維持費が高額なのだ。米国でも欧州でも、動物実験室は次々と閉鎖され、そもそもスキナーがいたハーヴァード大学の心理学研究室でも、動物実験室は事実上閉鎖され、[7]ペッパーバーグのオウムが寂しく暮らしている。そして日本でもT大、H大など動物心理学の名門だったところも動物実験室を閉じている。外国からはしばしば、動物実験のラボを閉めるので、実験装置を希望する人には進呈する、ただし、運送代は負担してもらいたい、などというメールが送られてくる。花盛りの時代を知っている老兵としては寂しい限りである。

忘れられた比較心理学者たち

このように見てくると動物心理学はもっぱら行動主義一辺倒で、行動の一般理論の構築に血眼になっていたようだが、一群の「比較心理学」の伝統も存在した。その中心人物が米国自然史博物館で活躍したテオドール・クリスチャン・シュネイラ（一九〇二—六八）である。ミシガン大学を卒業、一九四三年に自然史博物館の動物行動部門の学芸員になる。彼は軍隊アリの研究でよく知られており、理論的には「行動の統合レベル」理論で有名である。これは、個体発生における行動のレベルと進化における行動のレベルを関係づけるもので、今日のエヴォ・デヴォ（Evo-Devo）アプローチの先駆けともいえる。上位レベルは下位レベルを含むように統合（創発）される。例えば、細胞レベルは生化学レベルを統合して出現する。レベルについて、彼はモルガンの公準に忠実だったといわれる。彼は動物行動学からも行動主義からも距離を置いていた。ただ、彼は、単純なものから複雑なものへの単系前進進化を考えていたような印象がある。彼の『動物心理学の原理』（*Principles of Animal Psychology*）

は広範な種の行動を記述したもので、学部の頃に愛読したものの一つである。

シュネイラの弟子に当たるのがウクライナ生まれのエセル・トバック（一九二一―二〇一五）でニューヨークのハンター・カレッジでシュネイラの講義を聞き、その後、自然史博物館で研究を続けた。一九八三年にはゲーリー・グリーンバーグと国際比較心理学会を創設、初代会長になった。小ぢんまりとした学会で、トバックは参加者全員によく気を配っていた。僕はケープタウンで開催された時にガードナーと一緒にシンポジウムを企画したが、その後、この学会には参加していない。動物心理学ではなく比較心理学と銘打った学会の最初のものは、一八八五年にカナダ・モントリオールで結成された「比較心理学会」（The Society for the Study of Comparative Psychology）」であり、一〇年程度続いたらしいが詳細はよくわからない。

これら比較心理学は一般原理ではなく種差に注目したものだが、この時代の主流ではなく、また比較認知科学が登場した時にもその主役になってはいない。

次章では、行動主義最後の生き残り、スキナーと行動分析の問題点を指摘する。

注

（1）検証というのは厳しい要求なので、後に反証可能性が要件とされた。

（2）心はあるかもしれないが、方法としては行動を使うしかない、という立場。そもそも心などない、とするのは形而上的行動主義と呼ばれる。

（3）私たちは感覚を通じて外界の事物を知るが、それは外界の事物そのもの（自体）ではない。物自体は不可知かもしれないのである。

（4）妙な表現だが、社会の中でなにを示すかが暗黙に同意されていること。

（5）二つの神経細胞がシナプスでつながっているとする。シナプスの前の細胞を高頻度で刺激しておくと、シナプスの後ろの細胞が興奮しやすくなる現象で、細胞の記憶ともいわれる。

（6）同じ機能の神経細胞が空間的に集まっていること。新皮質ではこれが円柱状になっており、機能単位と考えられる。

（7）これには多少複雑な事情がある。スキナーの後継者はハーンシュタイン、その後継者はハウザーなのだが、彼は研究不正で大学を追われ、大学は動物研究者を後任として選ばなかったのである。

参考文献

Greenberg, Gary, & Tobach, Ethel (1984). *Behavioral evolution and integrative levels.* Hillsdale, NJ: Lawrence Erlbaum Associates.

ヘッブ、ドナルド・O　白井常・鹿取廣人・平野俊二・金城辰夫・今村護郎（訳）『行動学入門——生物科学としての心理学（第3版）』紀伊國屋書店、一九七五年

ヘッブ、ドナルド・O　鹿取廣人・金城辰夫・鈴木光太郎・鳥居修晃・渡邊正孝（訳）『行動の機構——脳メカニズムから心理学へ（上・下）』岩波書店、二〇一一年

ヒルガード、エルンスト・R&バウアー、ゴードン・H　梅本尭夫（監訳）『学習の理論（上・下）』培風館、一九七二―七三年

Hilgard, Earnest R., & Marquis, Donald G. (1961). *Conditioning and learning* (*2nd ed.*). New York: Appleton-Century.

ハル、クラーク・L　能見義博・岡本栄一（訳）『行動の原理』誠信書房、一九六〇年

ハル、クラーク・L　能見義博・岡本栄一ほか（訳）『行動の体系』誠信書房、一九七一年

ハル、クラーク・L　河合伊六（訳）『行動の基本』ナカニシヤ出版、一九八〇年

Lashley, Karl S. (1929). *Brain mechanisms and intelligence: A quantitative study of injuries to the brain.* Chicago:

University of Chicago Press.
Lashley, Karl S.（1960）. *The neuropsychology of Lashley*. New York: McGraw-Hill.
O'Keefe, John, & Nadel, Lynn（1978）. *The hippocampus as a cognitive map*. New York: Oxford University Press.
Orbach, Jack（Eds.）（1982）. *Neuropsychology after Lashley: Fifty years since the publication of Brain mechanisms and intelligence*. Hillsdale, N.J.: Lawrence Erlbaum Associates.
Stevens, Stanley S.（1939）. Psychology and science of science. *Psychological Bulletin*, *36*, 221-263.
トールマン、エドワード・チェイス　富田達彦（訳）『新行動主義心理学——動物と人間における目的的行動』清水弘文堂、一九七七年

第11章 行動分析とスキナーの孤独

ファースト・コンタクト

寂しそうな人だな、というのが最初に会った時の印象だった。一九七九年、場所は大学近くの白金都ホテルだった。その印象はその後、何回か会っても変わらなかった。写真で見ると痩身長軀の印象があるが、それほど長身ではない。彼は日本心理学会大会に招聘されて来日したのだが、当時、僕は開催校の助手をしていた。今の助教というのはなかなか偉いようだが、昔の助手は半分事務職みたいなところがあって、雑用が多かった。スキナー訪日中は半ば旅行代理店のような仕事もした。

夫人がボストン美術館の東洋美術部門におられるというので、お土産に古伊万里のお皿をプレゼントした。もちろん僕には鑑識眼などないから、美学の先生と一緒に愛宕下の骨董屋を物色した。スキナーはその時も大変喜んでくれたが、のちに彼の自宅に夕食に招待された際にデザートのアイスクリームがこの皿に載って出てきた。彼は地下に小さな博物館を持っていて、ティーチング・マシンとかハトが誘導するミサイルの弾頭などが陳列してある。人を楽しませることに気を遣う人で、パヴロフ

Rue des Archives/PVDE／ユニフォトプレス

図 11-1　スキナー

に化ける時のカツラなども被って見せてくれた。しかし、ちょっとした時にやはり寂しそうな表情が見える。

生　涯

バラス・フレデリック・スキナー、二〇世紀最大の心理学者といっていい（図11-1）。実験的行動分析(the experimental analysis of behavior)は彼が創始した。一九〇四年、ペンシルヴェニアに生まれた。父親は弁護士で、スキナーは子どもの時に刑務所を見学させられ、負の強化に対する嫌悪を持ったという。小動物の飼育を好み、アーネスト・T・シートンの動物文学などに親しんだ。ハミルトン・コレッジでは文学を専攻したが、バートランド・ラッセルの『哲学』を読んで、心理学に乗り換えたという。ハーヴァード大学大学院で心理学を修め、学位論文は反射概念についてのものである。実際、彼はある時期まで「反射蓄積」という概念を用い、「オペラント」という用語は一九三七年に初めて用いた。ミネソタ大学、インディアナ大学を経て、一九四八年からハーヴァード大学の教授になった。次女（デボラ）をある種のスキナー箱に入れたことが話題になり、彼女は発狂して自殺したという噂が立ったが、これは真実ではない。スキナーは一九九〇年にマサチューセッツの自宅で息を引き取った。

行動分析の理論的貢献

研究法は、徹底した独立変数（環境）と従属変数（行動）の関数分析である。この関数関係が得られれば、統制（独立変数の操作）も予測（従属変数の予測）も可能になるが、スキナーは行動の記述のほうを重視していたように思う。行動分析の方法論としては、マリー・シドマンの『科学的研究の戦術』を挙げねばならない。名著なのだが、不思議なことに邦訳がない。古典的教科書はフレッド・ケラーとウィリアム・シェーンフェルトの『心理学の原理』だが、新しいものではウィリアム・ボームの『行動主義を理解する』がある。

条件づけの整理　条件づけの原理には、大きく分けるとパヴロフの条件づけとソーンダイクの効果の法則があった。さらに、効果の法則の機構として要求低減（動因低減）があった。スキナーは極めて明瞭に、学習をオペラント条件づけ（道具的条件づけ）とレスポンデント条件づけ（パヴロフ型条件づけ）に分けた（図11-2）。このような二分法には何人かの心理学者が挑戦したのだが、スキナーの秘密はそれを手続きの相違としたところである。学習の機構としては強化という考えを導入し、なんで

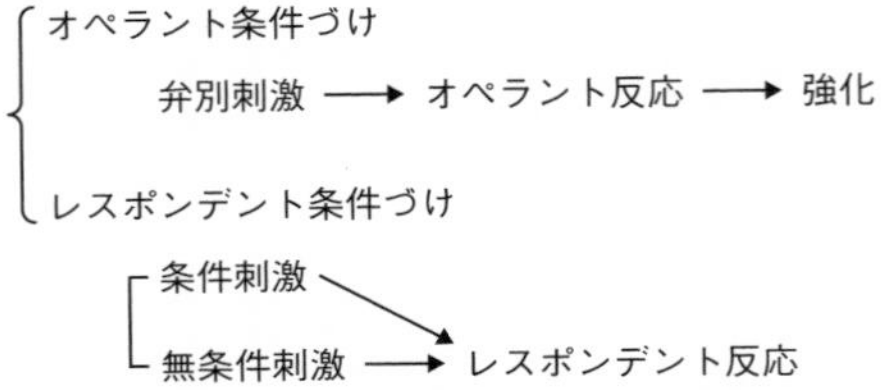

図 11-2　オペラント条件づけとレスポンデント条件づけ

あれ行動に随伴した現象が、その直前の行動の生起頻度を高めれば、正の強化であるとした。この定義は実に強い。研究者は「強化とはなにか」と「動因とはなにか」といった厄介な疑問から永遠に解放されたのである。反面、これ以降、どのように強化するか（強化スケジュールという）という研究は膨大に行われたが、「強化そのもの」の研究はほとんど行われなかった。正の強化はわかりやすいが、「負の強化」は「負」と「強化」という言葉の間に認知的不協和があって（英語の場合も同様）、しばしば、罰を与えて行動をやめさせることだと誤解される。反応の結果、なにか（例えば電撃）を避けることによって、その行動の生起確率が上がることを負の強化という。つまり、強化はいずれも反応の増加であり、それが正の強化子が出てきた結果の場合と、負の強化子を取り除いた結果の場合の両方があるわけである。

系統発生的随伴性　スキナーは、行動を統制するものとして、個体発生的随伴性（条件づけ）とともに系統発生的随伴性（自然選択）の重要性を取り上げ、条件づけと進化を類比した論考を行っている。ただ、それは思弁的な説明であって、実験をした訳ではない。また、種の比較は独立変数を同時に数多く変化させることになるので、ほとんどやっていない。実験的行動分析は一般理論なのであって、違う種（ヒトを含めて）が同じように行動するのはいわば当然なのであった。

被験体内比較法の確立　伝統的な実験計画では、ある個体群は実験条件A、別の個体群は実験条件Bに割り振り、群間の比較を行うのだが、被験体内比較法は一個体にある行動の基準（ベースライン）を作ってから、基準—実験条件—基準（A—B—A）という実験を繰り返す。結果は一目瞭然なので、優れた実験家は統計を必要としない、というのが当時のモットーだった。一度しかできない破壊検査のようなものは個体内比較ができないのではないかと思われるが、工夫次第である[1]。もう一つ重要なのは多重ベースライン法で、いくつかの行動のベースライン形成後、時期をずらして、それぞれの行動に実験操作を加え、実験操作を加えた行動のみに操作の効果が見られ、ほかのベースラインには変化が見られないことをもって結果を評価するもので、発達心理学で用いられる優れた計画法である[2]。

私的経験　第10章でスティーヴンスが方法論的行動主義を確立したことを述べた。スキナーはこれを批判した。スティーヴンスにとって、私たちの内なる心は心理学の対象ではない。スキナーにとっては、外に現れた行動と同様に、内なる私的経験（private event）も行動分析の対象なのである。環境という独立変数は、外的な行動も内的な私的経験も同じように統制しているのである。スキナーの面白さは、私的経験という、いわば、行動主義のタブーを研究対象として取り上げたところであり、わかりにくさは、私的経験も行動だとしたことにある[3]。これは「行動」の拡大解釈だ。少なくとも、日常言語とは乖離している。しかし、従属変数でない私的経験を認めると、彼の体系は破綻する。彼が最も警戒したのは、独立変数としての私的経験、行動の原因としての私的経験である。これはまさにメンタリズムなのである。私的経験をめぐる議論は難解であり、スキナーの論理は必ずしも整合的ではない。彼は、言語の社会強化によって「意識」が形成されるとしたが、私的経験が言語報告そのものであることを否定した。言語報告は、スキナー箱のレバー押しと同じように、私的経験を公にする道具なのだ。

スキナーは、私的経験と公的経験の区別は固定したものではなく、私的経験を公化する技術が開発されると変化すると考えた。僕はスティーヴンスの禁欲的態度に爽やかさを感じるとともに、スキナーの私的経験を科学の対象とすることも率直な態度だと思う。機能的脳画像（fMRI）のニューラル・デコーディング[4]は私的経験を公化する可能性を持つのだが、何故か行動分析研究者が脳画像研究に取り組んだ例はないように思う。エイドリアン・オーウェンは脳活動の違いを利用して植物状態の患者に質問に対するYES／NOの応答をさせることに成功している。スキナーは次世代の重要分野として生理心理学を挙げており、生きていたら機能脳画像研究を大歓迎したはずなのだが。

私的経験としての内臓感覚　行動としての私的経験としてわかりやすい例が内臓感覚だろう。消化器官系は中枢神経系とは別の自立した散在神経を持っており、「第二の脳」という言い方もされる。内臓感覚は迷走神経を介して脳に送られる。その多くは意識されないが、不当な扱いを受けて「ハラワタが煮えくり返ったり」、空きっ腹にお酒をいただいて「五臓六腑に浸みわたったり」する。これらは私的経験なのだが、ある種の行動であると言われても納得できるのではなかろうか。中枢感覚もここから敷衍して考えられるように思う。

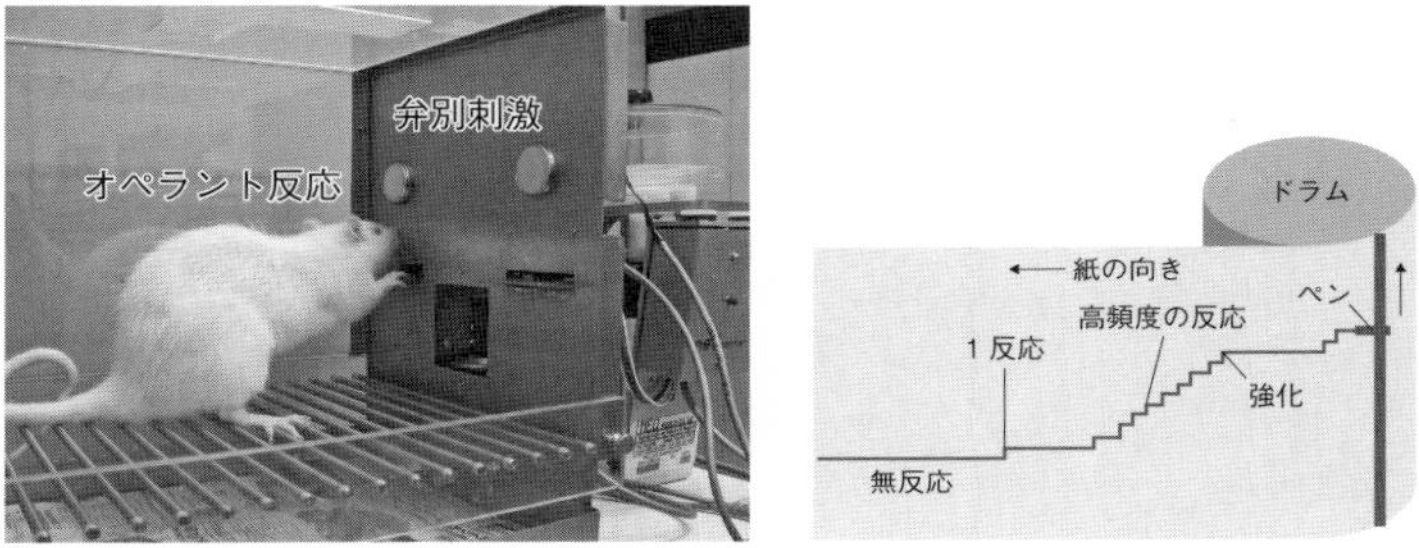

図11-3　スキナー箱（左）（筆者撮影）と累積記録器（右）

動物実験への貢献

スキナーは、「秩序に従うシステムであるという意味なら、人間も動物も機械である」としており、擬人主義が入り込む余地はない。動物研究への貢献という意味では、実験的行動分析の功績は動物心理学史上最大のものである。

スキナー箱と累積記録器　それまでの走路、迷路、問題箱などは実験者が直接観察するものだったが、スキナー箱（図11-3左）は実験者と動物の接触を遮断した。箱の中で動物がすることは限られている。ラットの場合は小さなレバーが、ハトの場合は丸い窓があって、それを押したりつついたりする。レバーや窓には電気的接点が付いていて、反応したことが自動的に検出される。これはいわば、反応の、機械による操作的定義なのだが、反面、ほかの行動は一切無視されることになる。反応スイッチは簡単な電気回路で餌を出す給餌器につながれており、実験者の手を介さずに動物に報酬を与えられる。この装置により「反応頻度」が基本的なデータになったのである。

スキナー箱と同じくらい重要な発明が、累積記録器（図11-3右）

である。ペン描きレコーダーで、動物が反応すると記録用紙の上でペンが少しだけ上に動く。動物があまり反応しないと、記録紙には緩やかに上昇する線が描かれる。動物が高頻度で反応すれば急峻な線が描かれ、休んでいれば平坦な線が描かれる。今は行動データを視覚化するさまざまな方法があるが、この累積記録こそが動物の行動を最初に視覚化したものである。そして、この記録を視覚的に読解することが、行動分析の技術的訓練であった。実験が終わると、記録紙に日付のスタンプを押す。スキナーは、「私の記録紙にはクリスマスの日付も元旦の日付もある。実験をしたくなかった時もあった。しかし、私は実験をした」と振り返っている。

時代は変わった。今では累積記録器が稼働している実験室はないのではないだろうか。かつて行動の専門家は、スキナー箱で強化スケジュールを動かし、累積記録を読み解くことができる研究者のことだった。今は行動の専門家とは、行動の画像解析ができる人のことを指す。動物がスイッチを押さなくても、動物の行動は画像データとして解析される。スキナー箱では決められた行動しか測定できないが、画像解析はそのような制約を取り除いた。僕は一九九〇年代にこのことを予想している。(5)

実験の自動化　行動分析の特徴は実験の自動化にある。実験者は動物を観察し続けるという苦役から解放された。スキナー箱の中のネズミも反応したい時に反応し、休みたい時に休める。これがフリー・オペラントといわれる実験事態で、それまでの、動物を迷路に入れて、終点に辿り着けば、迷路から出して次の試行を始めるという事態（離散型訓練といわれる）と大きく異なる。反応スイッチから給餌器の間に回路を組み込めば、何分後に反応すれば餌が出る、あるいは何回反応すれば餌が出る、といったことを自動的に行える。この回路は、最初リレー回路であったものがトランジスタになり、集積回路になり、最後はコンピュータ制御になった。この反応から餌までの関係を、強化スケジュールと呼んだ。コンピュータの発展とプログラム言語の発展抜きには、強化スケジュール研究の隆盛は語れない。コンピュータはデック社のＰＤＰ８が標準であり、プログラムはそのために作られたＳＫＥＤ（schedule の短縮形で、アルトゥール・スナッパーが開発の中心だった）であった。これは一台のコンピュータで多くの端末（スキナー箱）を制御するという発想で作られた言語で、現在も使われている。

コロンバン・シミュレーション　行動分析の立場を鮮明に示すのが、コロンバン・シミュレーションである。コロンバンは菓子屋の名前ではなく、スキナーお気に入りの実験動物であるハトの学名（*Columba livia*）からきている。これは系統発生的随伴性の結果と思われている行動を、ハトの個体発生的随伴性、つまりオペラント条件づけで再現してみせるものである。有名な動物実験に、ケーラーが行ったチンパンジーの洞察学習というものがある。天井からバナナが下がっているが、チンパンジーが手を伸ばしても届かない。部屋にはいくつかの箱がある。チンパンジーは箱をバナナの下に運んで積み上げ、それに登ってバナナを取る、というものである。ゲシュタルト心理学者であるケーラーは、チンパンジーがバナナと箱という結びつき（ゲシュタルト）を洞察した結果だとした。ハトに、玩具のバナナ（これはバナナである必要はない。スキナーの遊びである）をつつけば餌が得られるという訓練をする。次に、箱をつついて特定の場所に動かせば餌が得られる訓練をする。その後、直接つつけない位置にバナナを吊るし、部屋には箱を置く。果たしてハトは箱をバナナの下に動かしてその上に

図11-4　ハトの自己鏡像認知（内野衣美子撮影）

乗り、バナナをつついたのである。僕はハーヴァード大学で実際にこの実験を見たことがある。

もう一つ、自己鏡像認知の実験がある。これはゴードン・ギャラップが始めたもので、チンパンジーに麻酔をかけ、額に口紅で印をつける。麻酔から醒めたところで鏡を見せる。チンパンジーが鏡を見て自分の額に手をやれば、鏡の中の自己像を自分として認知したと判定する訳である。これは類人猿以外の猿にはできないとされた。ロバート・エプシュタインは、ハトにハトの体につけた印をつつくことを訓練した。次に、鏡を利用して壁の印をつつくことを訓練した。その後、ハトにエリザベス・カラーをつけて、直接自分の体が見えないようにして鏡を見せる。このような手順を踏めば、大型類人猿しかできないといわれていた自己鏡像認知をハトがやってのけるのである（図11-4）。つまり、要素となる行動を形成しておけば、ハトはその結合を自発的に行うのだ。ただし、その後、この実験は追試ができないという報告が出て、長期にわたって結論が出なかった。僕は二〇一二年に内野衣美子と、エプシュタインの方法を忠実に踏襲して、実験結果の再現に成功した(6)。

コロンバン・シミュレーションは主に行動形成を問題にしたが、行動分析は注意、長期記憶、短期記憶、概念など、ヒトの高次認知とされたものを次々と動物実験で再現した。後の比較認知科学の基盤の一つは、このようなオペラント条件づけによる高次認知の再現（コロンバン・シミュレーション）であった。

行動薬理学　薬理学の発展においていくつかの革新的事件があったが、その一つが一九五二年のクロールプロマジン（抗精神病薬）の発見である。人類はついに心の病に対する薬を手に入れたのである。クロールプロマジンの発見によって、精神病の入院患者は劇的に減少し、心理作用を持つ向精神薬の開発競争が起きた。薬物の開発には、人間に適用する前の動物実験が必要である（前臨床試験）。そのために、動物で人間の心に類似した状態を再現しなくてはならない。その問題に応えたのが、実験的行動分析である。行動薬理学は、行動分析の最も成功した分野といえる。薬物投与を強化とすれば薬物の強化効果を測定できるし、投与に必要な反応回数を増やしていけば、どのくらい動物がその薬物を欲しているか（つまり末端価格に相当する）がわかる。薬物が投与されていることを弁別刺激（手がかり）とした訓練を行えば、その薬物の主観的効果がわかるし、すでに依存性がわかっている薬物（モルヒネなど）で訓練した後に、新規に開発された薬物でも同じような弁別行動が示されれば（般化）、その薬物が依存性を起こす可能性が高いことがわかる。

多くの行動分析研究者が行動薬理学者として活躍した。我が国でも実験動物中央研究所に新進気鋭の行動薬理学者が集まり、心理学専攻を卒業して製薬会社の研究所に就職する人も多かった。しかし、オペラント条件づけはなにぶん結果が出るまでに時間がかかる。膨大な化学物質を次から次にテストしなくてはならない創薬分野では、オペラント研究の需要は少なくなっている。残念なことである。

動物行動エンタープライズ（ＡＢＥ）　テレビの広告で動物を使えば、まず間違いなく成功するといわれる。しかし、動物にしかるべき行動をさせるには、それなりの技術がいる。スキナーのミネソタ大学時代の学生であったケラー・ブレランドと妻のマリアンは、広告用に動物を訓練するビジネスを始めた。一九五五年にさらに大規模なＩＱ　ＺＯＯ社を立ち上げた。ブレランドは早死にしたが、夫人は一九九〇年までその仕事を続けた。

訓練の原理は行動形成である。スキナーの有名なデモンストレーションに、ハトに卓球をさせるというものがある。もちろん、ハトがいきなり卓球をするわけではない。テーブルの上のピンポン球をつつけば餌が得られる訓練をする。次に、テーブルの反対側まで球を転がす訓練をする。さらに、向こうから転がってきた球をつつき返す訓練をする。訓練の原理は、強化（餌）を与える基準を少しずつ難しくしていくこと（漸次的接近）である。当たり前のようなことだが、これをきちんと科学的に明らかにしたことは非凡であるし、ある意味で行動形成は実験的行動分析の最も大きな貢献かもしれない。オペラント条件づけを用いた動物の訓練は、広告、動物ショー、イヌやネコのしつけなど、幅広く用いられている。

ブレランドの業績は、企業的成功のみではない。彼はその企業活動を通じて、すべての動物が同じように訓練できる訳ではないことを発見した。ブタに玩具の硬貨を貯金箱に入れることを訓練すると、ブタは途中で硬貨を鼻でつつきまわして、すぐ貯金箱に入れなくなる。このことから彼は、「動物の誤った行動」という大変有名な論文を書いた。その後、弁別刺激、オペラント、強化の組み合わせには、系統発生的制約があることが明らかになっていった。

老いの繰り言

多少、擬人主義の論考からの逸脱を承知で、以下、行動分析についての年寄りの心配を記す。

統治について　スキナーは、社会というものは「我々は全てを統制し、我々は全て統制される（We control all, we are all controlled）」のだと表現している。さらに、独立変数を操作する権限の代理人（エージェント）への委任を認めている。つまり統治だ。スキナーは、負の強化は政府の特権だとしている。政府こそが暴力装置なのだが、これ自体は不思議な主張ではない。そして、罰によるコントロールから、正の強化によるコントロールに変更することを求めている。これこそスキナーが望んだことなのだ。

しかし、ここにスキナーが発明した正の強化による行動の統制の問題がある。この統制では、統制される側は「自由の感覚」を持つ。ヒトは一般的にコントロールされることを嫌う。しかし、正の強化はコントロールされていることを不可視化する。午前八時前に出勤すれば報奨金が出されるのと、八時以降の出勤に罰金が科されるのは、同じ行動のコントロールだが、前者はコントロールされているという嫌悪感を感じにくい。さらに、問題はセルフ・コントロール（自己統制）である。コントロールする行動とコントロールされる行動が同じ人間の中にあるのが自己統制で、例えば飲酒行動統制のためにお酒を手元に置かない、といったものである。統治者は「お酒を飲まないようにしましょう」というだけで、後は当事者が自分で自分をコントロールする。

自己統制は、統治の機構としてはフーコーの「自己－規律」に驚くほど似ている。コントロールの分析ではスキナーのほうがはるかに洗練されているが、統治の問題となると、素人の僕が読んでさえ、スキナーの分析は幼稚だ。フーコーがスキナーの著作を読んだとは思えないが、彼が行動分析をどう批判しただろうか、というのは僕の見果てぬ架空討論である。

しかし、これらの問題の根底には行動主義が内包する「危険思想」があるのかもしれない。フランスの科学史研究者であるジョルジュ・カンギレムは、行動主義が持つ問題を指摘している。一つは「効用」による説明の批判である。ヒトは効用を求め、効用の評価をする。このことはヒトを効用によって評価することにつながる。これは労働者の作業効率などを考えれば良いだろう。もう一つはコントロールする側とされる側の分離に対する批判である。行動主義は一人の人格の中に研究主体と研究客体が存在することを批判した。客観的データを得るためにはそれらを分離しなくてはならない。その結果、被験者集団ができ、それを研究する専門家エリート集団ができる。このようないわば思想的な行動主義批判は、多くの心理学者は考えていないことではないかと思う。心理学者がテクノクラート意識を持っているとは思わないが、行動主義の方法論は少数者による統治という考え方と整合性がある。

多くの社会では、コントロールする側をコントロールする、カウンター・コントロールが可能である。スキナーは、これによってコントロールする側に罪悪感のような条件性の嫌悪的自己刺激を生むとしているが、これはあまりに楽観的だ。コントロールの非対称性を考えてみよう。スキナーの祖国である米合衆国では、今や〇・一パーセントの人間が九九・九パーセントの自国民をコントロールしているのだという。どうしてそうなってしまったのか？　多くの人が経済体制を変えなくてはならないと主張している。僕は政治・経済は全くの門外漢だが、問題はむしろ、建国以来、未だに世界に誇るべき文化を持たない北米の人々が、結局、極端な拝金主義になり、それ以外の価値を認めない、あるいはすべてのほかの価値はお金で買える、と思っているからではないかと思う。まあ、米国保護領たる瑞穂の国もそうなのだろうが。

行動分析の軍事利用とその責任　スキナーがハトにミサイルを操縦させる研究を行ったことはよく知られる（予算の関係で実用化されなかったが）。ハーヴァード大学のハーンシュタインは、ＣＩＡの依頼でハトにジャングルの中の機銃座を発見する訓練をし、ビルの特定の窓に飛び込ませる研究もした（これらは公開されていない。僕は当人から直接聞いたのである）。しかし、これらは可愛げのある研究だ。

深刻な問題は、行動分析を使った兵士の訓練だと思う。陸軍の軍歴の後、ウエスト・ポイント陸軍士官学校の心理学教授になったデーヴ・グロスマンは書いている。「アメリカ軍はスキナーが少なくとも部分的には正しかったことを実証した。オペラント条件づけによって、世界にかつてない効果的な戦闘集団を生み出すことに成功したのだ」。行動形成によって、躊躇なく人間に向かって発砲する行動を形成できるだろう。作ってしまった殺人機械をどうするのか。スキナー自身は、「行動科学は原爆と同じくらい危険で、誤用の可能性がある。より良い政府を作らなくてはならない」と指摘して

図11-5　スキナー主義者のTシャツ（モデルは筆者）

いたのだが。この件について、何人かの著名なスキナー主義者にメールで問い合わせたが、反応は鈍い。帰還兵の問題行動がオペラント条件づけの結果である、と同定することはできないではないかという。その通りである。しかし、このような行動形成の影響を取り除くことに、行動分析の研究者があまりにも無関心であることは、非常に残念に思う。

行動分析の応用範囲は広い。発達障害における応用行動分析の成果は圧倒的だし、実に豊穣な応用分野を持つ学問なのである。今日、行動分析の学会に行くと、圧倒的に多くは応用研究であり、基礎研究はその役割を終えたとさえ感じさせられる。しかし、行動主義者の念願であるメンタリズムの殲滅（図11-5）は、なお達成されていないではないか。万国の行動主義者の覚醒を祈る。

スキナーの孤独

いわゆるスキナー主義者の集会に出たことがある。演者はまず、××××年のスキナーの言葉を紹介し、その解釈を始める。なにかデジャ・ヴュがあるなと思った。一つは聖書研究、もう一つはチョムスキー主義者の集会である。僕の個人崇拝嫌いを別にしても、このような信者に囲まれていては、スキナーも辛かったろうな、と思う。もちろん社会的強化を楽しんだ時もあったに違いないが、スキナーは、行動分析の研究センターとか学派を作るつもりはないといっていたのである。

スキナー最晩年の弟子であるエプシュタインと、スキナーの孤独について話したことがある。エプシュタインは、スキナーがボストン上流社会の正会員になれなかったことを指摘した。スキナーの自宅は高級住宅街にあるのだが、彼の上流社会での地位は結局準会員だったのだという。僕はこれに関してなにかいえるほどこの社会に通じていないが、米国における大学教授の社会的地位があまり高くないことを思うと（我が国でも、特任とか実務とかが出てきて大インフレだが）、考えられることである。

もう一つは、ハーヴァード大学教授としての地位である。僕は彼が二〇世紀を代表する大心理学者であることを少しも疑わないが、それは心理学の世界での話である。ハーヴァード大学にはノーベル賞受賞者は珍しくないし、社会的に知られた研究者も星の数ほどいる。彼らが看板教授なのであって、心理学の世界から離れて見れば、スキナーは奇妙な研究をしている風変わりな教授に過ぎなかった。そして、彼は、それらのことで寂しさを感じないほどには、浮世離れしていなかったと思う。

これまで行動主義の変遷を見てきた。お気付きの方もあろうかと思うが、ワトソン、ハル、トールマン、スキナー、いずれも米国人である。これは行動主義が北米大陸での現象であったことを意味する。欧州では、興味は持たれていたものの北米のような熱狂はなかった。

第10章から本章まで、心理学を中心に行動主義の発展と擬人主義の衰退を見てきたが、次章では擬人主義の反転攻勢を取り上げる。

謝辞　本章執筆に当たり、スキナーに直接教わった世代のチャールス・カタニア、ジョナサン・カッツ、ルイス・ゴラップさんに意見をいただいた。また、僕の畏友であり我が国における行動分析の第一人者である伊藤正人さんには草稿を査読していただいた。謝意を表します。

注

（1）学習の獲得は、個体内比較ができない例と考えられるが、獲得のベースラインを作ることは可能である（Watanabe, S. (2001). Effects of hippocampal lesions on repeated acquisition of spatial discrimination in pigeons. *Behavioural Brain Research, 120(1)*, 59-66）。

（2）なお応用場面での方法論の解説としては、島宗理『応用行動分析学――ヒューマンサービスを改善する行動科学』新曜社、二〇一九年が優れている。

（3）ドイツのAktpsychologieを多くの米国人はそのままActpsychology（作用心理学）と訳したが、ウィリアム・マクドゥーガルだけはAktをbehaviorと訳した。スキナーの行動を「作用」と考えるとちょっとわかりやすい。

（4）脳活動から被験者が何を見、何を感じているかを解読する方法。

（5）渡辺茂「実験室の誕生――操作と測定」『慶應義塾大学社会学研究科紀要』第三六号、一三七―一四五頁、一九九三年を参照。

（6）Uchino, E., & Watanabe, S. (2014). Self-recognition in pigeons revisited. *Joural of Experimental Analysis of Behavior, 102*, 327-334.

参考文献

ボーム、ウィリアム・M　森山哲美（訳）『行動主義を理解する――行動・文化・進化』二瓶社、二〇一六年

Breland, Keller, & Breland, Marian (1961). The misbehavior of organisms. *American Psychologist, 16*, 681-684.

Ferster, Charles B., & Skinner, Burrhus F. (1957). Schedules of reinforcement. New York: Appleton.

グロスマン、デーヴ　安原和見（訳）『戦争における「人殺し」の心理学』筑摩書房、二〇〇四年

Kekker, Fred S., & Schoenfeld, William N. (1950). *Principles of Psychology*. New York: Appleton.

オーウェン、エイドリアン／柴田裕之（訳）『生存する意識――植物状態の患者と対話する』みすず書房、二〇一八年

Sidman, M. (1960). *Tactics of scientific research*. New York: Basic Books.

Skinner, Burrhus F. (1938). *The behavior of organisms*. New York: Appleton.

Skinner, Burrhus F. (1957). *Verbal behavior*. New York: Appleton

スキナー、バラス・F　宇津木保・うつきただし（訳）『心理学的ユートピア』誠信書房、一九六九年

スキナー、バラス・F　波多野進・加藤秀俊（訳）『自由への挑戦――行動工学入門』番町書房、一九七一年

スキナー、バラス・F　犬田充（訳）『行動工学とは何か――スキナー心理学入門』佑学社、一九七五年

スキナー、バラス・F　玉城政光（監訳）『行動工学の基礎理論――伝統的心理学への批判』佑学社、一九七六年

Skinner, Burrhus F. (1984). The operational analysis of psychology terms. *The Behavioral and Brain Sciences*, *7*. 547-581.

スキナー、バラス・F　河合伊六ほか（訳）『科学と人間行動』二瓶社、二〇〇三年

第12章 比較認知科学——忍び寄る擬人主義

今や動物心理学という言葉は死語になりつつある。ドイツの由緒ある雑誌だった『動物心理学年報』(*Zeitschrift für Tierpsychologie*) はずっと前に名称を変えたし、おそらく日本動物心理学会の機関誌『動物心理学研究』が世界でほぼ唯一の動物心理学をタイトルにした学会誌だろう。

動物心理学の生き残り策としての比較認知科学

これまでに述べたように、行動主義が目指したものは一般理論であり、そのための動物モデルの実験であった。しかしながら、皆が納得する一般理論はごく限定的にしかできなかった。少なくとも大勢を納得させることはできなかった。種差の問題も一般理論の足かせになったが、実証的研究が少なかったとはいえ、系統発生的随伴性は行動分析の重要な柱であったのだから、本来からいえば行動の生態学的制約などに悩む必要はない。

行動主義の凋落を招いた大きな要因は、認知革命であったとされる。もちろん、認知革命は作られた幻想、認知科学者の「建国神話」だという指摘もある。本来、行動主義と認知科学は似たところがある。行動主義は種を問わない行動の一般理論を目指した。認知科学は、実行器とソフトウエアを分け、ソフトウエアの研究は、実行器が人間であるか、機械であるか、動物であるかを問わないとした。認知心理学が認知科学からできたかどうかは議論のあるところだろうが、もし、認知心理学が認知科学の嫡子であるとしたら、これは奇形児だといわざるを得ない。認知心理学はヒトという特別な実行器の間主観性に基礎を置くからである。認知心理学はヒトと動物に境界を作る。つまり、デカルト主義者なのだ。認知科学と認知心理学の関係については次章で詳しく述べるが、米国心理学会会長、ウィルバート・マッキーチは一九七六年の講演で、「心理学のイメージは、機械的なもの、ネズミに似たもの、あるいはコンピュータに似たものから『人間』になりつつある」と高らかに宣言した。そして、動物実験は凋落した。研究者も減り、卒業論文で動物実験をしようという学生も激減した。認知心理学者は我が世の春を謳歌したのである。

動物心理学側の生き残り戦略は、種差を積極的に取り入れ、心の一般理論から心の進化の解明へと目的を切り替えたことである。もちろん、これには動物行動学からの影響が強かった。この変化は、心理学の一分野としての動物心理学から、生物学の一分野としての動物心理学へ舵を切ったともいえる。比較認知科学の誕生である。再三述べているように、系統発生的随伴性の解明は行動分析の課題であり、新語を作る必要もなかった。実際、比較認知科学という名称に落ち着く前に「比較行動分析」という用語も主張されたのであるが、結局「比較認知科学」が人口に膾炙した。今や役所の研究分野の分類名にもなっている。

比較認知科学は認知科学の嫡出子ではない。比較認知科学が生物学の分野だとすると、実行器官の形こそが問題になる。アリストテレスの昔から生物学は形の学問であり、機能を形に還元するのが本領である。また、計算機科学の色彩が濃い認知科学には、基本的に進化という考え方がない。認知科学の一分野としての比較認知科学という解釈には無理がある。

行動主義は擬人主義的動物心理学の息の根を止めたのだろうか。序章で述べたように、否である。ロマネス―ウォシュバーンとつながる動物の主観的世界への興味は、連綿として続いていたと思われる（第6章参照）。行動主義はそれを抑圧していたに過ぎない。行動主義がその勢力を失った時、再び「動物の心」への関心が立ち上がってきたと見るべきだ。そして、比較認知科学という名前のもとに、擬人主義が忍び込んだのである。

動物心理学者は、ヒトの高次認知機能と考えられてきたものが動物にも認められることを次々と明らかにした。古いところでは、チャールズ・レイノルズは一九六一年に「ハトの注意」という論文を書いたし、ハーンシュタインは一九六四年に「ハトの複雑な視覚概念」という論文を書いた。これらは擬人主義に基づくものではない。反対に、ヒト固有と思われていた認知機能を動物実験でも研究できることを示したものである。動物心理学者はこぞってこのような研究に邁進した。僕自身もハトが絵画を見分け、絵の上手下手を見分け、ブンチョウが音楽を聞き分け、英語と中国語を聞き分け、さらには抑揚（プロソディ）の違いも聞き分けること、マウスが共感や嫉妬を示すことなどを報告し、二〇〇四年にはアルテンベルグのローレンツの生家（図12-1）で「動物の論理」というシンポジウムを主催した[1]。これらの研究の流れは、研究者がそれを意識しているか否かにかかわらず、前章で述べたコロンバン・シミュレーションの拡張である。コロンバン・シミュレーションは、なにも動物にサーカス芸を訓練することを目指したものではない。その目的はXという行動の形成過程を明らかにすることである。そのことによって、説明原理ではなく、従属変数としてのXを制御しているものがなんなのかを明らかにしようとする。

図 12-1　ローレンツの生家（Ludwig Huber 提供）

比較研究は、脊椎動物—哺乳類—霊長類—大型類人猿—ヒト、という心の単系進化を否定した。チンパンジーは鼻の短いゾウ、陸に上がったイルカ、羽を失ったカラスだ、といわれるようになった。これらが示すものは高次認知機能の放散であり、ヒト中心主義や霊長類中心主義からの脱却である。もっとも一時期は研究者の間で、愛犬家が自分のイヌ自慢をするように、自分の実験動物がいかに優れているかを主張するような雰囲気があって珍妙だった。動物たちは複雑な情報処理が必要な環境では、それに適応したそれぞれの高次脳機能を進化させていったに過ぎない。もちろんヒトもその例外ではない。

動物行動学

比較認知科学のもう一つの母体は、いうまでもなく動物行動学である。古典的動物行動学は、ローレンツ、フォン・フリッシュ、ティンバーゲンが確立した学問領域である。彼らはその功績で一九七三年にノーベル医学・生理学賞を受賞した。

コンラート・ローレンツは、動物行動学が比較生物学の一分野であると考えていた。ハチの8の字ダンスの信号を解読したフォン・フリッシュが解析の人、巧妙な解発刺激の実験を行ったティンバーゲンが実験の人とすれば、ローレンツは徹底して観察の人である。研究は一貫して定性的であり、論文には一枚のグラフもない。ただ、ローレンツの学術的な文章は、『ソロモンの指輪』『人、イヌに会う』と同じ著者かと疑うくらい難解なドイツ語である。

彼のテーマは行動の進化だが、比較解剖学に範をとり、器官の代わりに行動を比較しようとした。形態の進化では化石が有力な資料となる。しかし、行動の場合はどうしても化石ではなく現在生きている種の行動が対象になる。そこで、現存の動物の行動を比較することから、行動の進化の過程を解き明かそうとしたのである。ローレンツはこのような比較研究を方法論として体系化した。

種間比較をするための行動は、器官と同様に「種に固有な行動」でなければならない。すなわち、その種に属する個体であればどの個体でも同じような行動（定型的行動）を示さなくてはならない。一方、行動主義は基本的に個体の行動可塑性を調べる学習理論だったから、種に固有で変化しない行動を対象とする動物行動学とはソリが合わない。ダニエル・レーマンが生得的行動については激しく攻撃したこともあって、一時期は動物心理学者と動物行動学者はずいぶん仲が悪かったものである。我が国にも当然その影響があったが、一九九五年にある雑誌が動物心理学の特集号を編纂し、その中で動物行動学の大御所Hさんと僕の対談を企画した(2)。まあ、仲良くやりましょう、という手打ちのような対談だったが、ちょっと記憶に残っているのは、Hさんが食事の最初から最後までウイスキーの水割りを飲み続けたことで、僕は長幼の序を重んじるほうだからお付き合いをしたが、ちょっと珍しい経験だった。

ニコラス・ティンバーゲンは、動物行動学の設問を四つにまとめたことでも知られる。第一は至近要因といわれるもので、行動の生理機構である。第二は行動がどのように発達してきたのかという発達要因である。第三は進化の要因で、どのような歴史を経てそのような行動が進化してきたのかという系統発生の設問である。第四が究極要因といわれるもので、どのような利点があってそのような行動が進化したのか、換言すれば系統発生的随伴性はなんだったのかという問いである。

カール・フォン・フリッシュは、ミツバチが採餌して巣に帰って行うダンスが、餌の質・量、距離、方向をコードする複雑なコミュニケーションであることを見破った。ハチが踊ること自体は三〇年も前から知られていたのである。驚くべき洞察力である。彼の実験はいろいろ批判されたが、結局、その推論自体は正しいことが確認されている。ローレンツもそうだが、フォン・フリッシュもその学識の深さには頭が下がる。彼の教科書『あなたの生物学』の最初にはこう記されている。「眼を見開いて、生きている自然を観つめなさい。究め尽きない素材を前にして、あなたは学ぶのです、謙虚ということを」。僕の座右の銘である。

古典的動物行動学の動物に対する考え方は、機械論である。ローレンツは、学術論文ではむしろ冷徹ともいえる動物行動の水力学モデルを作ったし、解発刺激と固定行動の関係は鍵と錠前であるとされた。

動物行動学のその後と認知動物行動学

動物行動学のその後はどう発展したのか(図12-2)。第一は社会生物学である。僕は、米国のスーパーマーケットでエドワード・オズボーン・ウィルソンの『社会生物学』が籠に山積みにされて売られていたのを憶えている。そのくらい一般の人にも人気があったのである。古典的動物行動学の研究対象は個体行動であり、遺伝はそれがどのように行動に影響するかという観点で見られていた。社会生物学、行動生態学では遺伝子が主体で、個体は遺伝子拡散のための乗り物に過ぎないと考える。個体の死は遺伝子の死ではない。遺伝子拡散のために個体は死んでも構わないのである。包括適応度の導入は、それまで説明が困難であった子殺し、利他行動などをうまく説明できた。そして、研究者は、「その行動は包括適応度を高めるための行動なのだ」という結論を導くための研究に邁進した。結論は最初から決まっていたのである。その上、レイプ、売春、仲直りなどの日常語を、動物行動の記述にわざわざ使ってみせるというケレンもあった。ある時期の社会生物学的な個体行動の研究は、誠に不思議なものであった。スキナーは皮肉を込めて、「もし社会生物学が動物行動学の子どもなら、そ

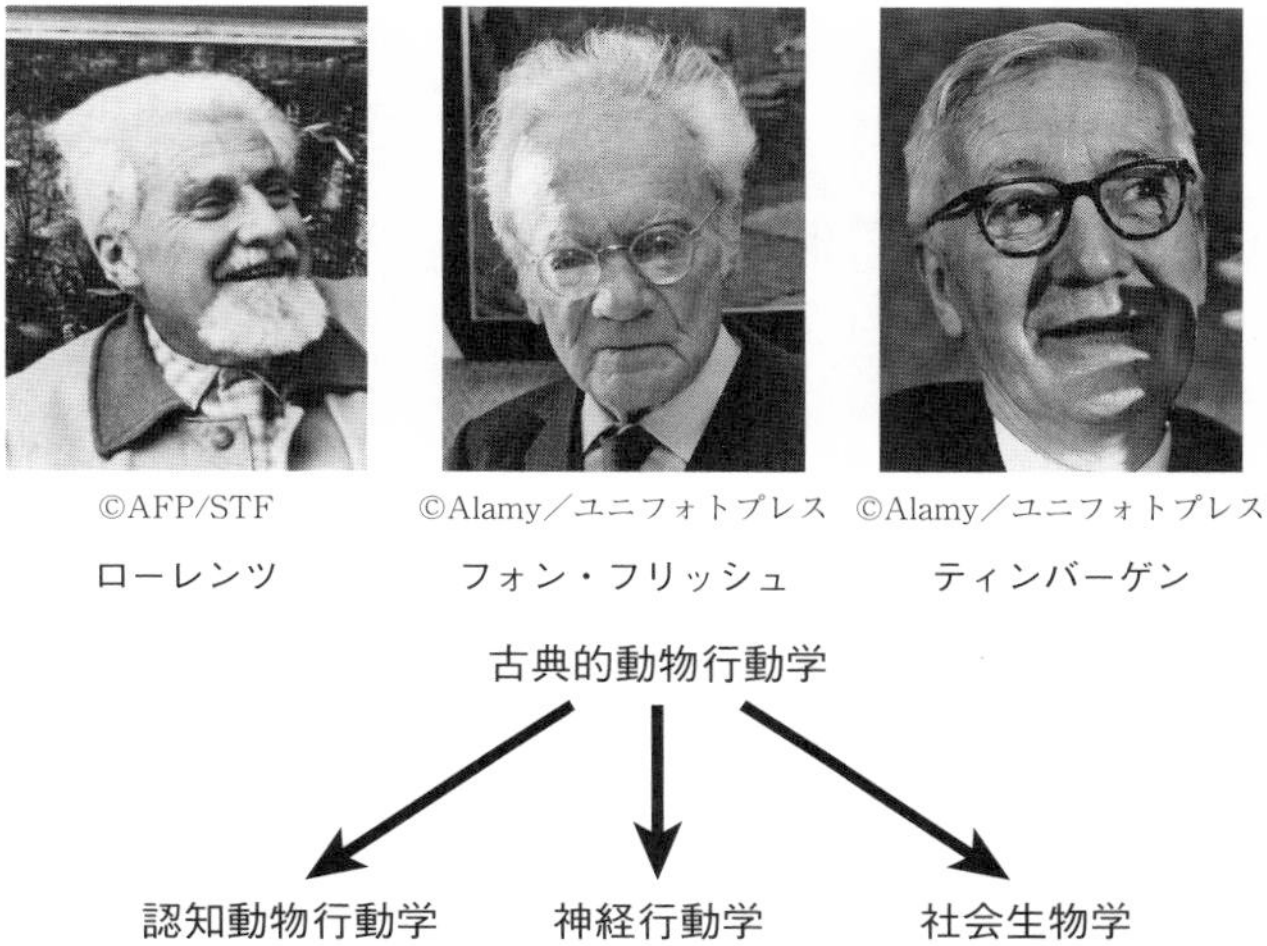

図 12-2　古典的動物行動学者（上段）と動物行動学のその後の発展

れはエディプスである」と評した。

　第二は神経行動学である。古典的動物行動学が仮定した生得的行動の解発機構は、実際の神経機構として実証的に研究されるようになった。普通の神経科学との相違は、対象となる種の多様性である。神経科学でも線虫、ショウジョウバエなどが使われるが、それはモデルとしての動物であり、多様な動物の進化を考えるという立場ではない。

　そして第三が、認知動物行動学である。ドナルド・グリフィンは、コウモリの反響定位の研究で著名だったが、一九七六年に『動物に心があるか——心的体験の進化的連続性』（*The question of animal awareness: Evolutionary continuity of mental experience*）を著した。意識に対応する英語は二つあって、awareness は気がついているということであって、自己意識である consciousness とは違う。彼の次の著作は『動物は何を考えているか』

(*Animal thinking*)であり、その次は『動物の心』(*Animal mind*)である。彼の主張は一貫していて、ヒトにだけ心を認め、動物に心を認めないのは、行動主義が依拠する「節約の原理」に反するというものである。主張の第二は、神経系があれだけ似ているのに、ヒトにだけ心という特別な機能を考えるのはおかしいという点、第三は、動物に心があると仮定したほうが説明しやすいさまざまな現象があることである。さらに、ミツバチなどのコミュニケーションを利用すれば、いわば彼らの言語報告を聞けるという訳だ。

最初の点は行動主義批判としては奇妙な理屈だ。動物にもヒトにも独立変数としての心を認めないなら、それはさらなる節約だから、行動主義に対する批判にはならない。彼の反論はヒトにだけ心を認めるデカルト主義の批判なのである。彼の仮想敵は、ヒトには心を認めるが、動物にそれを認めることは擬人主義だと批判する行動主義者ということになる。

進化認知学? 忍び寄る擬人主義

今日、大っぴらに擬人主義を擁護している一番の大物は、フランス・ドゥ・ヴァールである(図12-3)。オランダ生まれ、背景はもちろん動物行動学である。彼は比較認知科学や認知動物行動学という名称に飽き足らず、進化認知学(evolutionary cognition)という学問を提唱している。しかし、Web of Science で引用を検索すると、比較認知科学が四三件、認知動物行動学が一四二件であるのに対し、進化認知学はわずか五件(しかも違う意味で使っている論文もある)。PsychInfo だと、それぞれ五二四件、一九二件、七件（いずれも二〇一八年一〇月調べ）である。これから増えるのかもしれないが、ほかの名称の知名度がすでに高いので、それほど普及しないだろう。

グリフィンもそうだが、ドゥ・ヴァールも行動主義に対して極めて攻撃的である。これはかつての行動主義の弾圧がいかに苛烈だったかの反映である。彼は、友人のエミール・メンゼルと東海岸の著名な行動主義者（明記していないが、当然スキナーだろう）とのやりとりを紹介している。メンゼルは、放飼場のチンパンジーが高い塀に棒を立てかけ、何頭かがそれを押さえている間にほかの個体が棒を登って脱出するビデオを見せ、その際に計画とか意図という用語は一切使わなかった。メンゼルの講演の後、行動主義者の先生は手を上げ、無理やり動物に意図や計画性を持たせようとするのは擬人主義だと非難した。するとメンゼルは、自分は講演の中でそのような用語は一切用いなかった、意図や計画性は先生ご自身がビデオの中で発見したのではないですか、と反論した。ドゥ・ヴァールは行動主義者に一泡吹かせた例として紹介している訳だ。僕はその場に居合わせなかったが、東海岸の先生は、「ということは、メンゼル君、君は意図とか計画性といった用語を使わずに、君の研究ができるということだね」と反論すればよかったのである。

©Alamy／ユニフォトプレス

図12-3　ドゥ・ヴァール

ドゥ・ヴァールは名うての物書きであり、批判は別にして、彼の本は実に楽しく読める。行動主義を揶揄する彼のジョークで僕が気に入っているのは、行動主義者同士のパートナーが、二人で素晴らしい時間を過ごした後、「君は存分に楽しんだね。僕はどうだった?」と尋ねる、というのがある。僕は吹き出した。認知心理学者は「君はどうだった?」と訊くのだろうか。

ドゥ・ヴァールはしかし、擬人主義を動物研究の一般的方法として主張しているのではない。彼は大型類人猿の場合に、擬人主義を有効な方法としているのである。大型類人猿での研究歴が長ければ長いだけ擬人主義になると主張している。大型類人猿は名誉ホモ・サピエンスという訳だ。かつて私たち日本人は、南アフリカでは「名誉白人」だった[4]。日本人に限って白人として遇しようということだ。当時の日本政府はこの漫画的にして侮蔑的な称号に抗議したのだろうか。それとも我が国の経済活動の結果として我々は白人とみなされるようになった、と胸を張っていたのだろうか。

ドゥ・ヴァールは、擬人主義を目的ではなく研究手段だとしている。それこそが問題なのだが、もし、一〇〇〇歩譲ってドゥ・ヴァールの主張を認めるとしても、脊椎動物の中の、哺乳類の中の、霊長類の中の、大型類人の中でしか通用しない研究法に、どれほどの価値があるのだろうか。

注

(1) Watanabe, Shigeru, & Huber, Ludwig (Eds.) (2006). Animal logics: Decisions in the absence of human language. *Animal Cognition, 9*, 235-245 に内容が掲載されている。

(2) 「特集　動物心理学入門」『IMAGO』一九九五年、一二月号を参照。

(3) 遺伝子の伝達には二つの方法がある。自分の繁殖による直接的伝達と、子以外の遺伝子を共有する個体(きょうだい、姪、甥など)による間接的伝達である。包括適応度はそれぞれに遺伝子共有率を掛けて総和を取ったものである。

（4）西洋人はこの手の話が好きだ。英国では一九八六年に法律で、ある種のタコを「名誉脊椎動物」にし、ムール貝やロブスターと違って、生きたまま茹でてはいけないとしている。

参考文献

Allen, Colin, & Bekoff, Marc（1997）. *Species of mind*. Massachusets: MIT Press.

Bateson, P. Patric G., & Hinde, Robert A.（1976）. *Growing points in ethology*. Cambridge: Cambridge University Press.

Bekoff, Marc, & Jamieson, Dale（1990）. *Interpretation and explanation in the study of animal behavior*. Vol. 1. Boulder: Westview Press.

Bekoff, Marc（2002）. *Minding animals*. Oxford: Oxford University Press.

ベコフ、マーク　高橋洋（訳）『動物たちの心の科学——仲間に尽くすイヌ、喪に服すゾウ、フェアプレイ精神を貫くコヨーテ』青土社、二〇一四年

Crist, Eileen（1999）. *Image of animals*. Philadelphia: Temple University Press.

ドーキンス、マリアン・S　長野敬ほか（訳）『動物たちの心の世界』青土社、一九九五年

フォン・フリッシュ、カール　橋本文夫・鈴木健二（訳）『あなたの生物学』図鑑の北隆館、一九七五年

グリフィン、ドナルド・R　渡辺正隆（訳）『動物は何を考えているか』どうぶつ社、一九八九年

グリフィン、ドナルド・R　長野敬・宮木陽子（訳）『動物の心』青土社、一九九五年

Mitchell, Robert W., Thompson, Nicholas S., & Miles, H. Lyn（Eds.）（1997）. *Anthropomorphism, anecdotes and animals*. New York: State University of New York Press.

Page, George（1999）. *Inside the animal mind*. New York: Doubleday.

Ristau, Carolyn A.（Ed.）（1991）. *Cognitive ethology*. Hillsdale: Laurence Erlbaum.

Tobach, Ethel（1989）. *Cognition, language and consciousness: Integrative levels*. Hillsdale: Laurence Erlbaum.

Todd, James T., & Morris, Edward K. (1995). *Modern perspectives on B. F. Skinner and contemporary behaviorism.* Westport: Greenwood Press.
ドゥ・ヴァール、フランス　西田利貞・藤井留美（訳）『サルとすし職人――〈文化〉と動物の行動学』原書房、二〇〇二年
ドゥ・ヴァール、フランス　柴田裕之（訳）『共感の時代へ――動物行動学が教えてくれること』紀伊國屋書店、二〇一〇年
ドゥ・ヴァール、フランス　松沢哲郎（監訳）『動物の賢さがわかるほど人間は賢いのか』紀伊國屋書店、二〇一七年
Wagschal, Stevens (2018). *Minding animals in the old and new worlds.* Toronto: University of Toronto Press.

第13章 「人間」の終焉と比較認知科学の完成

人間は四度終焉する

初めは、神が創造したものとしての人間の終焉。人間は神が創り賜うたものではなく、自然選択の結果として生まれたことになった。二番目は、レヴィ‐ストロースによる西欧の理性的人間の終焉である。つまり、西欧型人間は空間的に one of them になった。三番目は、フーコーによるエピステーメとしての人間の終焉である。「人間」というエピステーメと心理学は近代になって現れたものであり、やがてそのエピステーメは他のものに取って代わられるだろう。これは時間軸上のある時代における考え方の枠組みとしての「人間」の終焉である。四番目、認知科学はヒト、動物、機械を問わない情報処理の解明を目指した。人間は多くの情報処理系の一つに過ぎなくなった。しかし、それでもヒトの心を頂点とする階層的進化、あるいはヒトは特別だという考え方は残ったと思う。最後に、脱・人間中心主義を標榜する比較認知科学が完成した時、頂点としての人間認知の栄光は完全に終焉を迎えるのである。

神が創造した人間の終焉

このことは第4章で述べたので繰り返さないが、進化の結果としての人間という考え方は、当時の西欧では自分のアイデンティティの否定であるので、大きな出来事といっても良いだろう。そして、西欧では今なお、このための啓蒙活動を行っている。進化と動物との連続性は科学界の公式見解であるわけだが、それでも「ヒトだけは特別」という人間例外主義は繰り返し、いわば細則に書き込まれてきた。進化は認めても、人間はその頂点に君臨している。進化は認めても、こと心の進化となるとデカルト主義が顔を出す。「ヒト限定」の心理学者の動物研究に対する無関心と蔑視は、誠に根強い。おそらく突破口は発達心理学と神経科学で、前者は動物の行動研究と方法論を共有せざるを得ないし、逆に発達心理学から動物実験へ輸出されるアイデアも多い。脳研究は動物実験なしにはできない。動物研究に目をつむる心理学者は、不寛容もしくは不勉強である。

西欧型「理性的人間」の終焉

僕はもちろんレヴィ＝ストロースの専門家ではないが、彼が勤めていたサンパウロ大学でハチドリの研究をしていたことがあり、彼が探検したパンタナールにも旅行したので、親近感がある。ブラジルの奥地に行くと、どうしても緑の暴力に圧倒される。あらゆるものはたちまち緑に呑み込まれ、ジャングルの中に消えて行く。実際、密林の中から埋もれていた都市が発見されたりする。彼はしばしばホモ・サピエンス絶滅後の地球のイメージを語るが、僕はそのイメージに大きな共感を覚える。

レヴィ-ストロースの生涯　クロード・レヴィ-ストロース（Claude Levi-Strauss）は、一九〇八年に生まれ、二〇〇九年に一〇〇歳で没している（図13-1）。次に述べる、五七歳でこの世を去ったフーコーと比較すると、いかにも長命だ。ストロースはシュトラウスのフランス語読みで、曽祖父は結構有名な音楽家であった（あのヨハン・シュトラウスとは別人）。豪華な別荘を建て、ナポレオン三世に使わせたという。娘のレア・ストロースはギュスターヴ・レヴィと結婚したが、この一家はその後零落した。息子のレイモンはレヴィ-ストロースという姓を名乗り、その息子のクロードはそれを受け継いだ。ユダヤ系であるクロードは中学で差別を受けたが、鉄拳をもってこの状況を打破したという。あっぱれである。ジャン-ポール・サルトルやロジェ・カイヨワなどとの論争、最後の著書『裸の人』終章における批判に対する反批判などを見ると、この敢闘精神は生涯を通じて一貫していたように思う。

©AFP/PASCAL PAVINI

図13-1　レヴィ-ストロース

彼はエコール・ノルマル入学への準備をするが、なぜか断念してしまう。そしてパリ大学で法学と哲学の学士号を得ているが、法学はほとんど勉強しなかったらしい。彼はエコール・ノルマルへの準備期間にすでに社会主義運動に熱心に関わっており、社会主義学生同盟の書記長も務めている。このような実務の才能は彼の一生を通じて散見される。共産主義への親近感も一貫していたのだろうが、五月革命[1]については批判的だった。

教授資格試験には三番で受かった。口頭試問では応用心理学に関する設問に対し、従来の心理学ではなく実験心理学を主張したといわれる。記録が残っていたら読みたいものである。同期で合格したシモーヌ・ヴェーユは七番だった。実習期間ではモーリス・メルロ=ポンティ、シモーヌ・ド・ボーヴォワールと一緒だったという。

リセ（高校）で教えた後、ブラジルのサンパウロ大学に社会学教授として赴任する。これが人類学者レヴィ=ストロースの出発点である。この出発はポール・ニザンの影響を受けたものだという(2)。レヴィ=ストロースが赴任した頃、大学はサンパウロの中心街にあったらしいが、僕が行った時には移転しており、レヴィ=ストロースの表現では「ナンテール風(3)」の建物が並んでいた。なにぶん広大なキャンパスで、僕は心理学の研究室と生物医学の研究室の両方で仕事をしていたので、移動は学生のオートバイに乗せてもらった。第二次世界大戦後には行動分析の大家であるチャールズ・B・ファースターがここに実験室を作ったので、僕が行った時もまだ行動分析学の伝統が残っていた。レヴィ=ストロースは先任の社会学教授と面倒な軋轢があったらしい。

彼は積極的に野外調査を行い、その経験は『悲しき熱帯』に美しく描かれている。その後、帰国して兵役に就いたが、フランス敗戦後、米国に亡命する。この船旅は悲惨なものだったらしいが、シュールレアリストのアンドレ・ブルトンと一緒になり、終生友人であった。紆余曲折の後、ロックフェラー財団が社会人教育のために作った社会学研究大学（New School for Social Research）に地位を得た。ここはナチからの逃亡者を集めており、著名な研究者たちとの出会いがあったが、なんといっても言語学者のロマン・ヤコブソンと知り合ったのが大きい。構造言語学の手法は、彼の人類学の基本的な装備になった。

戦後も米国にとどまり、一九四八年に帰国するが、フランスの文化参事官として再び米国に滞在し、サルトル、ボーヴォワール、アルベール・カミュなどが訪米した時の世話をした。研究職を得るという意味では結構苦労し、一九五三年にはハーヴァード大学から教授職を提示されたが蹴っている。一九五九年にはコレージュ・ド・フランスの教授になるが、その前に二回落ちている。最初は著名な心理学者のピエロンが推薦したのだが、つまりはコレージュ内の力学で実現しなかったようだ。一九五三年にはユネスコの事務局長も務めた。

一九七三年にはアカデミー・フランセーズに選任されている。彼は行政的な仕事が嫌いではなく、かつ能力があったのだと思う。コレージュではフーコーと一緒だったわけだが、教授会で顔を合わせる程度だったという。レヴィ゠ストロースから見ればフーコーのエピステーメは、西欧のローカル・エピステーメということだろう。退官は一九八三年。

レヴィ゠ストロースとローレンツ　行動の進化研究では化石資料は十分な情報を与えない。いわば文献資料がないのである。ローレンツは比較解剖学を範とし、現存する動物の比較から進化の過程を類推した。

レヴィ゠ストロースによれば、人類学は、まずは骨董屋的興味から出発した。好奇心や珍しいものの発見である。探検や遠征はさまざまな断片的情報をもたらし、それが人々の想像力をかき立てた。

外の世界には自分たちの知らない奇妙な人間が住んでいるというわけだ。西欧におけるこのような興味は、地中海世界から中近東、さらに極東に広がり、ついに無文字社会に及んだ。彼らは、そこに人類の歴史が保存されていると考えた。未開社会は、かつてはそうであった石器時代の自分たちを再現していると考えたわけだ。未開社会の研究が進むにつれて、そこにはそれなりの秩序ないしシステムがあることがわかってきた。特に婚姻制度、家族制度、親族、神話は共通に認められ、したがってその比較研究が可能になった。それぞれの民族に固有の文化の発見は、ローレンツが種に固有な行動を発見したことに対応する。ローレンツは、種に固有な行動が種に固有な形態的特徴と同じように比較できると考えたのである。

しかし、レヴィ＝ストロースは、未開社会によって文明の歴史を再構成しようとしたわけではない。レヴィ＝ストロースは、西欧文明を頂点として、未開社会がそれに至る道筋の途中を示しているという見方を批判した。未開社会をそのまま放置しておけば、やがて文字を発明し、畑を耕し、科学技術を発展させ、月旅行をするに至るのだろうか。そうではない。さまざまな禁忌による自然の保全や安定した人口、集団免疫、肥満や糖尿の抑制など、未開社会はそのままで自己充足的なシステムなのである。未開社会は程度が低いわけでもなければ、野蛮でもない。肺魚をそのまま放っておけば、やがて同じ肉鰭類であるホモ・サピエンスになるわけではないのと同じである。現生動物は自分たちの環境に適応したから現存しているのであって、自然選択によってヒトになる途中段階にあるわけではない。これが多様性というものである。

相同と相似　レヴィ＝ストロースは相同とか相似という用語を使ってはいない。これらは進化生物学の用語で、相同器官は共通の祖先に戻れる器官で、ヒトの腕は魚の胸ビレと相同である。一方、相似器官はもともと異なる器官が同じ機能を果たすために似てくるもので、虫の羽とコウモリの翼のような関係である。

ギリシャ神話、未開社会の神話、日本の神話を比較すると、素人目にもずいぶん似たところがある。これは相同なのだろうか、それとも相似なのだろうか。すべてが旧石器時代の共通神話（唯一の神話）から派生してきたと考えれば相同ということになるが、レヴィ＝ストロースはそのような立場は取らない。では、それぞれに独立に出現した相似なのだろうか。レヴィ＝ストロースはこの立場も取らない。収斂進化は、環境の類似した選択圧が類似した形態を生み出すと考えるが、彼はヒトが考えつくことの範囲は限られており、特別な理由がなくても、似たような心象が異なる場所、異なる時代に現れるのだとした。つまり、収斂ではなく、ホモ・サピエンスの認知の可能な変異幅が制限されていると考える。そして彼はこの類似性の発生に精神分析的解釈をすることに批判的だった。

多くの未開文化はやがて西欧文化に統一されるのだろうか。この点について、レヴィ＝ストロースは二つのやや異なる意見を述べている。一つは一九五二年の『人種と歴史』で、文化相対主義と進歩思想の宥和を試みている。もう一つは一九七一年の『人種と文化』で、文化間の独立、対立を認めている。

おそらく最初は誰かが話した神話は、集団での口承の過程でさまざまに変形され、様式化される。

生物進化においても文化進化においても累積進化が重要であるが、文化進化の累積にはやはり文字化が決定的であろうかと思う。記録媒体としての文字による文化の累積は圧倒的だ。ジャレド・ダイアモンドが主張しているように、文化進化には多くの偶然が累積的に効果を持っているのである。ヒトの文化進化のすごいところは、それらが遺伝子を媒介せずに、いわばアプリとして個人にダウンロードできることだ。未開社会の子どもをさらってきて西欧社会で育てれば（アプリをダウンロードすれば）、西欧人ができる。逆に、極地で生き残るためのアプリがダウンロードされていない西欧人は、北極に放置されると生き残れない。

文化相対主義と比較認知科学　この本の主題にとって、レヴィ－ストロースの最大の貢献は、なんといっても文化相対主義だろう。西欧人の西欧文化を頂点とする文明史観は根深い。レヴィ－ストロースはこれを鋭く批判する。西欧文化の行き着くところは世界大戦ではなかったか。「自然の征服」には公害、地球温暖化など大きなマイナス面があったではないか。生産性の向上はアダム・スミスやジョン・メイナード・ケインズの予測を裏切り、労働時間と余暇の増大ではなく、格差や過労死を生み出しただけではないか。実際、未開社会は一日二〜四時間で必要な財を得て、多くの時間を化粧や身繕いといった余暇（文化）に使っているではないか。それぞれの文化はそれぞれの土地のそれぞれの課題に対するヒトの適応であり、機械の利用では西欧に勝るものはなく、極地への適応ではイヌイットが優れている。最も精緻な親族関係はアポリジニが発明している。これらの文化の間で米国人の好きな格付けなどはナンセンスである。

しかし、西欧文化に接した他文化の多くがそれを取り入れたことは事実だし、現代文明があれだけの戦争をしたにもかかわらず劇的に殺人頻度を下げているのも事実だろう。それにしても西欧ほど侵略的・覇権主義的な自民族中心主義はないし、自分たちが最も「進化」した文化だという思い込みは抜きがたい。レヴィ－ストロースは、アジア、アフリカからの留学生にこう伝えている。「大切なことは私たち西欧人の失敗を繰り返さないことです」。遅すぎたかもしれないし、戻れないかもしれない。なにより西欧人が自分たちは失敗したことを認めなくてはならない。もちろん西欧文化の二級市民である極東の島国の人々も失敗を認めなくてはならないが、第14章で述べるように、これは難問だろう。

文化相対主義は、ヒトの頂点に立つものとしての西欧的人間の終焉であった。西欧文化は地球の空間的広がりの中で one of them になったのである。しかし、レヴィ－ストロースは西欧型知性によって文化人類学を切り開いたのだ。バイアスは内在しているだろう。もちろん彼はこの限界をよく承知しており、世阿弥の「観客の視点で自分を見る」を引いて自らの視点の相対化を主張しているが、うまく行ったのだろうか。

反・相対主義　相対主義にはもちろん反論がある。大まかにいうと、絶対主義からの反論と普遍主義からの反論である。すべての文化が同じように意味があるということは、すべてが無意味ということではなかろうか。相対主義は結局、救い難いニヒリズムに陥るのではなかろうか。これらは絶対主義、すなわち絶対的な価値があるという立場からの批判である。相対主義は人種差別への有力な反論であったが、植民地における人種差別の正当化としても使われるのではなかろうか。しかし、これらは政治的な問題であって、科学の問題ではない。

普遍主義は文化の差異ではなく同一性をこそ問題にすべきだというものである。文化の多様性は、つまりはホモ・サピエンスの種内変異に過ぎない。言語使用はどの民族でも見られ、これに比肩できる能力は他の動物には見られない。ヒトという種に固有である。ハウザーは普遍文法と同じように、どの民族、どの時代でも共通の普遍道徳があることを主張した。文化相対主義は種内の同一性を十分認めた上で種内変異を問題にしたのだと思う。動物の比較では、いわば「普遍的」に見られる行動は多い。その上で種特異性を多様性として研究することはいわば当然であり、反・相対主義として言挙げするまでもないと思う。

ヒトの終焉――レヴィ＝ストロースのペシミズム　『裸の人』は彼の研究の集大成「神話論理」の最後の本である。その中で日没のイメージが語られている。夕日の中で複雑になっていく空がやがて崩れていき、そして何もなくなる。それはあたかも、それらが一度も存在しなかったように消えていく。これはヒトだけではなく他の生物も同じである。このヒト消滅後の地球のイメージは彼のさまざまな著作の中で繰り返し述べられている。ヒトはヒトが生まれる前は存在しなかったのであり、再び消滅してなくなるものである。かつてなにかがあったというわずかな証拠もやがてなくなり、無になる。これは西欧型人間の終焉ではなく、ホモ・サピエンスの終焉である。

この無常観は日本人にとっては内在化された常識であり、レヴィ＝ストロースほどの知性の持ち主がわざわざ著作の中で記さなくてはならないことに違和感を覚える。彼もまた、西欧型知識人にとどまっていたということか。ちなみに彼は日本文化に親近感を持ち、若干過大評価と思えるような記述もある。

エピステーメとしての「人間」の終焉

僕はもちろんフーコー読みではないし、フーコーの全体像は僕には見えない。『言葉と物』の最後、「その時こそ賭けてもいい、人間は波打ち際の砂の表情のように消滅するであろう」という文章から、いわば逆引きのようにして、フーコーのいう「人間」の終焉を見て見たいのである。

フーコーの生涯　ミシェル・フーコー（図13-2）は、一九二六年フランスの古い町であるポワチェに生まれた。一九四五年にエコール・ノルマルの入試に失敗、翌年に入学を果たす。一九五〇年に教授資格試験に失敗、五一年に合格する。一九五三年にはリール大学の心理学助手になっている。つまり、彼は出発点において心理学者であった。彼は心理学を、古典主義の時代には存在せず、近代において登場した典型的な分野としている。ただ、いわゆる科学的心理学には批判的で、ルートヴィヒ・ビスワンガーなどの実存分析に親しんでいる。

©MICHELE BANCHILHON/AFPWAA

図13-2　フーコー

ここでちょっとフランスにおける心理学の形成を理解する必

要がある。フランスで心理学が「遅れた」のには二つの要因があった。一つは『人間認識起源論』を著したかのコンディヤックが心理学というものに否定的であったからで、もう一つはやはり影響力の強かった社会学者のオーギュスト・コント（一七九八―一八五七）が社会から切り離した個人の心理学を否定したからである。一方、主流であったドイツの意識主義心理学は基本的に個人心理学だったのである。それでも、心理学の実験室は一八八九年にソルボンヌに作られた。作ったのは生理学者アンリ・ボニ（一八三〇―一九二一）だが、後に知能検査のアルフレッド・ビネー（一八五七―一九一六）がここを使った。一八九〇年にはジャン＝マルタン・シャルコー（一八二五―九三）がサルペトリエール病院に実験室を作り、九六年にはヴントの弟子のベンジャミン・ブルドン（一八六〇―一九四三）がレンヌで心理学実験室を作っている。実験室ができた年代で考えるとそれほど遅れたわけではないが、実験心理学が根付くのはビネー、アンリ・ピエロン（一八八一―一九六四）からだろう。フランス心理学は精神病理学、臨床心理学との関係が深い。フランス心理学はドイツとも米国とも異なる由来を持っているが、面白いことにピエロンは動物実験も行っているし、フーコーはパヴロフの条件反射の講義をしたこともあるようだ。それでも米国式の行動主義心理学は、彼にとっては圏外といって良いだろう。

フーコーはウプサラ大学、チュニス大学などで教鞭をとり、実現しなかったが東京大学に赴任する計画もあったらしい。一九七〇年にコレージュ・ド・フランスの教授になり、終生そこにとどまった。短期間だがフランス共産党に入党していたこともあり、二回自殺未遂を起こしている。一九八四年に五七歳で没した。彼の性的嗜好に関わる病気が原因なので、現在であればずっと延命できたのではないかと思う。やはり惜しい。

エピステーメ　さて「人間」だが、これは、神の創り賜うた人間でも、西欧の理性的人間でもない、「エピステーメとしての人間」である。ではエピステーメとは何か。エピステーメという言葉自体はスコットランドのジェームズ・フレデリック・フェリア（一八〇八―六四）がギリシャ語から作ったとされる。内容は認識論のようなものであったらしい。フランスで用いられる「エピステーメ」はフランス・エピステーメと言われることもある。実は、フーコーはエピステーメに明白な定義を与えていない。その結果、さまざまな解釈が生じ、世界観のようなものだとするものや、構造主義でいう構造のようなものだという考えもある。しかし、フーコー自身がこれらに納得していない。

ごく簡略化すると、ある時期におけるさまざまな学問を通じての考え方の枠組みである。あるいはその考え方がさまざまな学問をそのようなものにしているというべきかもしれない。したがって時代が変わるとエピステーメも変わる、というよりエピステーメの変化が時代を変えるということになる。ちょっとトマス・クーンのパラダイムに似ているが、パラダイムは個別科学の中の考え方の枠組みであるのに対し、エピステーメの射程はずっと広く、個別科学間の関係を含む。個別科学の統合という と論理実証主義の「統一科学」なども頭に浮かぶが、「統一科学」は文化や時代の制約は念頭にない（第10章参照）。エピステーメはそのままエピステーメと訳されていることが多いと思うが、科学哲学、科学認識論などとされている場合も見受けられる。科学哲学や科学認識論というとどうしても自然科学についての議論が念頭に浮かぶので、フーコーのエピステーメの訳語としては適切ではなかろう。エピステーメに近いと思われるのがフーコーの師匠筋に当たるカンギレムの「科学イデオロギー」という考えで、素人考えではエピステーメは科学イデオロギーだと言われるとわかりやすい。

フーコーの著作の一つは『知の考古学』である。エピステーメはいわば地層のようなもので、地面を掘ると次々と違う地層が現れるように、時代を遡ると違うエピステーメが現れるわけだ。フーコーはエピステーメが不連続であり、かつ、ある文化におけるある時代のエピステーメは一つしかないとしている。エピステーメの生成過程もよくわからない。彼はエピステーメがアプリオリだというが、アプリオリというのは、（少なくとも実験心理学者にとっては）なにも説明していないことと同じだ。

具体的にエピステーメの変遷を見よう。ルネサンス、古典主義、近代にそれぞれのエピステーメがある。ルネサンスにおいては類似、したがって同一性と差異が世界の見方の切り口なのである。植物のトリカブトと目が類似しているから、トリカブトが目薬になるというのは今から見れば奇想天外だが、類似性がなんらかの真実を保証するものだと考えれば、そうなるのかもしれない。第1章の観相学はそのようなものである。

古典主義の時代になると、表象の秩序がエピステーメになる。表象とは事物によってもたらされる私たちの経験なのだが、古典主義の時代においては「事物＝表象」という素朴な関係が認められている。言語学における名前、博物学における分類、富の分析としての貨幣といった表象の体系化（フーコー的には秩序）がなされる。

やがて事物＝表象という関係は維持されなくなる。リンゴ（事物）があれば「リンゴが見える」（表象）といった、事物と表象の単なる時間的前後関係ではなく、表象を生じさせるからくりが問題になる。事物と表象の間には人間があり、人間抜きにはいかなる表象も考えられない。言語学は人間の話す言葉の探究、博物学は人間の生命を探究する生物学、富の分析は人間の労働を探究する経済学へと移行する。近代のエピステーメが「人間」を通した探究であるとすると、当然、擬人主義を認めることになる。これを否定する近代心理学は、フーコーの立場からいえば近代の異端ということになろう。しかし、のちに述べるように、認知科学こそ究極の人間の脱中心化であり、認知科学者がどう考えようと、エピステーメとしての人間の終焉を先取りしていたのである。

近代のエピステーメとしての人間諸科学　人間諸科学はフランス語のles sciences humainesで、人文諸科学とも人間科学とも訳されている。人文諸科学と訳すと、人文科学という既成概念があるのでそれに引っ張られそうだ。ちとややこしいが、英語のhuman sciencesも人間科学と訳されるが、こちらは物理科学、生命科学と同じような意味で、人間を対象とした科学であり（起源としてはscience of manであったらしい）、心理学、社会学、教育学などを統合したもので、どうも社会における人間行動の分析が主眼のようである。これらの人間科学は経験科学だが、フーコーは人間諸科学が経験科学ではないと明言している。

エピステーメとしての人間諸科学がなんであるのかは実にわかりづらい。フーコーは三次元モデルを呈示する。一つの次元は数学的次元である。もう一つは経験的諸科学の次元で、これで構成される平面はそれほど難解ではないだろう。第三次元は哲学の次元である。まあ、なんとなくわかる。人間諸科学はこの三次元空間と「メタ・エピステモロジー的」関係にある。フーコー自身この説明には迷いがあり、「逆エピステモロジー的（ana-epistemologique）」とか「下エピステモロジー的（hypo-epistemologique）」という可能性も述べている。

ある時代に、分野を問わず個別科学がすべて同じ枠組み（エピステーメ）でものを考えるというのも無理があるのではなかろうか。確かにある時代精神のようなものはあるだろうが、個別の学問が厳密にエピステーメの変化に従って変化しているだろうか。実際、個別科学の歴史を見た場合、その中にフーコーが述べたようなエピステーメが地層のように現れているとは思えない。

次のエピステーメはなにか　エピステーメは文化・時代に依存しているから、「人間」というエピステーメにも寿命がある。冒頭に書いた通りである。次のエピステーメはなんだろうか。フーコーは「我々はおそらく純粋思想の時代、言語学のように抽象的で一般的な学問の時代、論理学のように基本的な学問の時代に到達した。それらは哲学に取って代わる」とも、「人間の終焉は言語が人間を消滅させ、人間の前に出ること」だともしている。

フーコーが死んでから四〇年近い。「人間」の次の新しいエピステーメへの蠕動が認められる。いわゆるポスト・ヒューマンだ。レイ・カーツワイルはＡＩが人を超える「特異点（シンギュラリティ）」を主張し、デイヴィッド・エイブラハムはヒトとヒト以外のもの（これにはｉＰＳ細胞も含まれる）の共同体の誕生による「モア・ザン・ヒューマン」を主張した。民族学・人類学分野におけるマルチスピーシーズもそれに含まれるだろう。これらの試みは脱・人間中心主義、脱・人間例外主義という特徴を共有している。『ホモ・デウス』の著者ユヴァル・ノア・ハラリ（図13-3）はアルゴリズムによる支配を予言した。彼は一九八四年生まれだから、フーコーがハラリの研究を知る由はないし、ハラリはフーコーをほとんど引用していない。ただ、写真を見ると驚くほど二人は似ている。ルネサンスの時代だったら類似性の議論ができたかもしれない。

蛮勇を持って言い換えると、次のエピステーメは「アルゴリズム」に近いものだろう。アルゴリズムは広い意味では作業手順のことで、料理のレシピ、プラモデルの組み立てなど一連の順序もそうだが、狭義にはコンピュータ・コードに変換された計算手順である。当然だが、アルゴリズムは実行器に依存しない。コンピュータを使わなくてはいけないということもない。抽象化されたアルゴリズムが、すべての個別科学を統べる次のエピステーメとなり得るのだろうか。

©JONATHAN NICHOLSON/NURPHOTO/NURPHOTO VIA AFPWAA

図13-3　ハラリ

認知科学と人間の終焉

認知科学の出自は必ずしも明らかではない。その成立時期は、古いところでは一九四八年にジョン・フォン・ノイマン、セレステ・マッカロー、ラシュレイなどが集まったヒクソン財団のシンポジウムが始まりだという説がある。シンポジウムのタイトルは「神経系はどのようにして行動をコントロールしているのか」で神経科学寄りであり、認知ではなく行動という表現が使われている。この年にはノーバート・ウィーナーの『サイバネティックス』が出版されており、この本の副題は「動物と機械における制御と通信」でありヒトは入っていないのだが、実行器を問わない姿勢が鮮明である。一九五六年にMITでハーバート・サイモン、アレン・ニューウェル、ノーム・チョムスキー、ジョージ・ミラーなどが集まった情報科学シンポジウムが始まりだという説、六〇年にハーヴァード大学の認知科学研究所ができた時だという説、七六年に米国心理学会でマッキーチが会長演説（第12章参照）をした時だという説、さらに雑誌『認知科学（*Cognitive Sciences*）』発刊の七七年だという主張もある。

母体としては計算機科学、計算論的神経科学、生成文法、発達心理学などが挙げられる。認知科学のいい出しっぺの一人であるドナルド・ノーマンは、人間は機械とは異なる動物だが、機械と共通する記号処理能力を持っており、この能力が機械、動物、人間に知能をもたらすとしており、研究対象として人間の認知過程ないし「心」を認めている。一方の極はゼノン・ピリシンらの心の計算論で、つまり心は計算にほかならないという立場である。サイモン、ニューウェルも人間は記号処理システムだとしている。先のノーマンはヒトが記号処理のシステムであることは認めながらも、「それ以上のなにか」があるとしている。これがつまり認知心理学で、人間の心を研究対象とし、その説明にはそのための言語（心語：mentalese《メンタリース》）があるとする。

認知科学と認知心理学の関係は微妙だ。認知心理学より認知科学のほうが上位概念のように思えるが、米国の認知科学の歴史を見ると、むしろ認知心理学から「科学」寄りの部分が独立したのが認知科学だと見ることもできる。つまり、当初、認知科学の「認知」とは「人間の認知」だったのだが、「人間の認知としての記号処理システム」の研究から、一般「記号処理システム」の研究へと移行したのが認知科学というわけである。逆にいえば、認知科学の中で心理学的方法を取るものが認知心理学で、研究対象は人間に限定される。実際、時間軸を辿れば認知心理学のほうが古い、という主張も成り立つ。ゲシュタルト心理学やトールマンの認知的行動主義を源流と主張することも可能だし、ワトソンの抹消主義に対するラシュレイの中枢主義もそうかもしれない。実際、先に述べたようにラシュレイはヒクソン・シンポジウムのメンバーでもあった。しかし、まとまりとしての認知心理学の成立は、情報処理過程として心を捉え、フローチャートやボックス・モデルなどでの絵解きをするようになってからだと思う。ウルリック・ナイサーのベストセラー『認知心理学』は一九六七年の出版、ピーター・リンゼイとノーマンの『情報処理心理学入門』は七二年の出版である。

認知科学は実行器がヒトであるか動物であるか、はたまた機械であるかを問わないが、認知科学にせよ認知心理学にせよ、「人間の心」を研究対象または研究対象の一部としている。このような領域が蝟集した背景には「行動主義」の過酷な圧政があったことは否めない。先に述べたように米国心理学会会長マッキーチは一九七六年の会長講演で、「これからはネズミのような、機械のような、コンピュータのようなものではなく、人間の姿をしたものを研究するのだ」と宣言したのだ。

認知科学の成立には人間の心に対する興味があり、人工知能の研究も当初は人間の知能を理解するためのものであった。しかし、現在のＡＩは人間の心の理解からは離れている。記号処理過程としての心の解明より、ニューロンの振る舞いを模した深層学習による高次認知の開発に力が注がれている。そこでは心は空洞化する。深層学習は中間層があるにしても、つまりは学習である。(4) もっといえば、このメカニズムは行動主義による人間の認知のシミュレーションである。二〇一六年にアルファ碁は韓国のイ・セドルを四勝一敗で破ったが、これは人間の知能の理解のためのものではなく、AI機能のデモンストレーションに過ぎない。いささか旧聞になるが、IBMのディープ・ブルーがチェスの王者ガルリ・カスパロフを負かした時、ディープ・ブルーは次の一手の計算処理が終わっているにもかかわらず、駒を打たないで時間をかけるという方略を取った。おそらく人間同士の試合ではこのような駆け引きはあるのだろう。カスパロフはディープ・ブルーが計算に手間取っていると解釈した。つまり、擬人主義に囚われ、それが彼の判断に混乱を生ぜしめたのである。ディープ・ブルーの勝利は単なる計算の勝利ではない。

ヒトの心の記号処理過程の解明から、AIによるヒト類似の知的活動の実現への移行は、ヒトの心の行動主義的理解とも考えられる。認知科学は誕生において、ヒト固有の認知心理学の終焉を、その帰結として孕んでいたと考えられる（この点は第19章「機械に「心」は必要か」で再考する）。僕には深層学習の成功は、随伴性による学習理論の勝利のように見える。

なお、我が国では、日本認知科学会は一九八三年設立、日本認知心理学会は二〇〇三年設立なので、認知心理学会のほうがかなり遅れている。

比較認知科学と擬人主義の終焉

比較認知科学の誕生　比較認知科学の解説は第12章で行ったので省くが、オキーフらの『認知地図としての海馬』（一九七八年）を丸善の店頭で見た時の衝撃は大きかった（図13-4）。それまで「動物の認知」はいわばタブー語だったのだ。同じ年にスチュアート・ハルスらの『動物行動の認知過程』も出版された。ただ、動物研究で認知という言葉が使われるのはずっと古く、モルガン、ソーンダイク、ヴントなども使っている。比較心理学（comparative psychology）の用例も古く、モルガンの『比較心理学入門』（一八九四年）もそうだ。

比較認知科学（comparative cognition）という名前が登場するのは一九八〇年代からである。本のタイトルとしてはマーク・リリングらの『比較認知科学――一般処理プロセス・アプローチ』（一九八六年）、ハーバート・ロイトブラットら『比較認知科学の戦術』（一九八六年）などが続く。論文のタイトルに登場するのは一九八〇年代が二二報、一九九〇年代が五三報、二〇〇〇年代が一六八報、二〇一〇年以降が四四七報（いずれもPsycINFOによる）でうなぎ登りである。比較行動分析（comparative analysis of behavior）という言葉もエドモンド・ワッサーマンが一九八二年に使ったが、ほぼ絶滅した。

図13-4　『認知地図としての海馬』

第12章でも述べたが、比較認知科学が認知科学から派生したと考えるのは無理がある。実際、認知科学者が比較認知科学者になった例はないように思う。当初の認知科学の認知が「人間の認知」であったように、比較認知科学の認知が「ヒトの認知」を理解するものだとするのも無理がある。実際、ヒトの研究者が動物の比較研究に乗り出したという例はないように思う。比較認知科学の前身は、心理学の一般理論構築の夢破れた動物心理学であり、多様性の研究に活路を見出そうとしたのである。建国者も建国神話もない。ただ、動物心理学が、結局は学習理論の探究だった行動主義心理学の「条件づけ」の研究から、より高次「認知」の探究へと駒を進めたということはできよう。

動物の高次認知の発見と脱中心化　第12章で述べたことだが、比較認知科学がまず行ったことは、動物が示す「ヒト的」な行動の再現だった。ヒト固有と思われた行動は、次々と動物でもできる行動になっていった。この分野では大型霊長類学者の貢献は大きい。彼らはなにをしたのだろうか。それはヒトの脱中心化である。しかし、妙なものが残った。大型霊長類とそれ以外という種差別である。これは特に我が国の一部の大型類人猿研究者の特殊なメンタリティで、何頭といわずに何人といい、オスメスといわずに男性女性というべきだと主張した。外国語ではこれらの区別はないから、あるいは我が国固有の珍妙な現象であったかもしれない。霊長類中心主義も脱中心化の洗礼を受けた。これにはイルカやゾウの研究者が貢献した。イルカやゾウは泳ぐチンパンジーや鼻の長いチンパンジーではなく、チンパンジーは泳がないイルカや鼻の短いゾウだと言われるようになった。次に来たのは哺乳類中心主義である。これもまたハトやカラスの研究者から挑戦を受けた。この頃になると、多くの比較認知科学者は知的能力の多様性という考えを受け入れるようになった。有羊膜類中心主義も魚から攻撃された。ハゼはラットと同じように空間認知地図を持つし、テッポーウオは得意の水鉄砲を使ってヒトの顔の弁別をやってのける。グッピーの数知覚は大学生と変わらない。脊椎動物も最後の砦ではない。イカ、タコといった頭足類は観察学習もできるし道具使用もやってのける。あの小さな頭のハチもヒトの顔を見分けるし、簡単な計算もやってのける。これらのことは神経管型中枢神経系の脱中心化でもあり、心＝神経管中枢神経系の終焉でもある。

人間中心主義の終焉はヒトを参照点とする動物理解の終焉、つまり擬人主義の終焉でもある。比較認知科学は、人間中心主義否定の学問として擬人主義にトドメを刺す。比較認知科学者に「心語」（メンタリース）は必要ない。方法としてなにが残るだろう。弁別と強化だろうか。しかし、強化履歴による行動の説明は、実験室を出た途端に長いお話になってしまう(5)。精神分析の長いお話と同じだ。やはり、ある種のアルゴリズムによる理解ではなかろうか。その企てが成功した時こそ、比較認知科学が認知科学から生まれたという虚構が現実の姿になるだろう。

注

（1）一九六八年五月にパリで起きた学生主導の一斉蜂起で、この時代の学生運動の走り。ナンテール大学の新左翼による占拠に端を発し、ソルボンヌ大学のあるカルチエ・ラタンに解放区が出現した。当時の大統領はシャルル・ド・ゴールだった。

（2）僕らの世代はニザン好きが多いかと思う。僕もサルトルよりカミュ、カミュよりニザンだった。そして、自ら「番犬」になって久しい。

（3）ナンテール校は一九六三年に設立されたパリ第10大学だが、モダンな建物で知られる。

（４）この話を連合学習理論の研究者にすると嫌がる。彼らは演繹的に理論を組み立てるので、中身のわからない深層学習とは相容れないのである。深層学習はむしろオペラント条件づけに近い（第19章参照）。

（５）実験室では動物の行動は弁別刺激と強化スケジュールで説明できるが、それは実験者がその個体の履歴を把握しているからである。日常場面でのヒトの行動の説明は、実証できないお話に過ぎなくなる。

参考文献

阿部崇『ミシェル・フーコー、経験としての哲学――方法と主体の問いをめぐって』法政大学出版局、二〇一七年

ベルトレ、ドニ　藤野邦夫（訳）『レヴィ＝ストロース伝』講談社、二〇一一年

クレイン、ティム　土屋賢二（訳）『心は機械で作れるか』勁草書房、二〇〇一年

エリボン、ディディエ　田村俶（訳）『ミシェル・フーコー伝』新潮社、一九九一年

Foucault, Michel (1966). *Les mots et les choses: Une archéologie des sciences humaines*. Gallimard.

Foucault, Michel (1971). *The order of things: An archaeology of the human sciences*. Random House.

フーコー、ミシェル　渡辺一民・佐々木明（訳）『言葉と物――人文科学の考古学』新潮社、一九九一年

フーコー、ミシェル　王寺賢太（訳）『カントの人間学』新潮社、二〇一〇年

フーコー、ミシェル　慎改康之（訳）『知の考古学』河出書房新社、二〇一二年

ギアツ、クリフォード　小泉潤二（編訳）『解釈人類学と反＝反相対主義』みすず書房、二〇〇二年

ガッティング、ガリー　成定薫他（訳）『理性の考古学――フーコーと科学思想史』産業図書、一九九二年

檜垣立哉『フーコー講義――現代思想の現在』河出書房新社、二〇一〇年

Hulse, Stewart H., Fowler, Harry, & Honig, Werner K. (1978). *Cognitive processes in animal behavior*. Routledge.

金森修（編）『エピステモロジーの現在』慶應義塾大学出版会、二〇〇八年

久米博『現代フランス哲学』新曜社、一九九八年

レヴィ＝ストロース、クロード　荒川幾男（訳）『人種と歴史』みすず書房、一九七〇年

レヴィ＝ストロース、クロード　荒川幾男ほか（訳）『構造人類学』みすず書房、一九七二年

レヴィ＝ストロース、クロード 大橋保夫（訳）『野生の思考』みすず書房、一九七六年
レヴィ＝ストロース、クロード 室淳介（訳）『悲しき南回帰線（上・下）』講談社、一九八五年
レヴィ＝ストロース、クロード 川田順造（訳）『ブラジルへの郷愁』みすず書房、一九九五年
レヴィ＝ストロース、クロード 今福龍太（訳）『サンパウロへのサウダージ』みすず書房、二〇〇八年
レヴィ＝ストロース、クロード 吉田禎吾ほか（訳）『裸の人1・2』みすず書房、二〇〇八・一〇年
レヴィ＝ストロース、クロード エリボン、ディディエ 竹内信夫（訳）『遠近の回想』みすず書房、一九九一年
Lindsay, Peter H., & Norman, Donald A. (1972). *Human information processing: An introduction to psychology*. Academic Press.
ナイサー、ウルリック 大羽蓁（訳）『認知心理学』誠信書房、一九八一年
中村元『フーコー思想の考古学』新曜社、二〇一〇年
ノーマン、ドナルド（編）佐伯胖（監訳）『認知科学の展望』産業図書、一九八四年
O' Keefe, John, & Nadel, Lynn (1978). *The hippocampus as a cognitive map*. Oxford University Press.
ポズナー、マイケル（編）佐伯胖・土屋俊（訳）『認知科学の基礎1 概念と方法』産業図書、一九九一年
ピリシン、ゼノン 信原幸弘（訳）『認知科学の計算理論』産業図書、一九八八年
慎改康之『フーコーの言説――〈自分自身〉であり続けないために』筑摩書房、二〇一九年
佐住彰文『コレクション認知科学10 心の計算理論』東京大学出版会、二〇〇七年
渡辺公三『闘うレヴィ＝ストロース』平凡社、二〇〇九年
山本哲士『フーコーの〈方法〉を読む』日本エディタースクール出版部、一九九六年

第14章　擬人主義、ロマン主義、浪曼主義

一九八三年に、デネットは認知動物行動学における「ロマン主義」と「興醒め主義」（kill joy）を対比して見せた。興醒め主義とは、一見楽しい動物の行動を、いわばモルガンの公準に従って、単純な原理で説明してしまうことである。二〇一三年にも、ミシェル・バルターが動物の心をめぐって、この二つのアプローチがあることを指摘している。しかし、デネットにしろ、バルターにしろ、ロマン主義そのものの論考はしていない。彼らのいうロマン主義は、ロマンティックなイメージとしてのロマン主義に過ぎない。

擬人主義の根は深い。何人かの研究者が指摘しているように、ヒトの思考様式のデフォルトであるともいえる。そのことを実証的に示すのは民俗学の仕事であろうが、本書で扱ってきた近代以降においても、擬人主義のルーツを掘り下げることができる。そして、それこそがロマン主義なのである。本章では、ドイツ・ロマン主義と日本浪曼主義を取り上げ、それがいかに破滅的で禍々しい思想を内包しているのかを明らかにしていきたい。政治問題は苦手であるので、なるべくそのような世界に深

く関与することなしに、擬人主義とロマン主義が同根であることを示そう。

ロマン主義とはなにか

ロマンティックというと、つまりは現実ではなく、夢のようなものを見ていると考えられるだろう。恋愛理念としては宮廷風恋愛、騎士の既婚貴婦人への愛、有り体にいえば不倫であり、悲恋である。学問的には、ロマン主義は古典主義と対比して語られ、合理主義より情緒主義である。言葉としてはもともと口語ラテン語（ロマンス語）を意味し、ギリシャ・ローマの古典に対立するものであった。ロマンティック（romantic）という表現は一七世紀に英国で始まり、ドイツには romanisch、ついで romantisch として導入された。芸術運動としては一八世紀から一九世紀に起きたもので、理性よりは情動の重視であり、反近代である。ロマンティックとは乙女チックなものではなく、禍々しく不気味なものなのである。もちろん、フランス、英国にもそれがあった訳だし、東欧にも南米にもそれを見ることができる。しかし、その影響力を考えれば、やはりドイツ・ロマン主義が最大のものだろう。そして、日本にも日本の浪曼主義があった。

ドイツ・ロマン主義とはなにか

今日、ＥＵといえば、思い浮かぶのはまずドイツであろう。ドイツは欧州の代表ともいえる。だが、これは現在のことであって、ドイツが国家の体をなしたのは比較的新しい。ドイツは「遅れてきた国家（Die verspätete Nation）」なのであり、かつては、狭義の西欧にはドイツは含まれなかった。そもそも、北方ゲルマン民族は森の民であり、樹木信仰、樫の木（オーク）信仰があった。自然は崇拝の対象であり、敵対するものではなかった。ハインリヒ・ハイネの言葉を借りれば、汎神論がドイツの秘められた宗教だったのである。ジュリアス・シーザーの『ガリア戦記』でも、タキトゥスの『ゲルマニア』でも、広大なゲルマンの森の記述がある。木の葉を纏ったグリーンマンの像は、これを象徴している。どうもこの伝統は今でも残っているようで、ドイツではクリスマスになると、百貨店のショーウィンドウで樅の木でできたチア・ガールが踊っていたりする。まあ、菊人形の如きものか。

図 14-1　ドイツの森（大野，2008）

今でもドイツ人は森をこよなく愛している。ドイツの森は美しいが、もちろん自然林ではない（図14-1）。僕は、一〇年以上にわたって、毎年夏の一時期をドイツのビーレフェルト大学で過ごした。そこに小さなラボを持っていたのである。大学は山の中腹にあり、宿舎もまた山の中腹である。夏は遅くまで明るいから、実験が終わっても十分に散策をする時間がある。夕暮れの森の散歩で、まっすぐに伸びた樹木を見て、日本にいては思い浮かばないような反省的な物想いをしたものである。しかし、よく見ると実に細やかに森が管理されている。間引きをしてあるのだが、切った木を切り倒したまま朽ちるに任せている。森の中の小径もよく設計されていて、それほど広い森ではないが、あまり人に会わずにさまざまに散策できる。

森を駆逐したのは、キリスト教文化である。キリスト教には聖なる森など存在しない。神に選ばれた人類に奉仕するための森があるばかりである。ノアの方舟《はこぶね》に乗せられた動物たちも、やがて人間に奉仕するために乗せられたのであって、動物への共感があった訳ではない(1)。キリスト教の坊さんたちは、かなり森文化の教化に手古摺《てこず》ったのだろう。単純明快に森の伐採を行った。元祖枯葉作戦という訳だ。聖ボニファティウス（六八〇―七五五）は、この先頭に立った。このお坊さんは殉職してしまうが、一応キリスト教文化は今日のドイツを席巻したといえよう。キリスト教侵攻の第一波はカトリックであり、第二波はこれまた荒っぽいマルティン・ルターの新教だった。

キリスト教が駆逐したのは南方ギリシャの神々であり、そのもととなった北方ゲルマンの神々であった。ハイネの『流刑の神々』によれば、ギリシャの神々はあるいは樵《きこり》に身をやつし、あるいは牧童になって生き残ったが、その超能力はキリスト教からは悪魔（トイフェル）のものとされた。ゲルマン文化は駆逐されたはずなのだが、表層においてはキリスト教文化になっても、その基層に汎神論的世界観やゲルマンの情念を残した。冬至祭はクリスマスに、夏至祭は聖ヨハネの祭りになった。アニミズムに基づくゲルマン文化では、植物、動物と人類は平等の価値を持つ。以前にも述べた動物裁判は、一二世紀に北西ヨーロッパで数多く行われた。キリスト教の教義では、動物に知的能力や責任能力はない。動物裁判は、民衆レベルでは、動物と人間は同じだというゲルマン文化がなお濃く生きていたことの証ともいえる。このような、キリスト教に抵抗する民族古層の生き残り現象は、なにもドイツに限られたことではなく、日本においても見られる。鶴見和子(2)（一九八五）によれば、上智大学の神父だったデヴィット・ダーナーが、日本の教会に通う一〇〇家族のカトリック信者に聞き取り調査をしたところ、先祖が天国にいると答えたのはわずか三パーセントであり、死者が自分の身近にいて見守ってくれていると考えたのは六一パーセントに上っている。これは隠れキリシタンの話ではない。現代のキリスト教信者の心象なのである。キリスト教は日本人の先祖信仰を殲滅できないのである。

さて、遅れてきた国家であるドイツは、いかに国家としてのアイデンティティを作り上げたのか。小領主国の集合であるドイツには国家概念がなく、ロマン主義的民族概念が国家としての統一体の基盤概念になった。ヘルムート・プレスナーによれば、ドイツにとってロマン主義とは「ドイツ固有のもの一切の表現」であるという。ロマン主義とは、人間の進歩の歴史ではなく、より古層の系統発生の結果として人間と動物を同列に置く、生物学的自然主義の立場である。ドイツ民族は、その統一の起源を歴史の中に求められず、さらに古層の太古の闇と神話に求めざるを得ない。歴史ではなく、「血と土」に基づく人種というロマン主義的概念を求めたのである。

普仏戦争勝利によってもたらされたバブルは成金趣味を生み出し、それは必然的に、それに対する嫌悪による退廃、死への憧憬を生み出す。技術的進歩は同時に、風土、民族、文化への回帰を起こさせる。森への愛情は、フリードリヒ・ゴットリープ・クロップシュトック（一七二四―一八〇四）の

「ゲッティンゲン森林同盟」を生み出し、徒歩旅行、野外キャンプなどを行うワンダーフォーゲル運動（一九〇〇年に始まる）も起きた。そして、この運動は、やがてヒトラー・ユーゲントに包摂される。英国騎兵総監、ロバート・ベーデン゠パウエルが作った少年斥候団（ボーイスカウト）もそうだが、西洋人は子どもを訓練するのが好きだ。日本での最初のボーイスカウトは、田中義一少将が一九一五年に結成した「少年義勇団」である。

多少古臭いといわれるかもしれないが、ドイツというと音楽と哲学が思い浮かぶと思う。近代のドイツ文化の表現としての音楽、哲学がある。僕は音楽については実に疎いのだが、ドイツ人はベートーベンの荒々しい響き（これはなんとなくわかる）に古代ゲルマンの血の騒ぎを覚えるのだという。文学としてのドイツ・ロマン派は、アウグスト・ヴィルヘルム・シュレーゲル、フリードリヒ・シュレーゲルの兄弟が代表であろう。ヨハン・ヴォルフガング・フォン・ゲーテの雑誌『芸術と古代』では、ハインリヒ・マイヤーが「キリスト教的、愛国的、新ドイツ芸術について」という論文でロマン主義を厳しく批判しているし、ゲーテ自身、「ヴィンケルマン論」で古典派のヨハン・ヴィンケルマンを擁護する形で合理主義を主張し、ロマン主義に対する反発を明らかにしている。トーマス・マンは『ドイツとドイツ人』の中ではロマン主義を批判しているのだが、第一次世界大戦の頃には「非政治的人間の考察」でドイツ・ロマン主義を強く擁護していたのである。後年になってもマンはロマン主義に対する奥深い愛着を否定していない。ロマン主義はかく根深い。ハイネの『ドイツ・ロマン派（*Die romantische Schule*）』の訳者、山崎章甫は、ジャン・F・ノイロールの『第三帝国の神話』の後書で、「ロマン派のドイツが文化全体に根付き、ゆっくりともの憂くドイツの生き血を啜り続けている」と記している。無気味な記述である。

ロマン主義は反自由主義、反個人主義、反理性主義であり、啓蒙期からフランス革命期にかけて形成された機械論的発想と普遍的で平等な個人という抽象的人間観に対する抵抗だった。初期段階は、フランス啓蒙思想の歴史観や、デカルトのような個人の意識を中心に据えた主観主義哲学に対する反発から生まれた、哲学の運動と考えることができる。初期ロマン主義の代表的人物であるヨハン・ゴットフリート・ヘルダーは、人類史を「世界市民の形成に向かう」進歩の歴史として描くカントの歴史哲学に反発し、デカルトに始まる、主体と客体の機械論的分離による人間の意識を中心とした主観主義、近代主義を克服しようとした。ヘルダーはスピノザ哲学に依拠し、世界を神のエネルギーの発現形態として捉え、鉱物から植物や動物、人間に至るまでの生命体を「統一的有機体」とし、エネルギー交換によって結びついているとした。この初期ロマン主義は、人間の主観に制限を加え、人間を含めた自然の有機的連関を明らかにしようとしたのであり、シュレーゲル兄弟と近いノヴァーリスのような、反自由主義、保守主義と結びついた後期の政治的ロマン主義とは異なるように思う。フリードリヒ・シェリングの著書『世界霊魂について』の副題は、「普遍的有機体解明のための高等自然学の一仮説」である。この普遍的有機体は無機物を含めた生命体であり、ヘルダーから想を得たことは間違いない。主体と客体が一体となって「有機的全体」を形成するという主張で、哲学的にはドイツの客観的観念論の土台となった。ロマン主義の有機体概念は単一のものではないが、世界を有機体とみなすことは、国家を有機体とみなす全体主義に結びつく。ロマン主義の反理性主義は非合理主義的世界観を導く。ナチ協力者だったカール・シュミットは、「国家は芸術作品なり」とし、国家はいわば恋人なのだと主張している。この主張のなんともいわれない気味悪さは、日本浪曼主義のところで再度論ずることになろう。

擬人主義の根源はまさにこのような自然観に結びついている。ヒトと自然の一体感、ヒトと動物の共感、これらは行動主義が根絶できなかったものである。行動主義は米国式の功利主義・商業主義という病根を持っていたとはいえ、よくこれに抗した。が、所詮心理学の中だけでの運動に過ぎなかった。たとえ一時的に勝利を収めたように見えても、それは局地的な勝利であって、擬人的世界観は少しも揺るがず、第11章で述べたように心理学を含めゆっくりと世界を飲み込みつつある。ドイツ・ロマン主義が必然的にナチを生んだ訳ではなかろうが、ナチがあれだけ民衆の支持を受けた理由の一つは、そのロマン主義にあったことは間違いない。少なくともナチがロマン主義を利用したことは明らかだろう。日本浪曼主義と国家権力の関係が微妙であったように、ドイツ・ロマン主義とナチの関係も微妙なところがあり、特に芸術活動としてのロマン主義は一部のナチ指導者の気に入らなかったようだ。アルフレート・ローゼンベルクはナチの思想的指導者の一人だが、ロマン主義の芸術について、「本能的で、不定形で、悪魔的で、性的で、恍惚的な世界」として嫌悪感をあからさまに示している。

ナチ、『動物心理学年報』、ローレンツ

ドイツ・ロマン主義の論考において、国家社会主義（ナチ）を抜かすことはできない。そして、ナチと動物学の関係は誠に深い。閣僚の一人、ハンス・シェムが「国家社会主義は応用生物学である」と主張したくらいだ。全体主義は、個より全体に価値を置き、国家を有機体にたとえる。生物学とは親和性がある。寄生動物や病気の箇所は、外科的に除去するのが当然である。生態学の名付け親であるエルンスト・ヘッケルは、階層性のある有機体としての国家という考えに、理論的な根拠を与えた。これこそが究極の擬人主義である。動物行動学の元祖の一人であるユクスキュルは、ローゼンベルクと並ぶナチの理論的指導者、ヒューストン・チェンバレンの友人だった。

かのヘルマン・ゲーリングは、ドイツ人は歴史的に動物に深い愛情を示してきたのだと主張し、ナチは一九三三年に「動物保護法」を制定した。それ以前のドイツ帝国刑法が、動物が人間のためになるかどうかを法的判断基準としていることを批判し、「このような生命観は、ほかの北方民族と同様に、動物を愛し、動物をものではなく、魂を持ち、感覚を有し、慈しみと愛情を求める権利を有する被造物とみなすドイツ民族の道徳感情に反する」としている。生体解剖は禁止され、動物実験にも制限が加えられた。魚も殺す前に麻酔をかけるように求められた。さらに、「動物屠殺に関する法律」で、椎骨動脈を切断しないので動物の脳が最後まで機能することから、ユダヤ人の動物屠殺方法が野蛮で残忍だとも批判している。ホロコーストを行ったナチは、人間中心主義ではない。人間以外の動物でも、同じ「血と土」に所属する限り、人間と同様に扱われる。逆に、人間でも、同じ血と土に属

さなければ、人間扱いされないという訳だ。

一九三五年には、「自然保護法」が成立し、狩猟の制限や、ウクライナ全土の森林化計画が行われた。また、絶滅していたヨーロッパ野牛の復活や原始ゲルマンの森の再現が計画された。イヌ好きだったアドルフ・ヒトラーは、純血原始ゲルマン犬の再現も進め、ドイツ・シェパードはその成果だった。オオカミはナチのシンボルでもあり、オオカミの研究が推進された。ちなみにナチ・ドイツは、オオカミに法的な保護を行った最初の国家である。

動物心理学の最も由緒ある雑誌である『動物心理学年報』（*Zeitschrift für Tierpsychologie*）は、一九三七年に発刊、その第一巻第一号（図 14-2）には、やがて動物行動学の創設によってノーベル賞を受賞するローレンツ、フォン・フリッシュ、ティンバーゲンの三人が寄稿している。そればかりではない、オスカー・ハインロート、ユクスキュル、ケラーなど、当代の動物心理学の第一人者が綺羅星のごとく並んでいる。今日、動物心理学は米国が先導していることは否めないが、この時代、ドイツが動物心理学の最先端国だったのである。ある時、ドイツの老心理学者と、米国一辺倒の心理学の現状を嘆き合った。しかし、僕たちはその時、ドイツ語でも日本語でもなく、英語で話していたのである。戦さには負けたくないものだ。

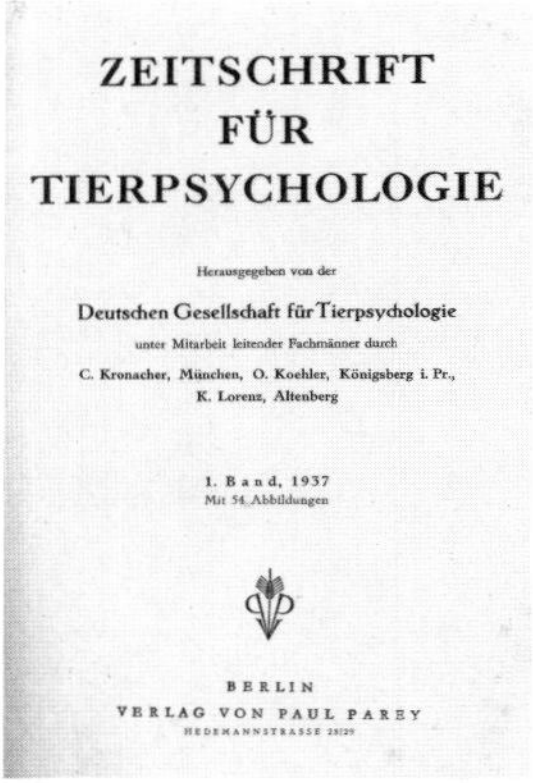

図 14-2 『動物心理学年報』第 1 巻第 1 号の表紙

ドイツ動物心理学会の第一回総会は、「ドイツ科学の心暖かき庇護者である総統閣下」を讃えた。ナチは、一方において非合理な面を誇るロマン主義であったが、その科学は極めて合理的で理想主義的であった。戦争末期においてさえ、ミサイル、ジェット機などの科学技術は、連合国をはるかに凌駕していた。非合理な精神主義と竹槍に退行していった瑞穂の国とは違う。

ナチの一九四〇〜四五年の動物研究への出費は、それ以前の五年間の五倍である。ローレンツは徐々に国家権力に近づき、一九三八年六月にナチに入党した。「種に固有な行動」と「民族固有の文化」の間の距離は近い。ローレンツは、ヒトと動物で共通する原理の発見を目指し、文明と家畜化は同じ現象で、無秩序に向かう退化であり、病気だとした。これは文明以前の高貴な時代を讃えるロマン主義と同じだ。やがて人種政策局のメンバーになり、ドイツ人とポーランド人の間にできた子どもの選別を行った。その選別の結果がなんであったかは、いうまでもなかろう。

最初にローレンツに会ったのは、僕が二三歳の時だった。ソ連の貨物船でナホトカに渡り、冬のシベリアを越えてゼーヴィーゼンの研究所を訪ねてきた極東の書生を、彼は暖かく迎えてくれた。まだ半ば凍結した池に集まる水鳥を見せてくれ、大きな水槽のある彼の居室で稚拙な質問に丁寧に答えてくれた。心温まる思い出である。ローレンツのナチ協力の詳細が明らかになったのは、一九九二年のウーテ・ダイヒマンの『ヒトラー下の生物学者たち』からである。ボリア・サックスは、ノーベル賞委員会がそれを知っていたら、一九七三年のノーベル賞受賞はなかったかもしれないと指摘している。

僕がローレンツに会った時には、なんとなく灰色の噂があったくらいで、僕も気にしていなかったが、彼の青い瞳には時に悲しさのようなものが見える気がした。研究者といえども、より大きな権力、より豊かな研究費に引き寄せられる面は否定できない。だが、最も大切に思っているものと世俗的成功との取り引きは、学問を立身出世の道具と考える輩は別として、研究者に深い憂いを残す。彼との議論で、話が当時の学生運動に及んだ時、ローレンツは彼らを「規律なき世代」と呼び、その将来を深く憂いていた。彼のヒトの未来についての憂慮、特に無秩序化することへの憂慮は、ずっと一貫していたのかもしれない。彼は、彼のイヌやコクマルガラスにロマン主義的に接しただろうが、学術的にはむしろ冷徹ともいえる合理主義、機械論を貫いている。彼は、意識主義の心理学としての「動物の心理学」は不可能だとしていた。つまり、擬人主義による動物心理学を否定していたのである。

なおローレンツは、すでに一九七三年にラジオ放送でナチ協力を明示的に反省していたとされる。

日本浪曼主義とはなんだったのか

素人なりに見ると、日本浪曼主義とドイツ・ロマン主義は、実に良く似ている。政治の美意識への還元、死への親近感、好戦性、情緒主義、これらはドイツ・ロマン主義と日本浪曼主義に共通するものである。少し広く考えれば、これはオクシデンタリズム（西洋嫌悪）の一種であり、イスラム世界にもスラヴ世界にも中国にもある。ここで西洋というのは地理上の欧州ではない。ドイツは西洋ではないし、フランス人は今でも、英国は欧州ではないという。オクシデンタリズムのもとは反フランス合理主義であり、ドイツ・ロマン主義はフランス合理主義に対峙した。現在のオクシデンタリズムは、つまり米国嫌悪である。これほど世界中から嫌われているのにもかかわらず米国人にはその自覚がないのは奇観である。日本浪曼主義では、その担い手の多くがマルクス主義からの転向者である。唯物論であるマルキシズムの挫折が、日本浪曼主義への転向につながったともいえる。

日本はドイツと同様、遅れてきた国家である。ドイツ・ロマン主義が近代を否定して民族の古層を求めたように、日本浪曼主義は西欧近代に対して日本の古典への回帰を目指した。ドイツ・ロマン主義が啓蒙とフランス革命に対する回答であるならば、日本浪曼主義は明治維新から続く西欧近代化に対する回答であろう。日本は近代化によって西欧と拮抗するまでになったが、その近代化とはすなわち西欧化であった。日本には、西欧近代の表面的な真似によって現在の地位を得たことに対する根深い自己嫌悪があったのだろう。西欧と戦争するためには、西欧文化が必須であると同時に、西欧と異なる思想が必要であり、近代主義と拮抗する思想を必要とした。これが根本的な矛盾を抱えたものであることは明らかだ。その結果、一方では西欧文化の深層を理解しない表層的でグロテスクな輸入になり、他方では日本古典への回帰による「近代の超克」になったのである。もっとも、我が国には昔から外から来たものへのある種のコンプレックスがあり、それは西欧近代のみに限られたものではない。米作りを中心とした人々の集団が、国の形をとるにしたがって、行政、司法、警察などの合理的制度が必要になり、それらはもっぱら中国からの輸入によって賄《まかな》われた。「漢意」である。それらはもちろん外国からの借り物の理屈であるから、それに対する反感もあった。それが「賢《さか》しら」、つまり理屈をいうことへの嫌悪であり、「言挙《ことあ》げ」しない、つまり理屈をいわないことであった。これは国家神道とは異なるもので、日本人のものの考え方の一種のデフォルトである。

　好き嫌いはともかく、日本浪曼主義といえば保田與重郎が代表し、それが日本浪曼主義と呼ばれるようになった」という表現があるくらいだ。「ある時代のある思潮を保田與重郎である。なにぶんにも膨大な著作があり、研究書も多いが、僕が目を通した中では、江藤淳の『神話の克服』が秀逸だった。保田にはマルクス主義からの転向という個人史があり、そもそもが反官、反体制、反科学、神秘主義、反文化にして耽美的、高踏的といった面がある。そして、保田の卒業論文のテーマは、詩人、フリードリヒ・ヘルダーリンだった。

　江藤によれば、歴史的には、自然と神話の混沌とした世界から人間が知性によって科学を含む文化を形成して行った。ドイツ・ロマン主義はこの近代的文化に対する批判であったが、保田は文化そのものを否定した。「神ながらの道」とは、人間が直接、自然と神話の世界と結びつくことである。つまり原始状態への復帰なのである。そして、文化の破壊こそが新しい文化の建設になるという、江藤によれば「無理心中の論理に似た奇妙な宿命論的ニヒリズム」なのである。由来、国家はニヒリズムを嫌う。保田と国家は本来、相容れないはずなのだ。保田は左翼からは赤狩りのスパイという指弾もある一方、国家にとっては危険思想の持ち主でもあった。実際、彼は要注意人物として監視されていた。

　保田が拠点とした雑誌『コギト』は、一九三二（昭和七）～四四（昭和一九）年、雑誌『日本浪曼派』は一九三五（昭和一〇）～三八（昭和一三）年までの発行である。『コギト』第三〇号（一九三四

（昭和九）年）は「獨逸浪曼派特輯」である。雑誌『文学界』に「近代の超克」が掲載されたのは一九三七（昭和一二）年である（図14-3）。これは浪曼派、京都学派、及び文学界の関係者が集まり、文学者から科学者までが一堂に会した、大プロパガンダであった。今日読むと支離滅裂な感じがするが、戦争協力の色彩濃厚なシンポジウムだったのである。不思議なことに、保田はこれに参加していない。

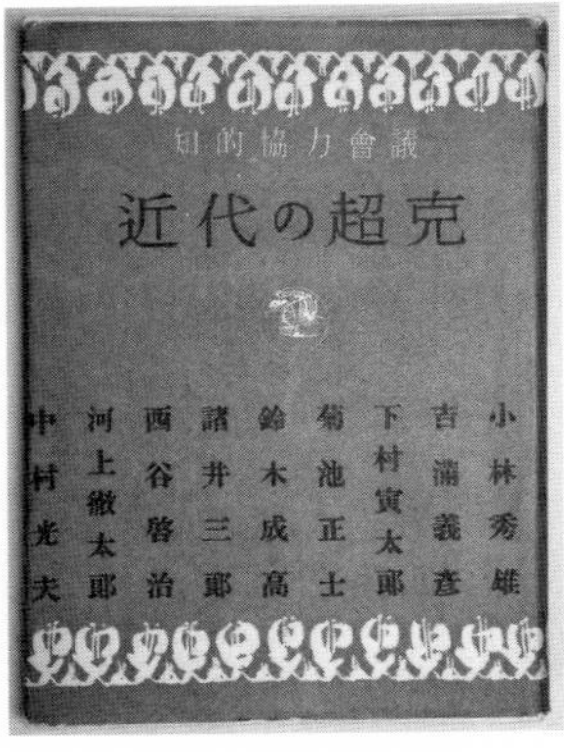

図 14-3　「近代の超克」

「近代の超克」は、日本浪曼主義の課題であった。このような思想運動が求められたのは、戦争が軍人だけの問題ではなく総力戦であり、すべての国民が共有する思想が求められたからである。もう一つ、日本浪曼主義が拠り所としたのは、勤皇という考え方である。日本浪曼主義にとって明治維新は、武家政治によって失われた天皇の復権であり、そのために死ぬことによって美的満足を得るものなのである。

ドイツ・ロマン主義が必然的にナチを生み出したのでないのと同様に、日本浪曼主義も必然的に国家神道によるファシズムを生み出したのではないだろうが、「我々は戦わねばならぬ」「我々は死なねばならぬ」といった耽美的愛国主義や、西欧近代の否定としての人海戦術の賛美など、今見れば常軌を逸した戦争賛美といわざるを得ない。

さて、日本浪曼主義は死んだのか。竹内好、橋本文三、江藤ら何人かが指摘しているように、日本浪曼主義は日本人によって倒されたのではなく、敗戦によって外から倒されたに過ぎない。当たり前のことだが、戦争はつまりは腕力の問題であり、敗戦は文化の敗北ではない。蛮族が文化的に優れた国を滅ぼした例は枚挙にいとまがなかろう。多少の例外を別にすれば、日本浪曼主義はなかったことにされたのであり、論理的に批判され論破されたのではない。ひと昔前の表現を使えば、日本浪曼主義は未だに「総括」されていない。いや、日本浪曼主義の思想は当人が自覚しているか否かを別にして生き残り、再生産を続けている。磯田光一『比較転向論序説』を引用すれば、「保田の夢は、今日の私たちにとっては、遠い悪夢の残像に過ぎない。だが悪夢は、果たして私たちの内部から永遠に過ぎ去ったと言い切れるであろうか。近代化の極に位する私たちの心になおも反現実的な夢、遥かなるものへの渇望が存在し続ける限り、保田與重郎の残した問題は決して終わりはしないのである」。

擬人主義とロマン主義

ロマン主義にせよ浪曼主義にせよ、明示的に擬人主義を論じている訳ではない。しかし、自然（動物）をヒトに擬して理解しようとしていることは明らかである。擬人主義のもととしてアニミズムを考える立場もあろうかと思うが、アニミズムにおいてはむしろヒトと動物の区別がないのであり、動物をヒトから類推するという必要はなく、動物との自由なコミュニケーションや、自由な変身が考えられている。擬人主義はヒトと動物を切り分けてからの考え方だと思う。歴史的には擬人主義はアニミズムの後で生じたものだろう。そして、動物はわからないものであり、そのわからなさを人間との類推から理解しようとするのが擬人主義である。その根底にあるのは知性よりも情緒である。擬人主義に論理的根拠はないにもかかわらず支持者が多いのは、情緒に訴えるからである。

ここまでくれば、明らかだろう。擬人主義はロマン主義・浪曼主義と同根なのだ。ヒトと自然（動物）の一体感、その共同体の中で、ヒトを理解するように自然（動物）を理解しようとする。その先にあるのは、共同体の擬人的理解だ。国家・国体に対する疑似恋愛に近い感情、絶対的服従、それらは理屈ではなく、情動なのである。共同体をヒトに擬えて考えること、それは合理的理解ではなく情動的理解なのであり、究極の擬人主義なのである。反擬人主義はこの流れに根源的な否を唱える。自分の実験動物を「この子」と呼ぶような研究者からは、死臭がする。その死臭は、ロマン主義や浪曼主義が結果として生み出した、未曾有の膨大な屍が発する死臭と同根の死臭なのである。

謝辞　本章執筆に当たり、神田順司さんに査読をお願いしたところ、丁寧に校閲していただき、僕の質問には原典に当たって丁寧な説明をいただいた。深謝します。

注

（1）今ではローマ・カトリックといえども自然の独裁的支配を否定しており、一九七二年の国際連合人間環境会議で教皇パウルス六世がその趣旨の発言をしている。

（2）鶴見和子『殺されたもののゆくえ――わたしの民俗学ノート』はる書房、一九八五年参照。

参考文献

アンジェロス、ジョセフ・F　野中成夫・池部雅英（訳）『ドイツ・ロマン主義』白水社、一九七九年

安渓遊地・当山昌直『奄美沖縄環境史資料集成』南方新社、二〇一一年

浅井治海『動物たちの物語――ヨーロッパに伝わる神話・伝説を集めて』フロンティア出版、二〇〇九年

ブルマ、イアン　マルガリート、アヴィシャイ　堀田江里（訳）『反西洋思想』新潮社、二〇〇六年

Deichmann, Ute. (translated by Dunlap. Thomas) *Biologists under Hitler*. Cambridge: Harvard University Press, 1996.

ドーク、ケヴィン・M　小林宣子（訳）『日本浪曼派とナショナリズム』柏書房、一九九九年

江藤淳『奴隷の思想を排す』文芸春秋新社、一九五八年

福田和也『保田与重郎と昭和の御代』文芸春秋、一九九六年

福田恆存（編）『反近代の思想』筑摩書房、一九六五年

浜本隆志『魔女とカルトのドイツ史』講談社、二〇〇四年

橋川文三『日本浪曼派批判序説』未来社、一九六〇年

橋川文三『歴史と体験――近代日本精神史覚書』春秋社、一九六四年

ハイネ、ハインリヒ　山崎章甫（訳）『ドイツ・ロマン派』未来社、一九六五年

伊坂青司・原田哲史（編）『ドイツ・ロマン主義研究』御茶の水書房、二〇〇七年

石塚正英・工藤豊（編）『近代の超克――永久革命』理想社、二〇〇九年

磯田光一『比較転向論序説――ロマン主義の精神形態』勁草書房、一九六八年

唐木順三『現代史への試み』筑摩書房、一九六三年

河上徹太郎ほか『近代の超克』冨山房、一九七九年

子安宣邦『「近代の超克」とは何か』青土社、二〇〇八年

前田雅之『保田與重郎　近代・古典・日本』勉誠出版、二〇一七年

マン、トーマス　前田敬作・山口知三（訳）『非政治的人間の考察（上）』筑摩書房、一九六八年

長沢均・コレ、パピエ『倒錯の都市ベルリン――ワイマール文化からナチズムの霊的熱狂へ　1918-1945』大陸書房、一九八六年
ノイロール、ジャン・F　山崎章甫・村田宇兵衛（訳）『第三帝国の神話――ナチズムの精神史』未来社、一九六三年
桶谷秀昭『保田與重郎』講談社、一九九六年
大野寿子『黒い森のグリム――ドイツ的なフォークロア』郁文堂、二〇〇八年
小塩節『トーマス・マンとドイツの時代』中央公論社、一九九二年
プレスナー、ヘルムート　松本道介（訳）『ドイツロマン主義とナチズム――遅れてきた国民』講談社、一九九五年
ローゼンベルク、アルフレット　丸川仁夫（訳）『二十世紀の神話』三笠書房、一九三八年
三枝康高『日本浪曼派の運動』現代社、一九五九年
サックス、ボリア　関口篤（訳）『ナチスと動物――ペット・スケープゴート・ホロコースト』青土社、二〇〇二年
シュミット、カール　大久保和郎（訳）『政治的ロマン主義』みすず書房、一九七〇年
シンジルト・奥野克巳（編）『動物殺しの民族誌』昭和堂、二〇一六年
シュパン、オトマール　秋沢修二（訳）『全体主義の原理（第三版）』白揚社、一九三八年
シュパン、オトマール　三沢弘次（訳）『全体主義国家論』大都書房、一九三九年
鈴木貞美『近代の超克――その戦前・戦中・戦後』作品社、二〇一五年
谷崎昭男『保田與重郎――吾ガ民族ノ永遠ヲ信ズル故ニ』ミネルヴァ書房、二〇一七年
植村和秀『「日本」への問いをめぐる闘争――京都学派と原理日本社』柏書房、二〇〇七年
矢代梓『ドイツ精神の近代』未来社、二〇〇〇年

第15章 擬人主義を排す

擬人主義の起源は他者の行動予測

擬X主義は比喩表現とは違う。AをBに喩えて表現する際には、両者が異なることが前提で、その表面的な類似性を使ってAを表現するだけである。擬X主義は表面的な類似性から、両者の内部に同じカラクリがあるという主張である。擬X主義のXにはさまざまなものが入る訳だが、なにかを生命のあるものとみなすのが擬生物主義で、これがアニミズムである。なにかを自分の種とみなす擬自種主義は、ヒトに限らず広く動物に見られる。イヌのヒトに対する行動には、明らかにほかのイヌに対するような行動が見られる。もちろん、これはどんな動物に対しても自種と同じ行動をするということではない。種を超えて、自種の仲間に対するような行動が見られるのは一種の刺激般化だろう。さらに同種の仲間うちでは「自分だったら」どうするかという擬自己主義もある。

では何故、このような擬自種主義や擬自己主義が生じたのであろうか。多くの研究者が、ヒトというものはそもそもそのような考え方をするようになっている、つまりデフォルトなのだと考えている。

それだけではなんの説明にもならない。社会性動物は、他者の行動の予測をする必要があり、擬自己主義に基づいて他個体の行動を予測する個体のほうがランダムな予測をする個体より生存に有利だったと考えられる。この予測を、種を超えて転用（般化）するのが他種に対する擬自種主義であり、ヒトの擬人主義になる。擬人主義の別の説明は、文化的に受け継がれたとするものだが、擬人主義はほぼ文化依存性がなく見られる。もちろん、第4章で述べたように日本人の動物観は西欧人のそれと異なっており、カナダの文化人類学者のパメラ・アスキスなどはそれを文化差の例として取り上げているので、文化の影響はあるかもしれないが、基本的に擬人主義はヒト進化の産物と考えたほうが良い。

では、ヒトに備わった、擬人主義というこの他者行動予測装置は、動物行動の研究の方法論となり得るのだろうか。否である。擬人主義が形成された系統発生的随伴性は、比較的少数の同種他個体の行動の予測である。ヒトと動物の間の社会行動として一定に有効であることは確かだが（このことは第14章で取り上げる）、やがてヒトが比較認知科学などという学問をするために形成されたものではない。石器作成の技能が宇宙ロケットを飛ばすために形成されたのではないのと同様である。進化的に形成された擬人主義は本来、適用範囲が生物学的に制限されていたはずなのだが、なにぶん明文化された規則ではない。ほかの有効な予測装置がなければ、全天候型にそれを使うということが起きる。ヒトは器用に物を作る。森羅万象は自分たちよりずっと器用な何者か（神？）が作ったものだと考えても不思議ではない。本来、社会的認知であった擬人主義から自然の創造神の存在を仮定する拡大解釈である。

記述的擬人主義

動物行動の研究方法としての擬人主義は、記述としての擬人主義と、説明としての擬人主義に分けられる。まず、記述方法としての擬人的用語の使用を見てみよう。

記述的擬人主義は、動物行動をヒトの特性によって記述しようとするものであり、かつて、心理学者のヘッブはチンパンジーの情動の分類にヒトの情動の分類が利用できることを主張し、一方イヌの行動は複雑であってもそれができないとしている。最近では民族学者のケイ・ミルトンがこれを主張している。彼女自身は記述的擬人主義とはいわずに、知覚的という表現を使っている。動物の短いビデオを人間に見せてその記述をさせると、観察者による擬人的記述の一致率が高いことを報告している。マーク・ベコフは、二〇〇七年の著書『動物たちの心の科学』で、動物の行動を記述するには人間中心主義しか方法がないとし、擬人的な用語が全く使えないなら動物行動の研究は諦めるしかないとまでいっている。しかし、ヴァージニア・ポリテクニック研究所のエイリーン・クリストは、『動物のイメージ』でかなり詳細に、日常言語を用いた場合に動物のイメージがどのように変容するかを述べており、動物行動の言語記述の妥当性を否定している。外見上の類似の記述的擬人主義は、容易に間違った解釈に陥る。チンパンジーが歯を見せているのは笑っている訳ではないし、フレーメン(唇を上げてフェロモンを受容しようとする反応、図15-1)はしばしば笑いと見られるような外見上の特徴を示す。

記述の一貫性は、つまりは同じような誤解をしているだけかもしれない。ある物体が別の物体にぶ

いずれも ©AFP/BIOSPHOTO/SYLVAIN CORDIER

図 15-1　ウマ（左）とトラ（右）のフレーメン

つかって停止し、他方の物体はその時点で運動を開始すると、観察している人はそこに因果関係を知覚する。記述的擬人主義とは畢竟そのようなもので、動物行動の科学的解明にはならない。

説明としての擬人主義

説明としての擬人主義の問題は、それが論理的に後件肯定(affirming the consequence)になっていることで、「私は困った時に頭をかく」ならば、「自分は頭をかいている、したがって私は困っている」という推論なので、もちろん論理的に正しくない。擬人主義はその上、「自分の経験」から「動物の経験」への推論も含んでいるので、論理的には支離滅裂である。すでに、デカルトが、外面の類似性から内面の類似性を類推することを批判していたのだが。

説明としての擬人主義は、ヒトの心からの外挿として動物の心を仮定し、動物行動をその心によって説明しようとするものである。つまりはメンタリズムである。しばしば、「動物は心を持たない、という証拠がない」というのが擬人主義者たちの主張だが、そもそも「動物」というのが「すべての動物」なのか「ある動物」なのかがわからないし、どのような証拠があれば心の否定になると考えているのかも不明である。

ロンドン大学のジョン・ストッダート・ケネディは、著書『新擬人主義』の中で擬人主義がヒトにそもそも組み込まれたもので、いわば無意識に研究者に入り込んでいるとして、これを「新擬人主義」と名付け、動物に意識があると仮定することの危険を繰り返し指摘した。彼は、擬人主義が、社会的動物であるヒトが自分や他人を説明するために発達してきた認知的バイアスであり、それゆえ危険だとしている。この問題は先に述べたとおりである。行動主義者も早くからこの危険性に気づき、ハルは、注意深い研究者であっても、擬人主義、主観主義にそれと知らずに取り込まれる可能性を指摘した。

認知動物行動学の擬人主義は、擬人とはいいながら、人間の心理学の成果をあまり利用しようとしない。この意味ではモルガンの擬人主義より後退している。彼らが参照する人間の心理学は、素朴心理学（folk psychology）に止まっている。ある意味ではヒトは誰でも心理学者であり、自分の「心理学」に基づいて他者を判断している。それが素朴心理学であり、基本的には信念とそれに基づく欲望（belief / desire）から心を解釈する。そのような間主観性に基づく「心理学」が文化依存性を持つことは論を俟たない。言うまでもないが、私たちが動物と文化を共有していないことは明らかだ。

「ヒトの認知心理学」を動物に当てはめるという擬人主義の場合は、ヒト固有のものをヒト以外に当てはめて説明しようとする訳だから、比喩としての説明の域を出ない。もし、ヒト固有でなく、研究対象の動物と共有しているというなら、ヒトを持ち出す必要はない。クリーヴ・ウェインは繰り返し、擬人主義が結局はメンタリズムであることを指摘し、マーク・ブルームバーグは「見かけの擬人主義の成功は錯覚である」とした。デニス・マックファーランドは身も蓋もなく擬人主義は「不治の病」だとまでいっている。

擬他人主義と私的経験の起源

この章の最初に擬自己主義の拡張から擬人主義ができることを説明したが、この「自己」の起源は擬他人主義である。言葉を覚え始めたあなたは、足にトゲを刺して痛みを覚える（私的経験）、しかし「痛い」という言葉をまだ知らなかったとしよう。そして、ほかの人が足にトゲを刺して「痛い！」（私的経験の言語による公化）といったとしよう。あなたは自分がトゲを刺した時に感じるあの感覚（私的経験）が「痛い」ということなのだと学習する。なにか嫌なことがあって気分が悪いとしよう。そのように見える他人が「今日は憂鬱だ」といえば、あの感覚が「憂鬱」なのだとわかる。このように私的経験の公化の語彙が蓄積されていく。つまり、私的経験の言語表現は擬他人主義によって形成される。他人の集団はすなわち文化であり、言語化される私的経験は文化依存性がある。これが哲学者のいう間主観性にほかならない。異なる文化圏でコミュニケーションに不具合が出るのはそのためである。言語化された私的経験は行動分析とは別の研究圏であり、スキナー自身、「行動主義について」の中で私的経験の研究は独立した科学だと主張している。

私的経験の言語的な公化は実に素晴らしい公化の方法で、私たちは絶えず言語的公化が強化されている。ただ、それは言語という同じアプリがみんなにインストールされているからである。問題もある。ヒトは言語的な公化を求められると、なんとか辻褄を合わせて言語化してしまう。これは意図的に嘘をついているのとは違うが、言語報告では意図的な虚偽の報告も可能である。私的経験の言語的公化とほかの方法による公化の不一致も当然起きる。言語報告とポリグラフを使った嘘発見器の対応などもその例である。

動物の私的経験

テネシー大学で爬虫類の研究をしていたゴードン・バークハートは、動物の私的経験こそがティンバーゲン「第五の設問」であるとし、「批判的擬人主義」なるものを主張した。これはティンバーゲンにとっては奇妙なことであるに違いない。彼は一九六三年に「主観主義とは行動の原因として私的経験を考えることであり、動物行動学はなおこのような主観主義から自由ではない」と批判しているのだ。ただ、バークハートは擬人主義による研究には予測の検証が必須で、擬人主義には発見的価値があるとし、限定的な手法としての擬人主義を評価している。

古典的な擬人主義の批判の一つは、「私的経験は生物学的に研究できない」とするものだが（ベコフとコーリン・アレン）、すべてではないが私的経験の公化は可能なのである。第12章に登場したグリフィンたち認知動物行動学者の主張の一つは、動物に意識があるということである。意識が従属変数としての私的経験ならば、その通り、動物にも意識がある。スキナーは私的経験を人間行動の文脈のみで言及しているが、彼にとって最も重要な点は、私的経験は外から見える行動と同じで従属変数なのであり、言語報告は私的経験そのものではなく、私的経験を公にする手段なのだという点である。そして、私的経験は技術の進歩によって公的なものにしていけるものだ。この辺はワトソンの行動主義を踏襲している。繰り返しになるが、スキナーは独立変数としての私的経験、行動を説明するものとしての私的経験は認めていない。スキナーが動物の私的経験についてほとんど言及していないことは、僕にとっては大きな謎だ。わずかな言及では、ほかの動物にも私的経験はあるだろうが、言語随伴性を持たないヒトのそれとは違うだろうと述べている。米国に「スキナー財団」という組織があり、『オペランツ（*Operants*）』という雑誌を出している。この財団にもスキナーの動物の私的経験についての質問を送った[1]のだが、明白な回答はなかった。この雑誌の編集者の一人であるデイヴィット・ロスは、累積曲線の曲線は動物が自分の行動を弁別刺激として行動している結果なので、すなわち私的経験があると考えられる、という。これは少し解釈がおかしい。レバーを押したりキイをつついたりすることは顕在行動（外に現れる行動）だが、私的経験はそうではない。顕在行動でない私的経験を弁別刺激とした弁別行動は、次の項で述べるような実験で明らかにされる。

比較認知科学の大御所で、僕の友人でもあるワッサーマンなどは「スキナーは真剣に考えなかったのだろう」とのん気なことをいってきた。自分の中枢状態を弁別刺激とする薬物弁別の実験の初出は一九七五年だから、スキナーは知っていたはずだ。自分の判断の不確かさを弁別刺激とするイルカの判断回避の実験は一九九五年だから、スキナーは目にしていない（スキナーは一九九〇年に亡くなっている)。動物の私的経験の公化にあまり関心がなかったのだとは思う。スキナーの言語行動の研究と動物のオペラントの研究との間には微妙な違和感がある。邪推すれば、彼にはどことなくデカルト主義者の匂いがする。しかし、動物の私的経験を認めることは、少なくともスキナーのいっていることとは矛盾しない。僕はこの考え方を支持する。

動物の私的経験の公化

実際、オペラント条件づけの進歩は、動物の私的経験を外から見える行動にすることに成功したのである。行動薬理学者は、動物における薬物の主観的効果を測定することに成功した。ハトは、コカイン(覚醒薬)が投与されたか、ペントバルビタール(麻酔薬)が投与されたか、あるいは生理食塩水が投与されたかを弁別して、三つのキイを選択することができる(図15-2)。この弁別行動を統制しているのは、薬物投与によって起こされた自分の内部状態である。ハトは自分の私的状態の弁別ができるのである。

ヒトの心理物理学では、刺激を感じたか、感じないかという二件法と、それに加えてどちらともいえないという選択肢がある三件法も用いる。動物心理学では、ほとんど二件法(つまりレバーを押すか、押さないか)で答えさせてきたが、三件法を適応することが行われるようになった。どちらかわからないという選択肢では得られる強化を小さくしてあるので、動物は感じる、感じないの判断を正しくしたほうが多くの強化を得られるが、間違えば強化は得られない。イルカに音の高低を弁別させた後、音の周波数を近づけて判断し難くすると、判断が難しくなるに従って、「わからない」の選択が増えていく。つまり、私的状態を弁別刺激とした弁別行動が見られたのであり、私的経験の公化ができたのである。

同じようなことは記憶の研究でも行われた。動物の短期記憶は遅延見本合わせという方法で研究される。まず見本刺激が見せられ、その刺激が消えて、一定の遅延時間後に、先の見本刺激と別の刺激が見せられ、見本刺激を選択すれば強化が得られる。正答率は、遅延時間が長くなれば悪くなる。選択の前に、選択を行うか、それとも選択をパスするかを選べるようにすると、遅延時間が長くなるにつれてパスの選択が増えるのである。この場合も、動物の行動を制御しているのは、遅延時間の長さによって生じた私的経験なのである。

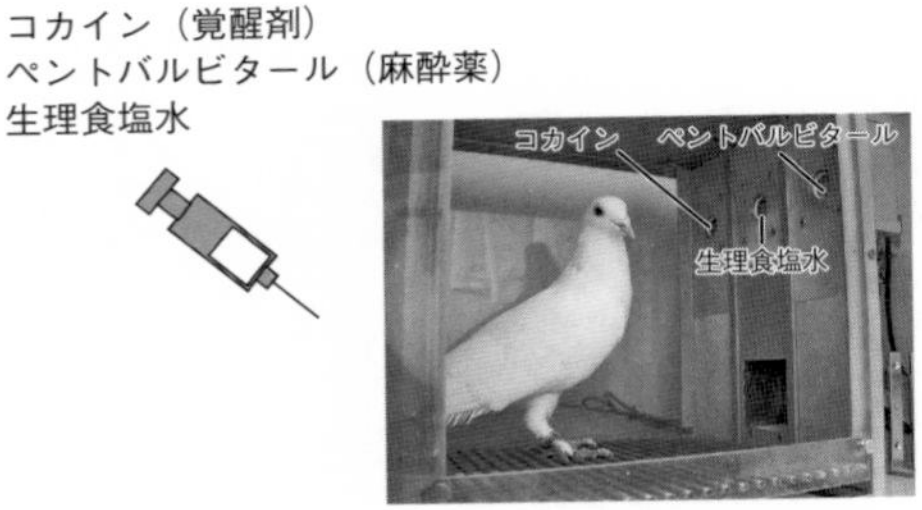

図 15-2　ハトの薬物弁別

二つや三つのオペラントで動物の私的経験が明らかになるなら、オペラントのレパートリーをもっと増やしたらどうだろうか。この究極の姿がコミュニケーション法（communicative approach）といわれるものである。グリフィンは動物同士のコミュニケーションが動物の心を探る方法だと考えたが、ヒトと動物の間でコミュニケーションの手段を形成すれば、極端ないい方をすれば、動物に「言語」を教えれば、動物の言語報告が手に入るわけである。チンパンジーの子どもをヒトの子どもとして育てれば、ヒトの言語を獲得するのではないか。では手話にしたらどうか。多くの研究がなされたが、結局、「言語」の獲得はできなかった。

コミュニケーション法で最も成功したのが、ペッパーバーグのオウムの研究である（ただし、彼女はオウムが「言語」を獲得したとは主張していない、図15-3）。さまざまな映像がインターネットで見られるから是非ご覧いただきたい。なにしろ、英語で質問して英語で答えるからインパクトがある。ペッパーバーグはハーヴァード大学の出身だが、専攻は化学で、心理学の（つまりスキナーの）講義は受けていなかった。おそらくスキナーの研究室にいたら、彼女のオウムの研究はあり得なかっただろう。ハーヴァード大学の動物心理学実験室はほぼ壊滅状態だが、皮肉なことにペッパーバーグとオウムはそこで生き残っている。

言語によらない私的経験の公化は臨床的にも重要な課題である。つまり、言語表出ができなくなった場合のコミュニケーションの可能性である。機能的脳画像を使うと、植物状態のヒトとの情報の交換が可能なのである（第11章参照）。例えば、イエスと答えたければテニスをしていることを想像し、ノーと答えたければ台所で家事をしていることを想像する。両者の状態が脳画像上で分離できれば、それを使ったコミュニケーションが可能なのである。

©GERALD DAVIS/Shutterstock／アフロ

図15-3　ペッパーバーグとオウムのアレックス

心の相対主義の克服

自文化中心主義（ethnocentricism）は、異なる文化に接した時に文化人類学者が遭遇した問題であった。西欧文化が文化のすべてでないように、ヒトの「心」もまた「心」のすべてではないかもしれない。ここで、心の相対主義という問題が起きる。[2] 擬人主義は、文化人類学では、特定文化を基準としてすべての文化を解釈することに相当する。グリフィンの路線を踏襲したベコフは、この点を批判して、擬人主義を人間中心主義から生物中心主義（biocentrisism）と平等主義に変えなくてはならないと主張していた時期もある。しかし、ヒトの言語以外に、中性的に動物行動を記述する言語を作ることは人間に可能だろうか。レヴィ-ストロースも、結局は他民族をフランス語で記述したのではないか。動物心理学もどうあがいてもヒトがヒトの言語で考えている営為である。

擬人主義者ミルトンは、「私たちのように（like-us）」よりも「私のように（like-me）」を重視している。つまり擬自己主義のほうを支持している。理由は前者がヒト同士の間主観性に基づいているのに、後者はヒトと動物の間主観性に基づくからだ。ヒトと動物の間の間動物性があるのだという主張もあるかもしれないが、これは錯覚だ。与那国島では戦後でも、子どもを特定のミミズやモグラ（多分ジャコウネズミ）と遊ばせていると、子どもはミミズやモグラと会話ができるようになるのだと考えられていた。モグラは子どもが大きくなったら野に返し、その時には盛大な祭をするという。個人的にはこの牧歌的な風景はとても好ましいが、ミミズのほうは子どもを間動物性によって理解している訳ではない。子どもは人間の言葉でミミズと会話しているように見えるだけだ。

私的経験（心）を独立変数ではなく、従属変数とすれば、心の相対主義の克服は可能だ。従属変数の研究はつまり独立変数の研究であり、そこには相対主義は介在しない。言語報告による私的経験の公化の精緻さは圧倒的だが、本章で述べたように動物の私的経験の公化の研究も少しずつだが進んでいる。動物にヒト言語を習得させることは不可能だが、ヒトに言語以外の私的経験の公化を訓練することは可能だ。

僕は一九九四年に「比較認知神経科学」というものを提唱した(3)。心の進化と脳の進化を結びつける研究である。心の放散と収斂は、脳構造の違いとして理解できるだろう。二〇一二年に、ケンブリッジ大学に神経科学者、動物研究者、計算科学者が集まり、「人間以外の動物も意識を生じさせる神経基盤を持っている」と宣言するに至っているのだ。神経基盤の研究によって、擬人主義によらずに、ヒトが「心」と呼ぶものが、どのような系統発生的、個体発生的随伴性によって形成されたかが明らかにできるだろう。心と神経の問題については、第18章で再度論じる。

マルチスピーシーズ人類学

マルチスピーシーズ人類学はごく若い学問である。二〇一〇年がその誕生とされている。人類学が人類を対象とした学問であるのに対し、マルチスピーシーズ人類学は文字どおり、ヒトを超えてヒトを囲む多くの動植物、微生物やウイルスまでを取り込んだ人間―動物圏を研究対象とする。したがって脱人間中心主義を標榜している。ヒトを研究対象にするというよりは、人々とともに生きるほかの生物とのハイブリッド・コミュニティが研究対象で、そこでの参与観察を行うのだという。ヒューマン・エソロジーとも進化心理学とも一線を画しており、むしろ、アートや人文科学との親和性が高い。生物学とは方法論も違うし、ヒト抜きのマルチスピーシーズ研究は考えられないので、やはり人類学の一分野なのだろう。

もちろん僕はマルチスピーシーズ人類学全般を良く理解しているとはいい難いが、ここで論じたいのはその擬人主義である。マルチスピーシーズ人類学の旗頭の一人であるワシントン大学のラディガ・ゴヴィンドラジャンは、「批判的擬人主義」なるものを主張している。これは他者の立場に立つことが自己理解の方法になるというものである。他者（動物）の視点になることをパースペクティヴィズムというが、僕が批判しているのは動物理解のための擬人主義であり、自己理解のための擬人主義とは明らかに意味が違う。マルチスピーシーズ人類学のパースペクティヴィズムはむしろ、「擬動物主義」というべきである。研究対象のヒト、例えば狩猟民が獲物になりきってパースペクティヴを持つということと、研究者が研究方法としてパースペクティヴを使うということとは違うのだが、どうもその区別が明確ではない。研究方法としてのパースペクティヴィズムはせいぜい思考実験であり、その成果は検証不可能である。テクノロジーによってほかの動物の見ている世界、聞こえている世界を疑似体験することはある程度可能だろうが、視覚系や聴覚系をほかの動物のものと取り替えることはできない。パースペクティヴィズムの動物への拡張は研究方法としては無理だ。タイのゾウ使いの村では、「ゾウを完全に理解することは絶対に不可能」だといわれている。このことは端的にパースペクティヴィズムの限界を物語っている。

動物文学と逆擬人法

僕が擬人主義に関してこれまでに取り上げなかったものとして、動物文学がある。僕が小学生の頃に角川文庫からシートンの『動物記』が連続して出版され、毎月新しい『動物記』を近所の本屋で求めるのが僕の大きな楽しみだった。国内では戸川幸夫のものを愛読した。なくしてしまったが、戸川幸夫からは葉書をもらったことがある。それはキノボリトカゲの飼育に関するもので、当時僕はこの爬虫類を育てていて、意見の交換をしたのである。僕がこのジャンルを取り上げなかったのは、もちろん真面目に論考しようとすれば膨大な資料に目を通さなくてはならないこともあるが、動物心理学にはあまり関係がないと考えているからである。動物心理学的にあり得ないことが書かれていても、批判する必要はないし、そのような文学から動物心理学が恩恵を受けることはない。

しかし、逆に、人間の理解という意味では動物文学は重要な意味を持つ。そのことはフランツ・カフカの『変身』やジョージ・オーウェルの『動物農場』を考えればすぐわかるだろう。矢野智司は著書『動物絵本をめぐる冒険』の中で、逆擬人主義ということを述べている。例として引いているのは宮沢賢治の『フランドン農学校の豚』で、人間の言葉を話すブタが、家畜として人間に死亡承諾書を出すことを求められる。最初はこれを断ったブタも、さまざまに恫喝、説得されて、ついに書類に爪先の印を押してしまう。ここでは人間中心主義は捨てられ、動物の側から人間を見ている。すなわちる訳ではない。

「逆擬人法」である。矢野の本は示唆に富むものだが、動物心理学の方法論として擬人法を論じてい

擬人主義の利点

では、擬人主義は全く意味がないのか。多くの人は伴侶動物を擬人化して接し、それで不都合を感じていない。僕はレインコートを着て散歩をするイヌを見るとウンザリするが、イヌはイヌなりに、自分が置かれた環境に適応しているともいえる。昔の話だが、僕の親戚の家で深夜に人のいない座敷から鼓の音がする、訝《いぶか》って覗くと、チャンチャンコを被ったネコが尾で鼓を打っていたという。化け猫じゃということで成敗されたということだが、なにぶん僕が生まれる前の伝聞なので、定かではない。ネコにとっては気の毒な話だ。

多くの人が擬人化に満足し、家族の一員として接していることは確かだ。さらに動物を扱う専門家である牧畜業者、狩猟家（もちろん、最近の狩ガールなどではなく専門家のことである）、サーカスの調教師なども、擬人化することによって、あるいは動物の身になることによって、仕事をしている。もし、行動主義が主張するように、「行動の予測と制御」が科学の目的ならば、彼らの「科学」は成功している。スキナー箱の実験以上に成功しているのかもしれない。しかし、これらの予測と制御は科学ではない。僕が長年勤務していた大学の看板学部の一つは経済学部だったが、経済学部教授のすべてがその知識を利用して金満家になっていた訳ではない。経済学は株屋の経験知とは別のものなのだろう。

以前にも述べたが、「予測と制御」は科学というより工学の発想である。科学は予測と制御の背後にある説明（理論）を求める。行動主義の衰退の本当の原因はそこにある。科学者の社会は、結局、行動の説明をしない行動主義に愛想をつかしたのである。

小さな声で正直にいおう。擬人主義は実験室においても動物の行動制御に有効な場合がある。スキナー箱でハトにキイ（小さな窓）をつつかすには、少しでもつつきに近い行動をしたら餌を与えることから始めて、徐々にキイをつつかせるようにする。「漸次的接近による行動形成」と呼ばれる手法である。もう一つの方法は、キイを点灯して、餌を出す、ということを自動的に繰り返すもので、ハトは自然にキイをつつくようになる。これは「自動反応形成」といわれる手法である。西洋人は繊細なことが苦手だから、まず後者を用いる。僕は前者の方法の達人である（断言できるが、僕より多くのハトに行動形成を施した日本人はいないし、これからも出ないにちがいない）。英国の大学で実験していた時に、自動反応形成でキイつつきが形成できないハトを、片っ端から漸次的接近でキイをつつかせるようにして驚嘆されたものである。秘密はズバリ、「ハトになったつもり」になることである。まあ、パースペクティヴィズムといえないこともない。

おそらく、ハトの行動と僕の行動（どのような場合に餌を与えるか）を詳細に画像解析すれば、擬人主義でない行動の予測と制御が可能になるだろう。同じことはアフリカの牧畜民族や動物の訓練士の行動にもいえる。そして、このことは動物心理学者が本気で取り組むべき課題の一つである。彼らと動物の行動の詳細な分析は、なぜ擬人主義がかくも根深いものであるかのヒントを与えてくれるかもしれないのである。
「みなし擬人主義」は、動物や機械に囲まれた生活において有効かもしれないが、「みなし」であることを肝に銘じておくことが必要である。そして、動物行動の科学的理解には、擬人主義は無用であるばかりでなく、有害である。それはなにも説明しない。動物や機械との共生のためには、研究者は「みなし擬人主義」ではない動物行動の理解を提供し、「みなし」は「みなし」であることを、絶えず啓蒙し続ける必要がある。たとえ、そのことが民衆に浸透するのが蝸牛の歩みであっても。

注

（1）累積曲線は一種のペン描き記録で、記録紙にペンで動物の反応を記録していき、その形状を読み解く。画像解析がなかった時代に最も客観的に行動を記録する方法だった。
（2）渡辺茂「心の相対主義」渡辺茂（編）『心の比較認知科学』二〇〇〇年、ミネルヴァ書房を参照。
（3）渡辺茂「比較認知科学から比較認知神経科学へ」『科学』一九九四年、第六四号、三〇六―三一四頁を参照。

参考文献

Allen, Colin, & Bekoff, Marc（1997）. *Species of mind*. Massachusetts: MIT Press.
Bekoff, Marc（2002）. *Minding animals*. Oxford: Oxford University Press.
ベコフ、マーク　高橋洋（訳）『動物たちの心の科学――仲間に尽くすイヌ、喪に服すゾウ、フェアプレイ精神を貫くコヨーテ』青土社、二〇一四年
Bekoff, Marc, & Jamieson, Dale（1990）. *Interpretation and explanation in the study of animal behavior*. Vol. 1. Boulder: Westview Press.

Crist, Eileen (1999). *Image of animals.* Philadelphia: Temple University Press.
Kennedy, John S. (1992). *The new anthropomorphism.* Cambridge: Cambridge University Press.
近藤祉秋『犬に話しかけてはいけない――内陸アラスカのマルチスピーシーズ民族誌』慶應義塾大学出版会、二〇二二年
奥野克巳・近藤祉秋・ファイン、ナターシャ（編）『モア・ザン・ヒューマン――マルチスピーシーズ人類学と環境人文学』以文社、二〇二一年
Mitchell, Robert W., Thompson, Nicholas S., & Miles, H. Lyn (Eds.) (1997). *Anthropomorphism, anecdotes and animals.* New York: State University of New York Press.
ペッパーバーグ、アイリーン　渡辺茂・山崎由美子・遠藤清香（訳）『アレックス・スタディ――オウムは人間の言葉を解するか』共立出版、二〇〇三年
Ristau, Carolyn A. (Ed.) (1991). *Cognitive ethology.* Hillsdale: Laurence Erlbaum.
Tobach, Ethel (1989). *Cognition, lauguage and consciousness: Integrative levels.* Hillsdale: Laurence Erlbaum.
Todd, James T., & Morris, Edward K. (1995). *Modern perspectives on B. F. Skinner and contemporary behaviorism.* Westport: Greenwood Press
Wagschal, Stevens (2018). *Minding animals in the old and new worlds.* Toronto: University of Toronto Press.

第16章 動物の哲学

動物をどのように見るかは、古くから哲学の伝統的なテーマの一つであったし、人間は膨大な数の動物を殺して食べ、その体を利用し、実験動物として研究に供し、少なくなったとはいえ労働力として使い、多くの伴侶動物とともに暮らしている。動物の問題は、心理学を超えて哲学、民俗学、経済学、社会学の問題でもある。この本では、動物は生物学上の「動物」であるという前提で論考を行ってきた。心理学の外の動物観を見ると、機械とみなすものから、人間と同一視するもの、さらには神格化するものまであって、誠に多彩である。人間が実際に動物をどのように見ているのかという問題は、どちらかといえば民俗学の問題であって、心理学の方法論としての擬人主義の吟味とは別の問題である。それでもここでは、少し心理学の外に出て動物観を探り、擬人主義との関係を考えよう。

余談だが、実験心理学者には哲学嫌いの人が多い。僕の指導教授だったOさんは、豊かな哲学的知識をお持ちだったが、「何某は哲学めいているね」というのが同業者に対する最も悪い評価だった。これは不思議なことでもある。近代実験心理学の祖であるヴントもジェームズも、哲学から出発して心理学を構築し、そして最後には哲学に戻っている。実験心理学者の哲学嫌いはつまり思弁的なものに対する嫌悪なのだと思う。せっかく実験という手法を手に入れたのだから、思弁に戻ってはいけない、という戒めなのかもしれない。

動物とはなにか

日本の理科教育は徹底しているから、人間とはなにかという問いに対しては、一〇〇人中九九人までが理科の授業で習ったことを答えるだろう。もっとも、理科（生物学）において人間の分類が確定するのはごく最近のことで、分類学の祖であるカール・フォン・リンネの分類では、類人目（アントロポモルプス目、のちの霊長目）にはヒト、サル、コウモリが入っており、彼は形態的に人間を特徴づけることはできず、「自己認識」という機能によって人間を定義した。言語が定義に用いられなかったのは、当時、鳥類もまた言語を持つと信じられていたからである。彼の分類では、ホモ・サピエンス以外にホモ・ウェストリス、ホモ・フェルスという分類項目があり、前者にはイヌイット（エスキモー）、ネグリロ（ピグミー）、コイコイ（ホッテントット）などが入り、後者には野生児が入る。今日のホモ・サピエンスの概念とは異なる。現在のヒト科には、現代人とその先祖からなるヒト属とオランウータン属、ゴリラ属、チンパンジー属が入っている。分類学は意外に変化の激しい学問で、僕の専門に関わる鳥類では、鳥類が恐竜だということが定着したのは最近のことだ。昔の分類は形態分類だったが、現在ではＤＮＡによる系統分析ができる。系統分類の世界も変わりつつある。

系統発生的にどこからがヒトかというのが系統発生的連続性の問題だが、もう一つの問題は個体発生的連続性である。つまり、受精して、いつからがヒトなのかということである。中絶の問題などを考えると、この区分は便宜的に作られたものであることがわかる。科学的判断というよりは社会的合意なのである。同様なことは、脳死にもいえる。さらに、カーストのある社会では、不可触賤民といえども人間とされているだろうが、通婚の禁止などを見ると、上層カーストの人は下層カーストの人をヒトとして見ていないともいえる。実際、不可触賤民を殺すことは牛殺しより刑罰が軽いらしい。

日常語としては「動物」は主に哺乳類と鳥類を指し、それ以外の動物は含まないように思えるが、もちろんこれは文化的に構成された概念だ。インド南部のナヤカ族にはマンサンという生き物のカテゴリーがある。人間はもちろんマンサンであるが、ゾウ、シカ、その他森林の動物もマンサンである。ところが、ウシもニワトリもマンサンではない。森林の植物はマンサンだが、茶の木はマンサンではない。他部族をヒトと認めない、あるいは侮蔑のために動物視することも広く行われる。もちろん動物化による侮蔑は西欧社会でも行われ、「イヌと有色人種は入るべからず」といった看板が存在したのはそれほど昔のことではない。

自分のペットに膨大な資産を相続させる人もいるし、ヒトと動物の性交渉（獣姦）も、ちょっと考えるよりは広く行われているようである。ヒトが実際に動物をどのように扱うのかという点から見ると、人間と動物の境界は誠に曖昧である。歴史的に見ても、フランク王国では労働動物は王の家臣とされ、法律的に人間と同様の保護を受けていたし、古代ゲルマン法も動物の権利を認めていた。今日のような人間と動物の区分は存外新しいものなのかもしれない。

哲学における動物

哲学の動物論では、ヒト以外の動物すべてを一括して動物として論じていることが多いので面食らうが、ポスト構造主義のスターであるジャック・デリダ（一九三〇―二〇〇四）は、さまざまな動物の集合を、フランス語の一つの複数形animauxとすることに異を唱え、animotosという造語をしている。哲学者は、ヒトがどのようなものを動物として扱い、どのようなものを人間として扱うべきかという観点から、「動物とはなにか」を問うている。したがって、哲学の動物論は「人間とはなにか」という人間論と表裏の関係にある。

心理学者は主に認知能力のヒト／動物の差異に興味を持つのに対し、哲学者はベンサムの「彼らは苦しむことができるのか」という問い以来、動物の認知能力より苦痛感受性や情動のほうに興味を持つようである。この設問も、「すべての動物が」という意味なのか、「ある動物は」という意味なのかがはっきりしないが、後者であるならば、応用動物行動学がすでに答えを明らかにしている。異常行動の出現、行動選択、さらにオペラント条件づけによって、彼らがなにに苦しみ、なにを欲しているのかが明らかにできる。

「動物の哲学」は、その時代の生物学の知識を議論の根拠として用いているが、その知識は書かれたものから得られた知識であって、哲学者自身が顕微鏡を覗いたり、フィールド・ノートと双眼鏡を持って藪の中で座っていたりした訳ではない。デリダは行動主義的研究の重要性を認めてはいるが、哲学にとっては必ずしも必要ではないとしているし、マルティン・ハイデッガー（一八八九―一九七六）も、ユクスキュルの生物学に依拠しつつも、哲学の論理は生物学とは別物と考えていたようである。ただ、僕から見ると、どうしても生物学の文献から自分の気に入ったものを恣意的に論拠として取り上げているような印象が残る。経験科学の知識は絶えず更新されるので、うっかりするとすでに過去のものになった知識に基づいた議論をすることになりかねない。もちろん、例外はあって、フランスの「哲学的動物行動学者」（これは彼が自分自身でそう称している）、ドミニク・レステルなどは哲学の出身だが、自らオランウータンの実験を行っている。

動物は欠如した人間か

霊魂論の変遷を述べた第2章では、アリストテレスの植物霊魂―動物霊魂―人間霊魂の階層がボトムアップであったのに、アラビアの霊魂論でもキリスト教の霊魂論でもデカルトの霊魂論でもトップダウンの階層になり、動物霊魂は人間霊魂からなにかが欠如したものだという説明をした。このような考え方は根強い。動物における言語の欠落（Sprachlosigkeit）を指摘する哲学者は多く、ヴァルター・ベンヤミン（一八九二―一九四〇）などもそうであるし、マックス・シェーラー（一八七四―一九二八）はチンパンジーの高次認知を認めた（おそらくケーラーの実験の影響である）が、人間のみが環境世界（後述）を超えるための「精神」「人格」を持つとした。フレデリック・J・J・ボイテンディク

知覚世界

知覚系

運動系

主体

客体

受容器

効果器

行動世界

図16-1　環世界

（一八八七―一九七四）は僕の好きな比較心理学者だが、動物の知性を論じて、動物には（今日でいう）メタ認知が欠如しているとして、カントに類似した主張をしている。デリダは動物（animal）というフランス語の分析をして、anima はつまり魂だが、mal は mol つまり悪いものを指すという。動物とは本当に不完全な人間や不具合のある魂なのだろうか。

動物の哲学に多大な影響を持った生物学者に、ヤーコプ・フォン・ユクスキュル（一八八七―一九七六）がいる。エストニアの貴族出身だが、ロシア革命で財産を失い、生活のためにハンブルク大学で教授になった。彼の著書『生物から見た世界』は、日本で文庫本にもなっている。動物の環境の一部のみが動物に知覚され、また動物が行動する環境も一部である。前者が知覚世界（Merkwelt）、後者が行動世界（Wirkwelt）であり、その総体を環世界（Umwelt）と呼んだ（図16-1）。

環世界は種によって異なる。哲学者のお気に入りの例はダニで、ダニの知覚世界は温血動物の体温と皮膚から発する酪酸だけで、風景も花の香りもない。それだけの情報で彼らの行動世界は十分に機能する。私たちの環世界とは別のものだ。しかし、これらのことは相違なのであって、優劣ではない。ダニにとっ

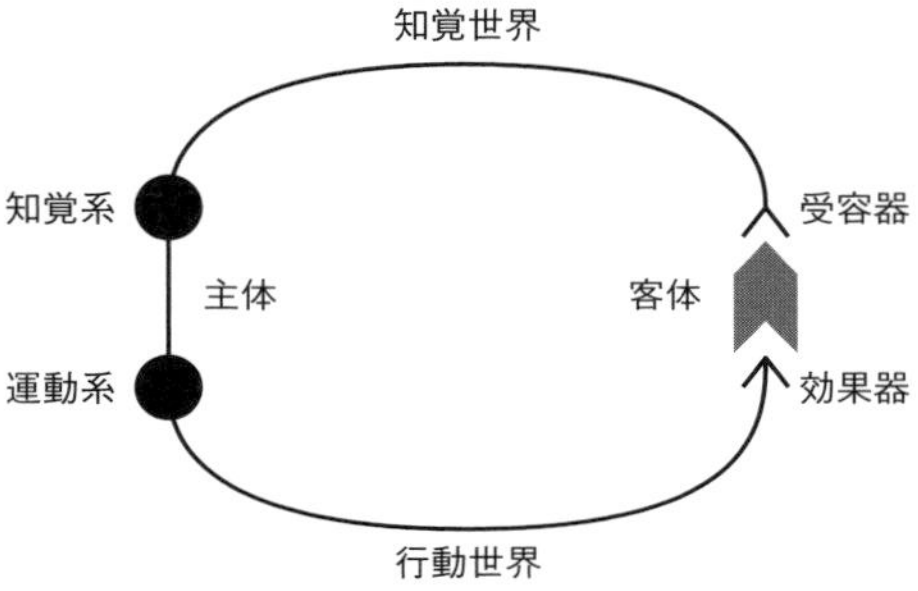

ては、ヒトの知覚世界のさまざまな情報は煩わしいだけでなんの役にも立たない。ハイデッガーはユクスキュルを引用しつつ、「石は世界を持たない」「動物は世界が貧しい」「人間は世界を形成する」という有名な区分をしている。ハイデッガーの議論は、なにしろデリダが難解だというくらいだからわかりにくいが、石の話は飛ばして、まず動物の世界を見よう。ハイデッガーは、動物では衝動が脱制止されるといっているが、これを動物行動学の用語に翻訳すれば、解発刺激によって定型的行動が発現することであり、刺激―反応の関係としては、ある種の完成したシステムといえる。ハイデッガーは動物が「放心する」というわかりにくい表現をするが、つまり解発刺激以外は知覚できないので無視している状態のことで、ヒトでも赤外線や紫外線は全く無視するので、それらが感じられる動物から見れば、ぼんやり放心している。ヒトを含めすべての動物で、環境のごく一部が感覚器を介して環世界を構成する。僕の歳では高周波は聞こえない。蝸牛器官の中の有毛細胞が、もはや高周波を膜電位に変換できないからだ。蚊の接近は感知できず、放心しているうちに献血することになってしまう。一方、若い衆を追い払うために公園に設置されている高周波発生器は僕には無効で、僕は放心して散歩ができる。

「世界を形成する」とはなにか。ハイデッガーは、人間のみが環世界を超えて世界に至れるとしている。何故なら、ヒトは道具によって感覚世界の限界を乗り越えられるからである。望遠鏡、顕微鏡はいうに及ばず、素粒子の運動すら捉えられる。ヒトの行動世界は地球を飛び出し、宇宙にまで至る。世界開放性あるいは世界形成といわれるものだ。ただ、近年の進化心理学は、ヒトもまたヒトの進化の過程で形成された環世界に、思ったより囚われていることを明らかにしているし、哲学のほうでもマルクス・ガブリエルのように、ハイデッガーのいうような世界の存在を疑う立場もある。

ハイデッガーの考えは一見、階層的霊魂論のように見えるが、「世界貧乏」と「世界形成」にはどちらが上等ということはなく、したがって、人間から欠如したものとして動物を考えている訳ではない。貧しい（arm）という表現は、動物をヒトの下位に置くという意味ではなく、不必要なものがないという意味であり、「あらゆる生物はそれぞれの仕方で完全である」としている。それにしても「貧しい」という表現はわかりにくい。日本語としてはどうしても劣ったもの、劣悪なものという印象を与える。ドイツ語のarmもやはり、下等ないし劣るものというニュアンスがあるので、ハイデッガーの主張は伝わりにくい。「動物の世界はヒトの世界より生物学的制約が強い」といったほうが、ずっとわかりいい。

人間は欠如した動物か

デリダは、ハイデッガーが人間中心主義だと批判している。デリダの脱人間中心主義は徹底していて、動物の社会をヒトの社会の未発達なものと見ることに反対しているし、動物たちの頭の中で起きていることを知っていると主張するのは人間の思い上がりといっている。擬人主義者ドゥ・ヴァールの著書のタイトルも、『動物の賢さがわかるほど人間は賢いのか』である。さらに遡れば、その昔のモンテーニュは、「動物に関わる事象についての人間の厚かましさ」を述べている。謙虚さの伝統というものもあるようだ。

人間が動物になってしまう、という主張もある。ヘーゲル研究で有名なアレクサンドル・コジェーヴ（一九〇二―六八）は、人間が生物学的欲求とは別に欲望を持つのに対し、動物は欲求しか持たないとしている。典型的な欲求は食欲であり、他者を必要としない。コジェーヴによれば典型的な欲望は性的な欲望である。普通に考えれば性欲は典型的な生物学的欲求だろうが、彼はヒトの性欲には限界がなく、他者に羨まれる、羨む、という他人との社会関係を必要とするものだとする。コジェーヴは、人間が欲望を欲求にしてしまうのが動物化であるとし、その典型例としてアメリカ型消費社会を挙げた。なるほど。それと反対なのが、名誉や規律といった形式化された価値に基づいて行動するスノビズムであり、彼がその典型としたのが切腹である（コジェーヴは短期間ではあるが日本に来たらしい）。これはちと面映ゆい。切腹は古き良き時代の日本の文化であって、今日の日本はすべてが米国式になっており、コジェーヴの称賛した我が国のスノビズムはほぼ消滅した。政治家の進退の見苦しさは、我が国の民度が低下したことを示している。一方、他者の「評判」が霊長類の行動を統制する大きな要因であることが明らかになりつつある。切腹するサルはいまいが、コジェーヴのいう欲望は、おそらく社会性動物の行動にその起源を持つ。ただ彼のいう人間はヘーゲルのいうところの人間であり、環境を否定する行動を必要とする哲学的人間である。工業化された牧畜では、動物の状態を監視して自動的に最適な食物が与えられるのだろうが、アマゾンなどのリコメンデーションによる商品の紹介は似たような風景である。研究者も「この論文を推薦します」といったメールを絶え間なく受け取る。

面倒臭いが時たま役に立つこともあるのは事実だ。哲学から離れればヒトが動物の一種であることは明らかだが、自分たちが考えるほど動物から離れている訳ではないかもしれない。

哲学的人間学のアルノルト・ゲーレン（一九〇四―七六）は、ヒトは不完全な形で生まれ、その欠陥を文化によって補って生き残ってきたのだと主張する。類似した議論はヒトの進化について展開されている。「狩猟・採集者としてのヒト」というのがヒトの起原の古典的な考え方だが、ドナ・ハートとロバート・サスマンは、『ヒトは食べられて進化した』という本で、ヒト進化の要因として「対捕食者」行動を挙げている。ヒトの身体能力は、捕食者というより被捕食者レベルである。化石資料は、私たちの先祖がネコ科動物の普通の餌、つまりキャット・フードだったことを明らかにしている。ヒトがネコ科動物を最終宿主とするトキソプラズマに感染するのも、私たちがキャット・フードだった証拠かもしれない。最近では日本でも人喰いグマが出たりしたが、現在でも、動物に捕食される人間は少なくない。インドでは今日でも一日に一人がゾウやトラに殺されているという。ホモ・サピエンスの生息圏の広大さには目を見張るものがあるが、それは、脆弱性を補償する言語や社会性を含めた高次認知が可能となる脳を、発達させたからである。つまり、欠如を克服したわけだ。このように、「動物＝欠如したヒト」論がヒトと動物の分類を述べているのに対し、「ヒト＝欠如した動物」論はヒトが知性を進化させた要因を論じるものである。

動物の身になって考える必要があるか

ハイデッガーは、自分を動物に「移し置く」(versetzen)ことによって動物の世界がわかるのだという。この論拠は、人間の現存在がそもそも他者との共存在だからである。心理学風にいえば、共同体における相互の社会強化によって個人の人格が形成されている。しかし、これを動物に拡張するのは無理がある。ハイデッガーは、移し置くとは「一緒に行く」(mitgehen——哲学関係では同行と訳されている)ことだという。これまたわかりにくい表現だが、ある人がある動物に一緒に行くとは、その人が動物になってしまうということではなく、また、頭の中で思考実験として動物になってみることでもない。もちろん、感情移入でもない。この主張は、明らかにハイデッガーの考えることが擬人主義ではないことを示す。同行することによって、人間は動物のことを動物よりもよく理解できる。その理解は、当然ではあるが人間中心主義で、この点はデリダが批判している。哲学者からは怒られるかもしれないが、第19章で述べるグランディンのアプローチなどは、「一緒に行く」ことの例であるように思う。

このような議論で良く登場するのが、トマス・ネーゲルの「コウモリであるとはどのようなことか」という論文で、哲学者はもとより心理学者、動物行動学者もこの問題を論じている。ネーゲルの論調は否定的なもので、現時点では動物がなにを考えているかは想像に過ぎず、共感や想像によらない客観的現象学の地道な積み重ねが必要としている。グリフィンはやや肯定的で、やがて理解できるだろうとしている。『猿であるとはどのようなことか』の著者のドロシー・チェニーとロバート・セイファースは、ネーゲルがあまりにペシミスティックだとしており、デネットもコウモリの環境世界の理解は心理物理学や神経科学の発展で進むだろうとしている。VRを使ってコウモリやイルカの世界を疑似体験することができるようになるかもしれないが、動物を理解するために、その動物になってみる必要があるのだろうか。このことに関しては、時代が古いとはいえハイデッガーのほうが深い論考をしている。

動物の野外研究では、ある種の動物になることが必要とされる場合がある。野鳥の観察ではブラインドという隠れ場所を使う。これは観察者の姿を隠すことによって、動物の行動を妨げないようにするためである。しかし、霊長類の研究では、いわば観察者がいることに動物を慣らす方法もある。これは単なる慣れではない。いわば、文化人類学者の参加型研究と同じであり、群れの中である種の承認を得なくてはならない。動物が観察者を無視するようになるということではなく、ある種のメンバーとして自然の行動を妨げないようになるということである。この方法は、見かけが私たちと似ている霊長類に限ったことではなく、オオカミの研究でも用いられている。これらは行動観察の一つの技法であって、行動を擬人主義的に説明しなくてはならないということではないが、僕の印象では、そのような研究法を取っていると、擬人主義の虜になることが多い。

ヒト・動物の序列から多様性へ

ドゥルーズもそうであるが、動物との序列化を否定するばかりでなく、極端にヒトと動物を同一視

ヒト－X＝動物　　：欠如人間としての動物
ヒト　＝動物＋X　：動物からのボトムアップ
ヒト　＝動物　　：ヒト・動物は同じ
ヒト　＝動物－X　：欠如動物としてのヒト

図 16-2　ヒトと動物の関係

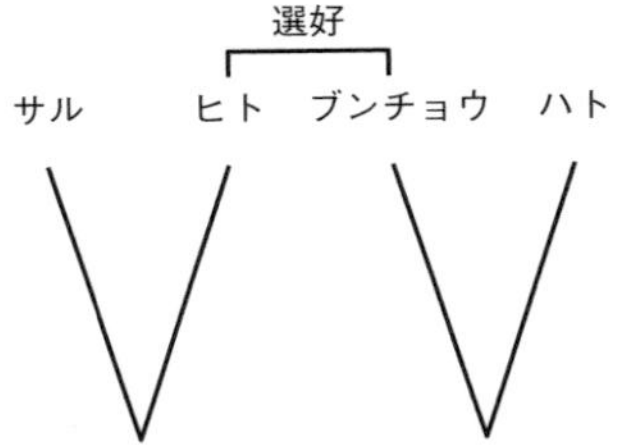

図 16-3　音楽選好の収斂と放散

する立場もある。一九八九年に生命倫理学者のピーター・シンガーが、一つの問題提起をした。「自己意識や快苦の感覚の獲得が将来も望めない障害新生児の安楽死を求めよう」というものである。ドイツ語圏では当然、ナチを思い起こさせるこの言説は、多くの批判を浴びた。シンガー自身は、ユダヤ人であるから身内を強制収容所で亡くしている。皮肉なことである。

　これまで述べてきたさまざまな動物の考え方（図16-2）に欠落しているのは、放散という考え方である。進化は単純なものから複雑なものへ、という単系のものではなく、さまざまな環境に適応するように、さまざまな複雑化や単純化が起きている。したがって、比較認知科学では種差を欠如とは考えない。欠如という考え方は、なにか完全なものがあることを前提としている。ヒトにあってハトにないものもあれば、ハトにはあってヒトにはない能力もある。それらはそれぞれに環境に適応したからであって、適応の仕方は一種類ではない。その意味では、モルガンの動物心理学における多様進化の考え方（第6章）は傑出していたというべきだろう。大型類人猿は自己鏡像認知がで

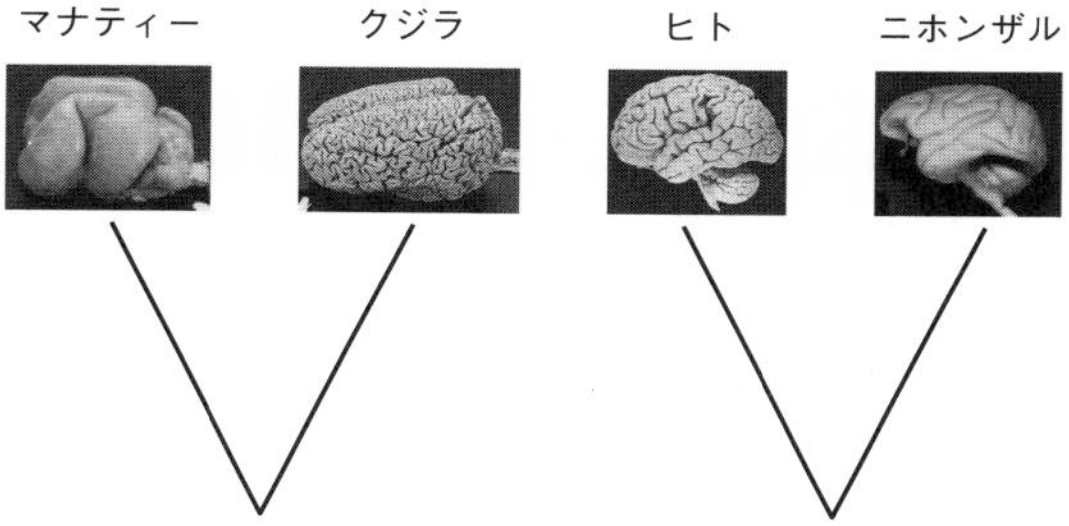

図16-4　大脳の皺の収斂と放散（脳の写真は，JT生命誌研究館，2006より）

きるが、大型類人猿からは遠縁になるゾウやイルカでもそれができる。つまり、この能力に関しては、大型類人猿とゾウ、イルカは収斂しているのである。ヒトの視覚認知能力は傑出しているが、哺乳類の中では例外的である。脊椎動物で優れた視覚認知能力を持つのは鳥類であり、ヒトと鳥類は視覚認知能力において収斂しているのである。音楽に対する選好はヒトとブンチョウなどの鳴禽では発達しているが、同じ鳥類でもハトやニワトリでは見られない。他方、ヒトは音楽選好を示すが、ほかの霊長類では音楽選好が見られない。収斂と放散が見られるのである（図16-3）。

このことは脳においても同様であり、いわゆる大脳の皺（表面積の増大）はヒトやクジラで見られるが、霊長類でもニホンザルなどは貧弱だし、水棲哺乳類でもマナティーの大脳は実にさっぱりしている（図16-4）。

動物と政治

人間は動物を飼育するが、それは動物を統治・管理の対象とすることである。人間と動物の関係は支配―被支配という、ある種の政治的な関係といえる。統治はもちろん、人間固有の行動様式ではない。よく知られた例では真社会性の昆虫がそうだし、哺乳類でもハダカデバネズミのような社会的分業を持つ集団もある。さらに霊長類、特に類人猿の政治とヒトの政治の類似性は、ドゥ・ヴァールも指摘している。デリダの政治の議論はわかりにくいのだが（デリダ好きの人にはそのわかり難さが魅力なのだろうが）、そこに彼の動物観が表れている。彼は人間の中に動物性があり、政治は動物的な力が姿を変えて現れたものだという。そして、動物がそもそも政治的だという。これらの主張は政治を人間固有のものと考えた西欧の人間中心主義の考え方の否定である。西欧では、牧畜における動物の管理が、近代の人間に対する支配と統治の原型であるという発想がある。キリスト教では牧人と迷える子羊の話がよく出てくる。僕はカトリックの幼稚園に通っていたので、クリスマスに羊のお面を被って子羊の役をやらされた記憶がある。羊に「なってみた」訳だが、特に面白くもなかった。

しかし、東アフリカの牧畜民の研究によれば、牧畜民と家畜の関係は支配、従属というより共生に近く、近代国家における畜産・経済動物とは様相を異にしている。人間が動物の個体識別をすると同時に、動物もまた個人を識別している。経済的価値のなくなった老齢動物も排除されることはない。我が国のひと昔前の農村における、使役動物の牛馬に対する態度と似ているかもしれない。デリダの動物政治論は、西欧の牧畜を前提としている。人間が動物を支配するという点では、家畜は典型的な例だと思われるが、デリダは家畜（domestic）には、家に入れる（domus）という意味と、主人（dominus）という二重の意味があると主張している。家畜は人間の所有物と考えられなくもないが、野生動物はどうだろうか。

支配の究極の姿は生殺与奪、つまり殺す権利にあるだろう。動物は食べる対象である。食べるためには殺さなくてはならない。しかし、なんの権利があって、動物を殺すのだろう。デリダは西欧の「肉食―男根―論理主義」の伝統を指摘する。僕の理解では、西欧は男性社会であり（男根）、言語と理性に依拠し（論理）、人間に従属する動物に暴力を振るう権利（肉食）があるという伝統である。生贄も屠殺も犯罪ではない。何故なら主権は人間の側にあるからだ。もう一歩進めると、動物を殺すのではなく、「動物に死を与える」のだという。ずいぶん持ってまわったいい方だ。

もう一つ大っぴらに「殺し」ができる状況がある、動物実験だ。動物実験をしている側からいうと、これはかなり悩ましい問題である。ケンブリッジ大学にいた時には、毎週末に動物実験反対のデモに出会った。対策マニュアルもあり、感情的にならない、一人で対応しない、といった常識的なものから、爆弾が仕掛けられるかもしれない車の発見法、といった物騒なものまであった。多くの人は、ヒトの病気の治療法の開発のために動物を殺すのは仕方がない、と思うかもしれない。しかし、その背後には、治療法に直接結びつかない膨大な基礎研究がある。応用のためだけに（功利主義的に）研究が行われる訳ではなく、真理探究型の動物実験も数多く存在する。人間のために動物を殺すという意味では、家畜の屠殺と同じであり、人間中心主義である。哲学的動物行動学者のレステルは、動物実験はつまりは生贄なのだという。生贄は犯罪ではない。現在の動物実験の指針では、実験動物の苦痛を減らし、使う個体数を減らし、当該実験の代替法があれば、種を変えることを謳っている。代替法とは、サルではなくラットでできるならラットで、ラットではなくゼブラフィッシュでできるならゼブラフィッシュで、線虫でできるなら線虫で、という訳で、つまりは種差別である。

動物の権利

二〇一四年にアルゼンチンの裁判所は、動物園のサンドラというオランウータンは「人間ではない人（non-human person）」で、不当に自由を奪われている、という判断を示した。これは、オランウータンの勝利というより擬人主義の勝利というべきだ。一方、米国では裁判所が、個人の飼育しているオランウータンを人間とみなすようにという申し立てを却下する判例もある。『大型類人猿の権利宣言』（*The great ape project*）では、最初に大型類人猿についての宣言があり、①生存への権利、②個体の自由の保証、③拷問の禁止、が謳われている。つまり、大型類人猿の実験の禁止であり、事実上、現在では大型類人猿の侵襲的実験は許可されない。日本でも研究用の飼育はされているので、個体の自由は保障されている訳ではない。このような考え方の背景の一つは、「人間の権利」や「人間の尊厳」の拡張である。西欧では人間は白人男子成人であったものが白人女子成人、子ども、異人種へと拡張され、ついには動物へと拡張されるというものである。

シンガーや、「文化と動物基金」の創設者、トム・リーガンは、動物を侵害するような邪悪な方法によって功利主義的に良い結果を得ること、端的にいえば動物実験によって人間の医学に貢献することに、全面的に反対する。同様に、畜産についてもこの廃止を主張している。動物の権利の運動は、フェニミズムや人種差別と結びついた運動でもある。第14章で述べたように、動物をものではなくヒトに近い権利主体と見ることは、まさにナチの動物愛護法と同じである。シンガーが、「すべての生き物にとって人間はナチである」と記していることは皮肉である。フーコーは、「人間の権利」はより普遍的な「動物の権利」の中の一つだと主張しているが、権利という概念がすでに人間中心主義的前提に立っており、人権概念を機械的に動物に拡張するのは無意味だという指摘（デリダ）もある。もし権利を、（英国のタコのように）特定の動物だけに認めるとしたら、種差別につながる。権利は自ら主張するものであるなら、動物にそれができるだろうか。人間と同じ意味ではできない。しかし、飼育下の動物が示す病的な症状は「主張」であるとも解釈できる。さらに、オペラント条件づけに代表されるさまざまな行動研究の手法は、彼らの私的な快不快の公化を可能にする。家畜についても、科学技術によって彼らの主観的経験を快適にすることはある程度可能であるし、そのことはまさにヒトの責任であろう。

動物に関する義務はあるが、動物に対する義務はないという「間接義務論」も主張されている。人間と動物の関係（所有、管理、その他）についての義務はあっても、動物そのものに対する義務はないという立場である。動物福祉論は人道的に見えるが、動物産業、動物工業との妥協の産物である。如何に人道的に殺しても、その後何年も生存できる動物を、美味しいからという理由で若い時に殺すことにはおぞましさがつきまとう。そもそも殺して食べるために育てる、という行為にはおぞましさがある。むしろ人間にはおぞましい業があることを認めた上で、可能な限り苦痛を取り除くことが必要だろう。しかし、快適に殺すのなら良い、動物が快適であれば、いわばどのように搾取しても構わないのだろうか。動物実験では「動物に優しい」(animal-friendly) 研究方法が求められるようになった。良いことだとは思うが、結局は動物が了解している訳でもなければ、自主的に実験に参加する訳でもない。研究者は罪の意識を持つべきだ。

権利と責任は表裏一体の関係にあり、責任能力があれば裁判の可能性がある。一六七九年にロンドンでは、獣姦の罪を犯した女とともに、イヌのほうも処刑されている。さらに遡って、一四五七年にはフランスのブルゴーニュで、ブタが殺人罪で死刑にされている。一三世紀から一九世紀まで、動物を人間と同じように裁判で裁くことが行われていた(ただ、遡ればギリシャでも動物の裁判が行われていた)。最初の動物裁判は一二六六年、火あぶりにされた子ども殺しのブタである。動物裁判はかなり奇妙な擬人主義であり、判決は動物に向かって読み上げられ、拷問での悲鳴が自白の証拠とされたという。もちろん、弁護士もいれば恩赦もあった。対象は脊椎動物ばかりでなく、虫までも対象とされたので、種差別はなかった訳である。動物裁判の背景は、動物もまた責任能力を持つという考えである。一方、動物の所有者は罪に問われることはなかったようである。大型犬を飼うにはライセンスが必要だったりする今日とは大きな違いである。この時代の欧州は、キリスト教の時代である。アッシジのフランチェスカのような異端を別にすれば、キリスト教はヒトと動物を峻別する。動物には理性も、したがって責任能力もないはずである。一方、キリスト教が席巻する前の欧州(ゲルマン、ケルト、ギリシャ、ローマ)には、アニミスティックな自然観があり、動物の生贄も行われていて、生贄の儀式と裁判の儀式は似ているという。動物裁判の背景の一つは、キリスト教が根絶できなかった欧州古層の動物観だろうが、人間の裁判と同じような手続きを踏んで同じような刑罰が与えられるので、実は人間への見せしめだったという解釈もある。しかし、見せしめならなにも動物を使う必要はなかろう。キリスト教に基づく自然支配の考えは、人間の合理主義がすべてに及ぶということであり、無法状態は嫌悪すべきものだと考えられる。奇妙なことに、生物以外のもの（例えば剣など）も裁判された。これらの裁判は不合理なことを説明し、階層的なキリスト教的正義を徹底するためのデモンストレーションであったとも考えられる。教会側が動物裁判にあまり異を唱えていないことや、動物裁判が猖《しょう》獗《けつ》を極めたことを見るに、この考え方のほうが妥当かもしれない。東洋においては動物裁判がなかったように思う。日本では動物と人間の距離が近く、それが進化論の受け入れの素因でもあった訳だが、動物の責任を問う、という発想はなかったようである。あるいは一般的に権利という考え方が希薄であったのかもしれない。

まとめ

柄にもなく哲学めいた議論をしたが、動物の哲学に対する僕の根本的違和感は、それが人間理解のための議論だという点だ。哲学者からは、そのような基本的な前提すらわからないのか、と叱られそうだが、僕は動物を理解しようとしているのであって、ヒトはその中の一種に過ぎない。「人種差別」はいうまでもなく正当化できないが、そこから類推して種差別が不当だというのは論理の飛躍である。

僕は人間中心主義、霊長類中心主義、哺乳類中心主義、四足動物中心主義に異を唱えてきた。その意味では種差別に反対してきた。しかし、どのような人種にも同じ権利があるのと同じように、すべての種を同じように扱わなくてはならないと主張している訳ではない。種差をこそ問題にし、高次認知機能の放散を主張してきた。一次元の序列化ではなく、放散ということは、それぞれの種に対応して扱いを変えるということを意味する。種差別を認めた上で、その差別の基準を少しずつ科学的合理性に基づくものにする、不断の努力が必要なのである。単純な正解はない。理屈ではなく実証的な知識の蓄積こそが、より合理的な種差別に近づく道なのである。

謝辞　本章執筆に当たり、特にハイデッガーに関してはウォルフガング・エアトルさんに助言をいただいた。謝意を表します。

注

（1）メタ認知のメタはメタフィジックス（形而上学）のメタと同じで、なにかの上にあるということだから、メタ認知は、認知の認知ということになる。つまり、自分がなにを認知しているかがわかっているということである。動物にこの能力があるかどうかは議論のあるところだが、多くの研究者はこれを認めている。

参考文献

アガンベン、ジョルジョ　岡田温司・多賀健太郎（訳）『開かれ――人間と動物』平凡社、二〇一一年
東浩紀『動物化するポストモダン――オタクから見た日本社会』講談社、二〇〇一年
アプルビイ、ミシェル&ヒューグス、バリー　佐藤衆介・森裕司（監修）『動物への配慮の科学――アニマルウェル

フェアをめざして』チクサン出版、二〇〇九年
ボイテンディク、フレデリック・J・J　浜中淑彦（訳）『人間と動物』みすず書房、一九七〇年
カヴァリエリ、パオラ&シンガー、ピーター（編）山内友三郎・西田利貞（監訳）『大型類人猿の権利宣言』昭和堂、二〇〇一年
デリダ、ジャック　西山雄二ほか（訳）『獣と主権者――ジャック・デリダ講義録1・2』白水社、二〇一四・一六年
デリダ、ジャック&マレ、マリ＝ルイーズ　鵜飼哲（訳）『動物を追う、ゆえに私は〈動物で〉ある』筑摩書房、二〇一四年
ド・フォントネ、エリザベート　石田和男・小幡谷友二・早川文敏（訳）『動物たちの沈黙――《動物性》をめぐる哲学試論』彩流社、二〇〇八年
エヴァンズ、エドワード・ペイソン　遠藤徹（訳）『殺人罪で死刑になった豚――動物裁判にみる中世史』青弓社、一九九五年
ガブリエル、マルクス　清水一浩（訳）『なぜ世界は存在しないのか』講談社、二〇一八年
ゲーレン、アルノルト　平野具男（訳）『人間――その本性および世界における位置』法政大学出版局、一九八五年
ハート、ドナ&サスマン、ロバート・W　伊藤伸子（訳）『ヒトは食べられて進化した』化学同人、二〇〇七年
ハイデッガー、マルティン　川原栄峰、ミュラー、セヴェリン（訳）『形而上学の根本諸概念――世界―有限性―孤独』創文社、一九九八年
池上俊一『動物裁判――西欧中世・正義のコスモス』講談社、一九九〇年
JT生命誌研究館『脳の生命誌』二〇〇六年
金森修『動物に魂はあるのか――生命を見つめる哲学』中央公論新社、二〇一二年
木村大治（編）『動物と出会う＝Encountering Animals（1・2）』ナカニシヤ出版、二〇一五年
Knight, John (Ed.) (2005). *Animals in person: Cultural perspectives on human-animal intimacy*. Oxford: Berg.
コジェーヴ、アレクサンドル　上妻精・今野雅方（訳）『ヘーゲル読解入門――『精神現象学』を読む』国文社、一

九八七年
串田純一『ハイデガーと生き物の問題』法政大学出版局、二〇一七年
ロレッド、パトリック　西山雄二・桐谷慧（訳）『ジャック・デリダ——動物性の政治と倫理』勁草書房、二〇一七年
三浦慎悟『動物と人間——関係史の生物学』東京大学出版会、二〇一八年
ネーゲル、トマス　永井均（訳）『コウモリであるとはどのようなことか』勁草書房、一九八九年
中村禎里『日本人の動物観——変身譚の歴史』海鳴社、一九八四年
奥野克巳・山口未花子・近藤祉秋『人と動物の人類学』春風社、二〇一二年
ポルトマン、アードルフ　八杉龍一（訳）『生物学から人間学へ——ポルトマンの思索と回想』新思索社、二〇〇六年
レーガン、トム　井上太一（訳）『動物の権利・人間の不正——道徳哲学入門』緑風出版、二〇二二年
齋藤元紀・澤田直・渡名喜庸哲・西山雄二（編）『終わりなきデリダ——ハイデガー、サルトル、レヴィナスとの対話』法政大学出版局、二〇一六年
シェパード、ポール　寺田鴻（訳）『動物論——思考と文化の起源について』どうぶつ社、一九九一年
周達生『民族動物学——アジアのフィールドから』東京大学出版会、一九九五年
菅原和孝『動物の境界——現象学から展成の自然誌へ』弘文堂、二〇一七年
ユクスキュル、ヤーコプ・フォン＆クリサート、ゲオルク　日高敏隆・羽田節子（訳）『生物から見た世界』岩波書店、二〇〇五年
ワディウェル、ディネシュ・J　井上太一（訳）『現代思想からの動物論——戦争・主権・生政治』人文書院、二〇一九年
渡辺茂『鳥脳力——小さな頭に秘められた驚異の能力』化学同人、二〇一〇年
渡辺茂・小嶋祥三『心理学入門コース7　脳科学と心の進化』岩波書店、二〇〇七年
「特集　人間／動物の分割線」『現代思想』二〇〇九年七月号

第17章 無脊椎動物に「心」は必要か

比較認知科学研究者は動物の放散と収斂の研究をしているわけだから、一口に「動物はしかじかだ」といわれても、ちょっと返事に困る。「動物」といった場合に一般的に思い浮かぶのは、脊椎動物、特に哺乳類と鳥類であろう。魚が動物であることは知っていても、動物といわれてアジやウナギを思い浮かべる人は少なかろう。もっとも、系統発生的にはヒトも肉鰭類という魚の一種なのだが。脊椎動物四万五〇〇〇種のうち二万六〇〇〇種は水棲動物であり、昆虫は全動物の三分の二を占める成功した動物である。そればかりか、驚くような複雑な行動をやってのける。しかもあの小さな脳で。微小脳（microbrain）というのは日本人（水波誠）の命名だが、英語としてはminibrainのほうが一般的かと思う。この章では魚類と虫が行う複雑な行動と擬人主義の関係を考えてみよう。

顔認知

鳥類は視覚弁別に優れており、刺激が対称的かどうかといった抽象的な弁別もでき、他個体の顔や

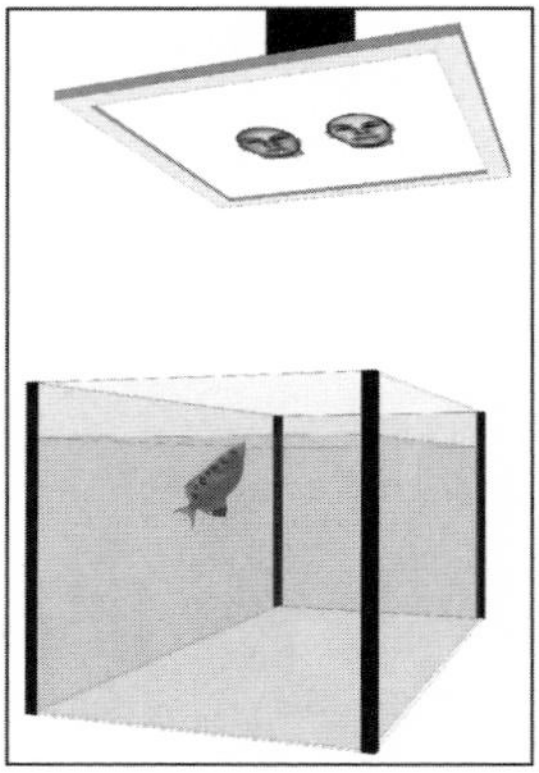
図 17-1　テッポウウオのヒトの顔弁別（Newport *et al.*, 2016）

ヒトの顔の弁別もやってのける。しかし、魚でもシクリッド、スズメダイ、ディスカス、メダカなどで同種他個体の顔弁別が報告されている。我々は顔というと正面向きの顔を考えるが、ディスカスなど側扁形（左右から押し潰したような形）といわれる魚では、顔は正面からではあまりはっきりしない。そのため、求愛行動でも攻撃行動でも横顔を見せた時に誘発され、正面顔では誘発されない。個体弁別はタコもやってのける。水槽の中の魚が飼い主を見分けるのではないかという観察はたくさんあるが、オックスフォード大学のケイト・ニューポートはテッポウウオを使って、水面の上に呈示された顔に水鉄砲を当てるというユニークなオペラント条件づけで、ヒトの顔弁別実験を行った（図17-1）。同じような訓練で、クモやアリの画像をほかのものの画像から区別させることもできる。

アシナガバチも視覚的な個体弁別ができることが、ミシガン大学で突き止められた（図17-2）。ハチの顔をよく見ると、結構個体変異がある。個体弁別は図形やイモムシの弁別より容易にできるが、他種のハチの個体弁別は難しい。テッポウウオと同じく、ハチもヒトの顔が弁別できる。ヒトは顔を逆さにすると弁別が困難になる。倒立効果とか、刺激にちなんでサッチャー錯視と呼ばれる現象だ。面白いことに、メダカも顔の倒立効果を示すし、さらにヨハネス・グーテンベルク大学のエイドリアン・ダイヤーたちは、ハチでも同じようなことを報告している。

自己認知

自己認知というとギャラップのマーク・テストが有名だ。チンパンジーに麻酔をかけ、その間に顔に色で印をつける。麻酔から醒めた後で鏡を見せると、チンパンジーは、鏡を見ながらつけられた印をさわるといった自己指向行動を示す。当初はこの自己認知は大型類人猿にしか見られないとされていたが、ほかのサルでも、ゾウでもイルカでもできることがわかった。カササギでも報告例があるが、これは追試に失敗している。鏡像自己認知は結果がばらつくことが多く、ハトの実験でも成功例と不成功例両方が報告されていた。僕の実験室では成功例の研究法を正確に踏襲し、追試に成功している。大阪市立大学の幸田正典は、ホンソメワケベラの喉に色素を注入してから鏡を見せると、体をこすりつけて色素を取り除こうとすることを報告した。これは、寄生虫を除こうとする行動だ。魚類ではシクリッドとマンタ（大型のエイ）がテストに合格していない。頭足類も負けてはいない。琉球大学の池田譲によれば、アオリイカも鏡像認知ができるが、タコはできなかったという。タコの腕には神経

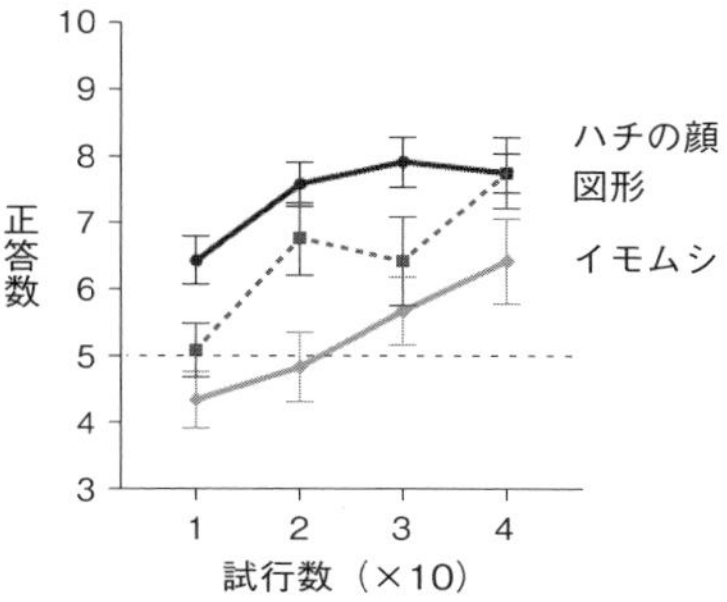

図 17-2　アシナガバチの同種顔認知
（Sheehan *et al.*, 2011）

細胞全体の三分の二があり、自律した機能を持っている。しかも、ある腕の触覚で憶えたことはほかの腕でもできる。自律していても、情報の統合もされているわけだ。さらに、切られた腕が自分のものか他者のものかで異なる反応を示す。落語では辻斬りに遭った者の上半身は風呂屋の番台で働き、下半身は麩屋で麩を踏む仕事をするが、タコの自己認知は私たちには想像できない一風変わった認知だ。

数認知

数認知は本当に物体の「数」認知なのか、全体の面積といった大きさなのかが問題になる。ハトでは、違う物体が混じっていても4は4だという結果が得られている。スイスのゼグニ・トリキらは、掃除魚であるベラが、面積を統制した実験でも数認知を示すことを報告した。ヒトの数認知では、少ない数の場合はいちいち数えなくてもパッとどちらが多いかわかる。シュウマイなどが載った皿を見て、数えなくてもどちらの皿が多いかすぐにわかるようなものだ。これをサビタイズという。パドヴァ大学のクリスチャン・アグリロは、グッピーが大勢の仲間を選好する性質を利用して大学生とグッピーで調べると、一～四ぐらいだと数の大小の比率が変わっても正答率が変わらない。つまりサビタイズが見られるが、六～二四になると、比率に従って正答率が悪くなる（図17-3）。この傾向はヒトとグッピーで変わらなかった。コウイカを使った実験では、エサのエビが一匹入った箱と二匹入った箱では後者を選び、四匹と五匹でも五匹を選ぶ。面白いことに一匹の生きエビと二匹の死んだエビだと一匹の生きエビを選ぶから、量ばかりでなく質も見ているわけだ。一匹のエビと一匹プラス小エビでは後者を選ぶが、三匹と三匹プラス小エビでは選択に差がなくなる。これらの実験は直接採餌させているので、このくらいだとどちらを食べてもあまり変わらないということかもしれない。

パドヴァ大学のローザ・ルガニとジョルジオ・ヴァロルティガラたちは、ヒヨコの刻印づけを使って一連の計算実験を行い、足し算、引き算をさせることに成功しているが、魚も負けてはいない。ボン大学ではシクリッドとエイに計算をさせた。学習の獲得はエイのほうが速い。一般的には足し算（プラス1）のほうが引き算（マイナス1）よりよくできる。もちろん昆虫も負けてはいない。ハチもある種の計算をする。オーストラリアのスカーレット・ハワードたちは見本合わせと同じような装

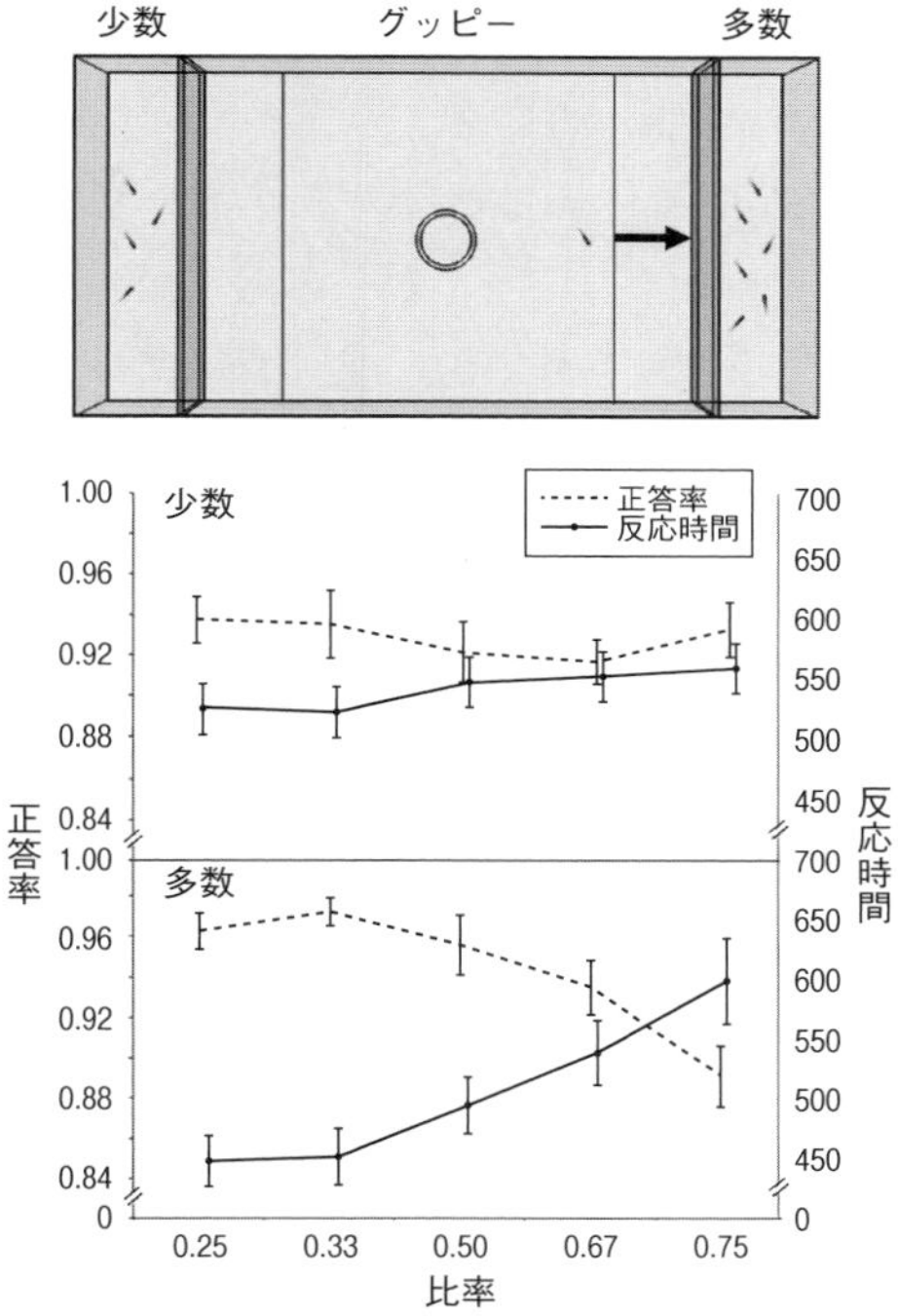

図 17-3　グッピーのサビタイズ（Agrillo *et al.*, 2020）

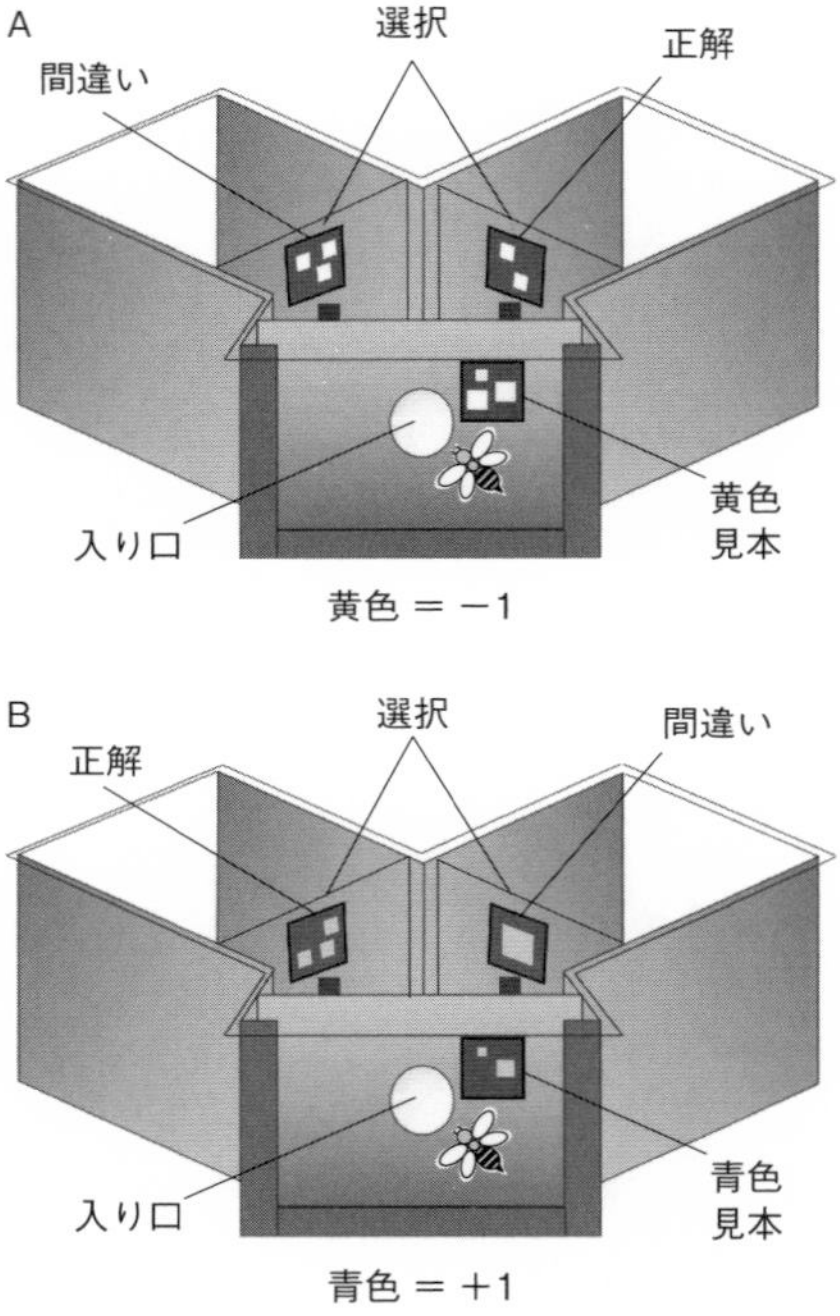

図17-4　ハチの計算（Howard *et al.*, 2019）

置を使った。入り口に、例えば三個の四角が見本として見せられる（図17-4上）。この時、四角が黄色であればマイナス1という引き算をせよという信号である。選択場面は二個の四角と三個の四角の選択で、二個を選べば正解である。四角が青色の場合（図17-4下）はプラス1という信号だから、三個の四角と四個の四角の選択では、四個を選べば正解である。

エピソード記憶はなにを、どこで、いつ、という情報を含む記憶で、ヒト固有の記憶があるという考えの最後の砦だったが、ケンブリッジ大学のカケスはこれを突破した。二〇二一年にはレンヌ大学のコウイカも突破した。この論文にはカケスのエピソード記憶を報告したケンブリッジのニコラ・クレイトンも名を連ねている。まず、別々の場所でコウイカに別々の種類の餌を食べてもらう。好みを調べる訳だ。次に、一時間後には先の二つの餌場所を選択させるが、好物の餌は取り除かれている。

三時間後にも二つの餌場所を選択させるが、この時には好物が補充されている。なにを、どこで、いつ、が記憶できていれば、一時間後では好物でない餌場所に、三時間後には好物の餌場所に行くはずである。コウイカはこれをやってのけた。

ケンブリッジのカケスは「未来への時間旅行」もできた。カケスには貯食の習慣があるが、寝る前に貯食の機会が与えられる。貯食できるのは二つの部屋で、そのどちらか一方でカケスは寝る。そして一方の部屋は朝食が出ない。実験者が寝室を決めるので、カケスにはどちらの部屋で寝かされるかわからない。さて、どちらに貯食をするかということだが、未来を見越せば朝食なしの部屋に餌を隠したほうが良いことになる。カケスはそのとおりに振る舞った。コウイカはエビが好物だ。朝食にはカニが出るが、夕食には必ずエビが出る条件と、夕食にエビが出るかどうかわからない条件を比較すると、前者では朝食のカニの食べ方が少なかった。つまり、エビ用の「別腹」を残しておいたのである。

エピソード記憶はカケスでもコウイカでも見られたが、ハチでもビュルツブルク大学から報告が出た（図17-5）。午前中（いつ）は迷路Aで（どこで）横縞を（なにを）選べば強化され、午後は迷路Bで縦縞を選べば強化されるという訓練を行う。午前中に迷路A、Bが見せられるとハチは迷路Aを、午後に迷路A、Bが見せられると迷路Bを選ぶ。時間と場所が結びついているわけだ。迷路Aの中では縦縞を、迷路Bでは横縞を選ぶので、場所と縞刺激も結びついている。午前中に未知の迷路でテストされると横縞を選び、午後では縦縞を選ぶ。時間と縞刺激の結びつきもできている。

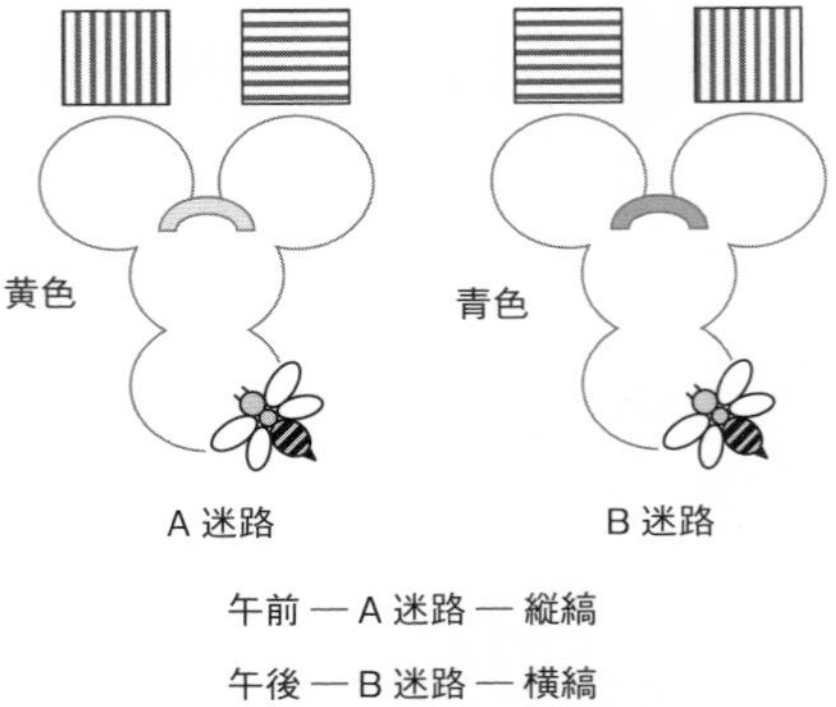

図 17-5　ハチのエピソード記憶（Giurfa *et al.*, 2001 より作成）

論理的推論

「AはAである」というのは同一律といわれるもので、論理学の基礎概念である。動物で「AはAである」を調べるには、見本合わせという訓練を用いる。ハトの実験では最初に見本となる刺激、例えば三角形を見せ、次に三角形と丸を見せる。見本と同じ三角形を選べば正解で、餌をもらえる。この「同じ」あるいは「違う」という論理操作を鳥類で最もはっきり示したのが、ペッパーバーグのオウムの実験である。オウムに黄色い紙の五角形と灰色の木の五角形、緑色の木の三角形と青い木の三角形など、色・形・材質のどれかが同じである二つのものを見せる。そして「なにが同じか?」「なにが違うか?」と質問する。この問題は見本合わせよりはるかに難しい。三角形という形が同じだった場合には、正しい答えは「三角形」ではなく「形」である。つまり、色・形・材質のどの性質が同じだったのかを答えなくてはならない。オウムはこれをやってのける。

ハチは見本合わせでも優れた能力を示す。ベルリン自由大学での実験だ（図17-6）。まず嗅覚を使って、見本がレモンだったら、マンゴーとレモンからレモンを選ぶことを訓練する。ハチがすごいのはこの訓練の後に、色の見本合わせができたことである。いわば「見本合わせ」というルールを獲得したことになる。クモは触覚の見本合わせ訓練の後に、嗅覚の見本合わせへの転移に失敗している。ハチでは見本が二個だったらTとNの選択でNを、三個だったらTをということもできた。これは象徴見本合わせと言われる課題で、高次な課題とされている。

推論に移ろう。推移的推論とは次のようなものである。A雄はB子より背が高い。B子はC太より背が高い。A雄とC太ではどちらが背が高いか？　ケンブリッジ大学で行われたカケスの実験がある。一羽のカケスが二つの対戦A対B、B対Cを観戦する。ここで観察者のカケスはA、Bは知らない個体だが、Cはよく知っている。つまり、Bは知っているCより強く、AはさらにBより強い、という観察をする。その後に観察していたカケスはA、Bと対戦させられる。A＞B、B＞C、C＞XならばA＞X、B＞Xであるという推論ができれば、観察者Xはさっさと降参したほうがいい。実際カケスはそのように行動したのである。そして、もしA、B、Cいずれも観察者にとって未知の個体だと、このような順位の推定ができない。どこかで自分との順位関係が入っていなければならないのである。スタンフォード大学のローガン・グロセンイクはシクリッドで似たような実験をした。この魚は未知の個体同士の対戦を見るだけで自分の優位関係を推論することができた。ただし、これはメスがいる場合に、オスが自分より劣位の個体と一緒にいることを選ぶ

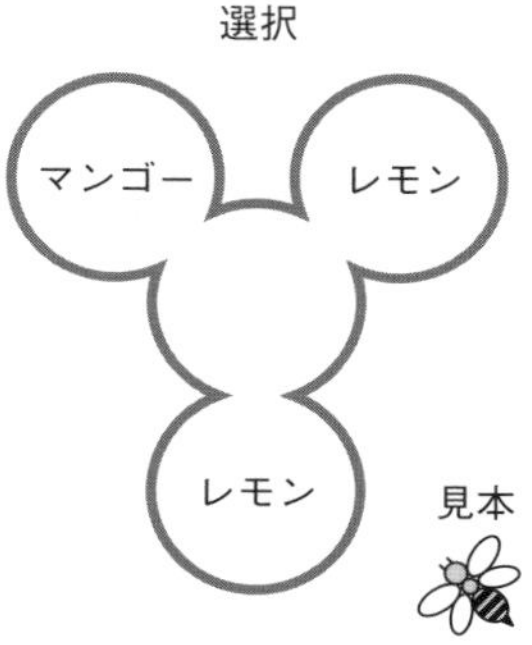

図 17-6　ハチの見本合わせの装置（Giurfa *et al.*, 2001 より作成）

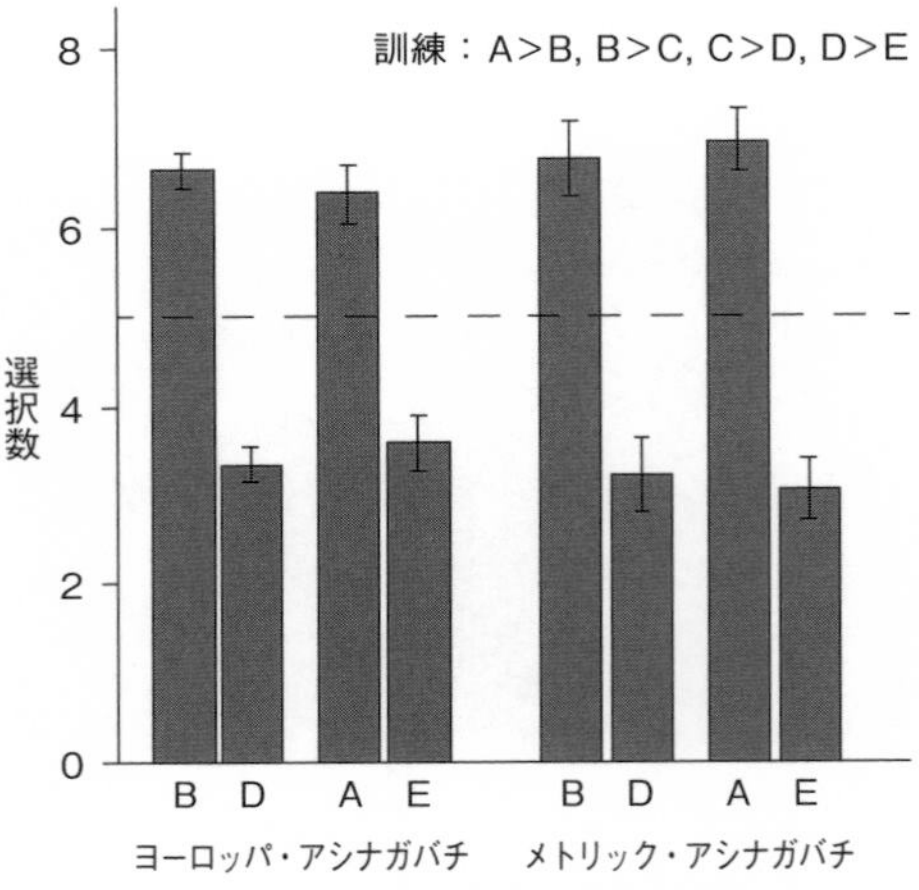

図17-7　スズメバチの推移的推論（Tibbetts *et al.*, 2019）

ということを利用しているので、実験方法がちょっと異なる。

ヒトでもハトでもチンパンジーでも、ＡＢの組み合わせだったらＡ、ＢＣの組み合わせだったらＢ、Ｄの組み合わせだったらＣ、ＤＥの組み合わせだったらＤを選択するように訓練した後に、ＢＤの組み合わせでテストすると、Ｂを選択することが知られている。これは論理的には正しくないのだが、さまざまな動物で観察されており、複数の二択問題から階層性を見出す認知的バイアスとして知られている。ミシガン大学のエリザベス・ティベッツらの研究では、アシナガバチも色弁別を使った訓練の後にはＢＤでＢを選ぶ。鳥では認知的バイアスと社会性と関係があると考えられている。つまり社会性があると、ほかの課題でも階層性を認知しやすいと考えられる。しかし、アシナガバチでは社会性の種（ヨーロッパ・アシナガバチ）でも孤立性の種（メトリック・アシナガバチ）でも同じように認知的バイアスが見られる（図17-7）。なお、セイヨウミツバチではこの認知的バイアスが見られない。

道具使用

知的行動の一つとされるものに道具使用がある。脊椎動物では哺乳類はもとより、鳥類でも魚類でも道具使用が見られる。分けてもニューカレドニア・カラスの道具作成は、群を抜いて素晴らしい。魚では、セスジベラはチンパンジーと同じように、石を使って硬い餌を入手する。ベラの仲間には道具使用をする種が三種知られているが、オーストラリアのマッコーリー大学のカラム・ブラウンは、道具使用と脳の大きさとは関係ないとしている。これらは自然状態での観察だが、タラにヒモを引っ張ると餌が与えられるようにオペラント条件づけをしたところ、個体識別のために背につけられていたタグをヒモに絡ませて、効率的に餌をもらうことを学習した個体があったという（図17-8）。もちろんタコも、隠れ家にするヤシの実の殻や貝殻などを持ち歩く。

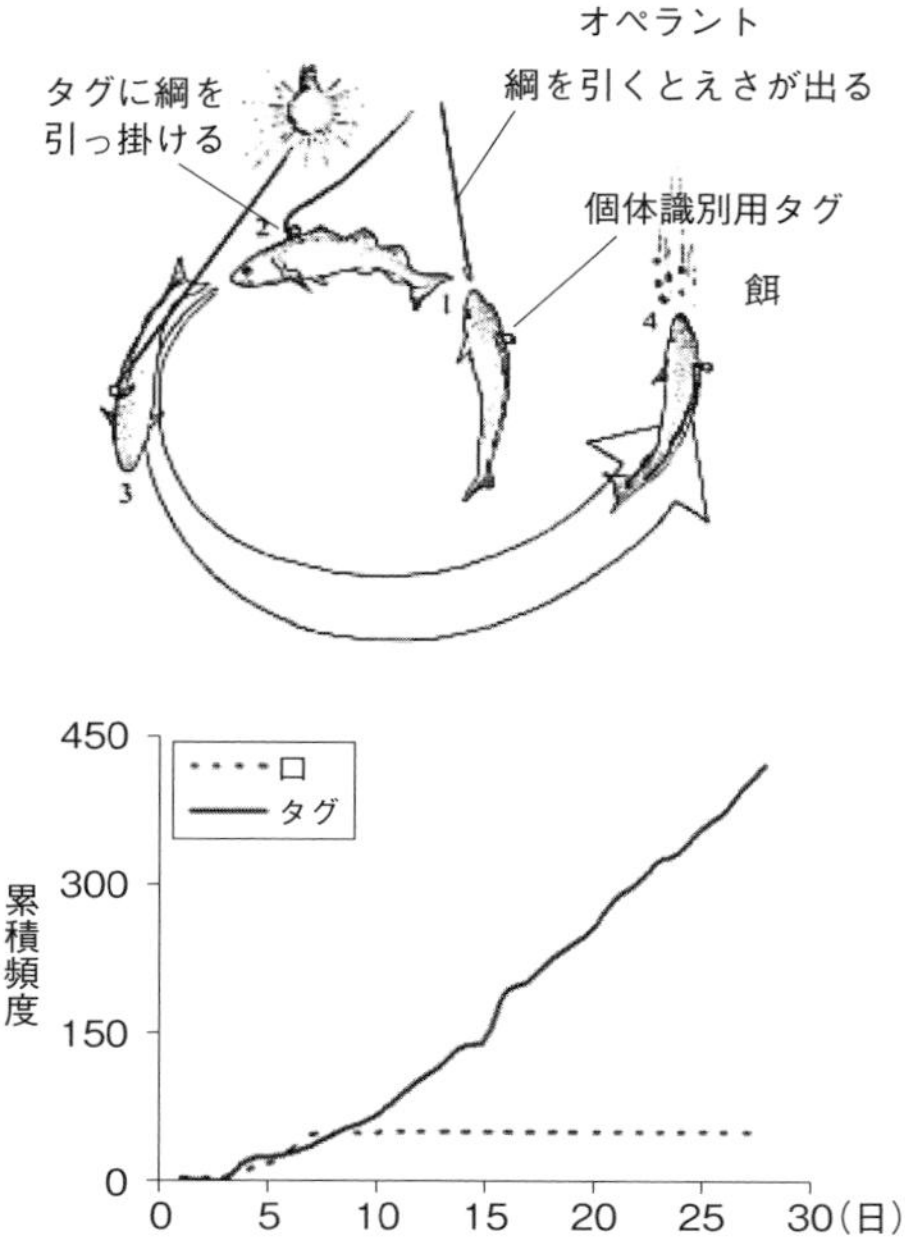

図17-8　タイセイヨウタラの道具使用（Millot *et al.*, 2014）

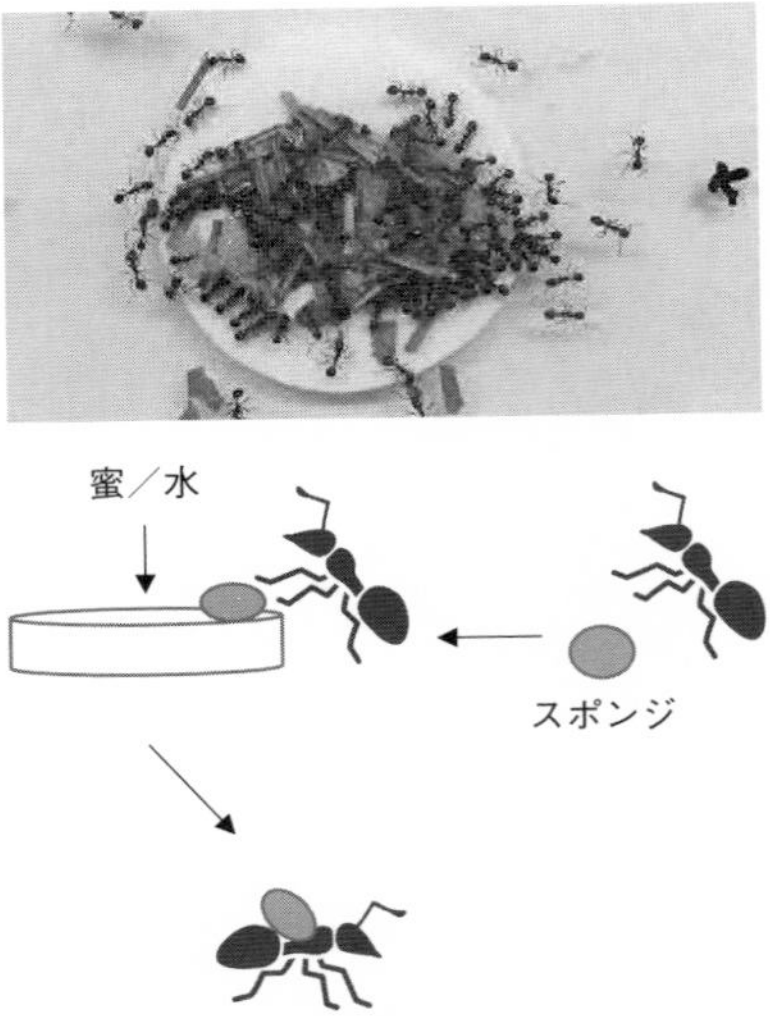

図 17-9　アリの道具使用（Módra *et al.*, 2020）

アシナガアリの仲間には道具使用と思われる行動を示すものがいる。セゲド大学（ハンガリー）のガボール・モドラらは、このアリが蜜を含んだ水に吸水性のものを浸けて、巣まで運ぶことを確かめた（図17-9）。蜜を含まない水に対してはこのような行動は示さないので、目的的な行動である。チンパンジーも同じようにスポンジを使って水を取ることが知られている。ただ、アリが個体レベルでこの道具使用を発明したかどうかはわからない。

観察学習

鳥の模倣行動として昔から紹介されている行動に、英国のシジュウカラが配達されるミルク瓶の蓋を開けて中のクリームを摂るというものがある。この行動は多くの個体に広がり、結局は蓋の形状を変えざるを得なかった。この行動については多くの研究があり、一羽の天才が出現してそれが広がったのではなく、何羽かの天才と模倣の両方が関与していたことがわかっている。

図17-10は、マルハナバチに、紐がついた人工的な花を引き寄せて蜜を採る訓練をさせたものである。これは英国、中国、ノルウェーからなる多国籍チームの仕事だ。最初からこの課題ができる個体は少ないが、図17-10にあるように、少しずつ訓練すればできるようになる。この行動を観察していた個体の多くはこの課題ができるようになった。しかも、あるコロニーの一個体を訓練すると、ほかの個体にこの行動が伝搬することがわかった。まさに、シジュウカラの瓶の蓋開け行動が伝搬したのと同じことが起きた。

社会的認知でも観察学習が見られる。スズメバチは二個体の闘争を観察した後では、攻撃的だった個体に対して攻撃を控えることが報告されている。ショウジョウバエのメスに交尾を観察させると、うまく交尾したオスとは交尾をし、交尾を拒絶されたオスとは交尾しない。つまり、観察によって適切な交尾相手の情報を得ているのである

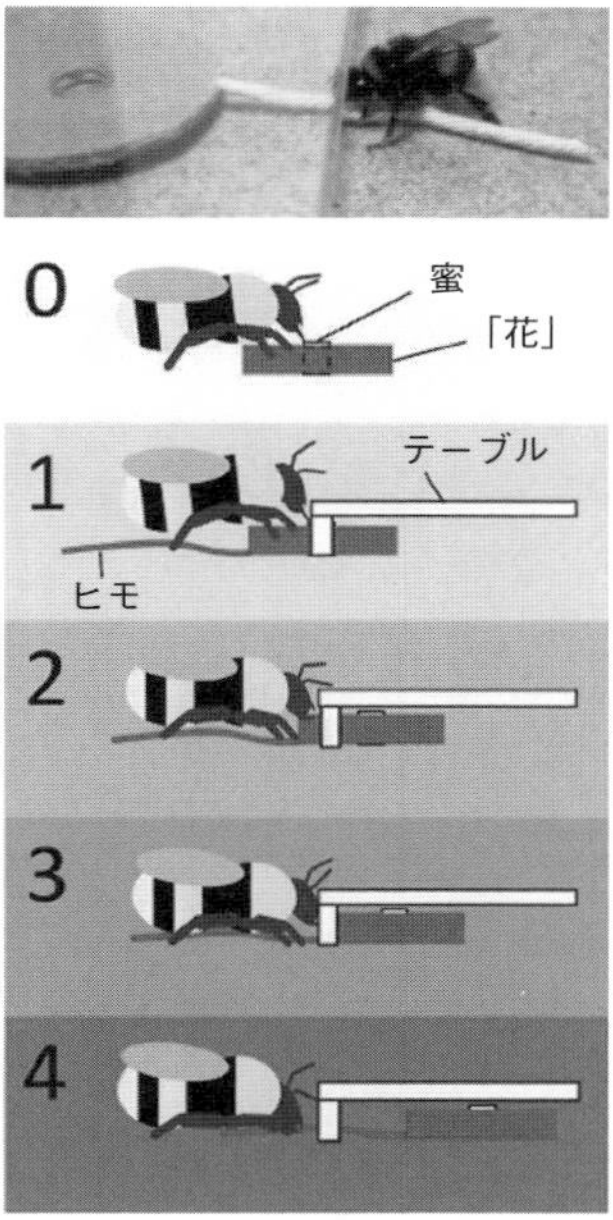

図17-10　マルハナバチの道具使用の伝搬（Alem *et al*., 2016）

救援行動

動物が仲間を助けるというエピソードは数多く報告されているが、もし、他個体の負の情動が嫌悪的なものであるなら、仲間が積極的

怪我の手当て　　　　罠からの脱出

図 17-11　アリの救援（左：Frank *et al*., 2018、右：Hollis, 2013）

にこれを除去しようとし、その結果、見かけ上助けることになるとも考えられる。動物の救援行動を実験的に明らかにしたのはサルの研究で、電気ショックを受けた経験のあるサルが隣のサルにかかる電気ショックを、レバーを引くことによって止めた、というものである。ラットの実験箱に、別のラットが台に入れられて天井から吊られている。箱の中には小さなレバーがあり、吊られていないほうのラットがこれを押すと、台が降りてきてラットは解放される。ラットは仲間を降ろしてやるのだ。小さな箱に閉じ込められたラットを、別のラットが扉を開けることによって解放するという報告もある。

アリでも救援行動が知られている（図17-11）。パリ13大学のエリゼ・ナウバリは砂漠に住むウマアリの一種で調べた。対象となる個体は糸で小さな濾紙に結び付けられ、砂の穴に入れられる。穴にはアリジゴクがいる場合もある。仲間は砂を掘ったり運んできたり、脚を引っ張ったり、濾紙や糸を噛んだりする。この行動は同じコロニーの仲間に対してだけ見られ、麻酔で動かなくなった個体に対しては見られない。ビュルツブルク大学の研究者は、獰猛な捕食性のマタベアリの、負傷個体に対する救援を調べた。狩りの最中に怪我をすると、仲間によって巣に運ばれ回復するが、負傷個体を巣から取り出してしまうと、三分の一くらいは死んでしまうことを観察した。この救援を起こす物質は二硫化メチルと三硫化メチル（アリの唾液腺から出される）である。これを健全な個体に塗りつけると、負傷兵とみなされて巣に運ばれる。

まとめ

このように見てくると、魚も虫も哺乳類、鳥類に比肩する複雑な行動を示すことがわかる。では、彼らは「知性」を持っているのだろうか。知性は、複雑な行動の背後にそれがあるとヒトが想定するものである。つまり、魚や虫が持っているものではなく、観察した人間が、魚や虫が持っているだろうと推測するものである。そして多くの人が、この章で紹介したような魚や虫の行動を「知的」だと考えるだろう。次章で詳しく述べるが、ヒトはある種の運動の背後に意図や目的を見る。ヒトに似ている必要がないばかりでなく、生物の形をしていなくても良い。機械を賢いと見ることにそれほどの躊躇はない。

それではヒトは、彼らに私的経験としての「心」があると考えるだろうか。換言すれば、擬人主義を魚類や虫にまで拡張するだろうか。第15章で述べたように、擬人主義の起源はヒト集団での他者の行動予測である。ヒト集団の成員は形態的に均一である（もちろん厳密には個人差があるが）ので、擬人主義の般化は見かけ上の類似性の制約を受ける。ドゥ・ヴァールが大型類人猿に限って擬人主義を認めたのもそのためである。その結果、多くの人が見かけが人間と異なる虫への「心」の付与には慎重になるのではないか。魚、タコ、虫、奇怪なエイリアン、それらが知的なことは認めても、ヒトと同じ心があるとは考えないのではないか。心があると考えるのは、ヒトに似ている動物か、ヒトと交渉のある動物に限られるようだ。次章では神経を持たない植物の場合を考える。

参考文献

Alem, Sylvain, *et al.* (2016). Associative mechanisms allow for social learning and cultural transmission of string pulling in an insect. *PLOS Biology, 14 (10)*, e1002564. doi: 10.1371/journal. pbio. 1002564

Agrillo, Christian, Piffer, Laura, Bisazza, Angelo, & Butterworth, Brian. (2012). Evidence for two numerical systems that are similar in humans and guppies. *PLOS ONE, 7 (2)*, e31923. doi: 10.1371/journal. pone. 0031923

von Fersen, Lorenzo, Wynne, Clive D. L., Delius, Juan D., & Staddon, John E. R. (1991). Transitive inference formation in pigeons. *Journal of Experimental Psychology: Animal Behavior Processes, 17 (3)*, 334–341.

Frank, Erik T., *et al.* (2017). Saving the injured: Rescue behavior in the termite-hunting ant *Megaponera analis*. *Science Advances, 3 (4)*, e1602187

Giurfa, Martin, Zhang, Shaowu, Jenett, Arnim, Menzel, Randolf, & Srinivasan, Mandyam V. (2001). The concepts of 'sameness' and 'difference' in an insect. *Nature, 410*, 930–933.

Hollis, Karen L. (2013). Toward a behavioral ecology of rescue behavior. *Evolutionary Psychology, 11 (3)*, 647–664.

Howard, Scarlett R., Avarguès-Weber, Aurore, Garcia, Jair E., Greentree, Andrew D., & Dyer, Adrian G. (2019). Numerical cognition in honeybees enables addition and subtraction. *Science Advances, 5 (2)*. doi: 10.1126/sciadv. aav0961

池田譲『タコの知性——その感覚と思考』朝日新聞出版、二〇二〇年

幸田正典『魚にも自分がわかる——動物認知研究の最先端』筑摩書房、二〇二一年

Millot, Sandie, *et al.* (2014). Innovative behaviour in fish: Atlantic cod can learn to use an external tag to manipulate a self-feeder. *Animal Cognition, 17 (3)*, 779-785.

Módra, Gábor, *et al.* (2020). Protective behavior or 'true' tool use? Scrutinizing the tool use behavior of ants. *Ecology and Evolution, 10 (24)*, 13787-13795.

Newport, Cait, Wallis, Guy, Reshitnyk, Yarema, & Siebeck, Ulrike E. (2016). Discrimination of human faces by archerfish (*Toxotes chatareus*). *Scientific Reports, 6*, 27523. doi: 10.1038/srep27523

Sheehan, Michael J., & Tibbetts, Elizabeth A. (2011). Specialized face learning is associated with individual recognition in paper wasps. *Science, 334*, 1272-1275.

Tibbetts, Elizabeth A., Agudelo, Jorge, Pandit, Sohini, & Riojas, Jessica (2019). Transitive inference in Polistes paper wasps. *Biology Letters, 15 (5)*. doi: 10.1098/rsbl. 2019.0015

吉田将之『魚だって考える――キンギョの好奇心、ハゼの空間認知』築地書館、二〇一七年

第18章 植物に「心」は必要か

動物も植物も同じ生物であり、進化の過程で同じような問題をそれぞれ違う方法で解決してきた。どちらも遺伝子の伝達拡散が最大の課題なのであり、そのために高次な情報処理が必要であれば、どちらもそのような機能を獲得してもおかしくない。地球上のバイオマスの九七パーセントは植物であり、生物としては動物より植物のほうが地球環境に適応している。植物が光合成によって酸素を放出し、動物は直接、間接に植物を摂取し、呼吸によって炭酸ガスを放出し、再び植物がそれを吸収する。動物と植物は不可分の関係にある。植物は独立栄養生物だが、動物は植物に依存している。動物なしの植物はあり得ても、その逆は成り立たない。

後述するように、植物に心を認める立場（植物有魂説）は古くからあり、ある意味ではアリストテレスもそうだし、ゲーテ、フェヒナー、ダーウィンらも植物にある種の知的活動を認めていた。しかし、その後、動物と植物を峻別するようになり、神経系を持たない植物に心のようなものを認めるのはナンセンスだとされるようになった。ピーター・トムプキンズとクリストファー・バードの『植物の神秘生活』（一九七三年、邦訳は一九八七年）という本が一世を風靡したことがあった。面白いことにこの本の帯には白洲正子が賛を書いている。さらに、嘘発見器の研究者クリーヴ・バクスターが植物にポリグラフをつけるという実験を行い、植物の超能力を主張した。これらは全くの似非科学であったために、その後、植物の「心」は科学者のタブーになったのである。

しかし、今、植物の「知的」能力は再び脚光を浴びている。二〇一三年のステファーノ・マンクーゾらの『植物は〈知性〉をもっている』（邦訳は一五年）、一五年のペーター・ヴォールレーベンの『樹木たちの知られざる生活』（邦訳は一八年）なども一役買っている。後者はドイツの森林管理官が書いたもので、徹底した擬人主義なのだが、擬人主義というよりは単純な感情移入で、むしろ微笑ましい。前者はイタリア・フィレンツェ大学教授であり、「国際植物神経生物学研究所」の創設者の手になるもので、脱動物中心主義の著作である。事実に基づいた議論がなされてはいるが、随所に擬人主義的表現が見られ、脇が甘い。もちろん反論もあって、二〇二〇年出版のフランス人哲学者フロランス・ビュルガの『そもそも植物とは何か』（邦訳は二〇二一年）は、前掲二冊に対する明白な反論である。『植物の学習と記憶』（未邦訳）、『植物の天才——植物の行動と知能の新たな理解』（未邦訳）などが次々と出版され、『生化学的・生物物理学的研究コミュニケーション』誌（*Biochemical and Biophysical Research Communications*）も二〇二一年に、「認知を再考する——動物から最小限の認知まで」という特集号を出した。この特集号には、第17章でも紹介した、動物心理学者には馴染みのあるイタリアのヴァロルティガラ（ヒヨコの研究者）や英国のクレイトン（カケスの研究者）も寄稿している。二〇二三年になって『プランタ・サピエンス——植物の知能を暴く』という本が出版されるに至った。もちろんこれはホモ・サピエンスをもじったもので、著者はスペインのムリカ大学で極小知能研究所(Minimal Intelligence Lab：MINT lab)を主宰するパコ・コルボである。

神経系を持たない生物が複雑な「知的」行動を示すことは興味深い。ヒトと動物の行動の連続性を保証する根拠の一つは、神経系の連続性であった。擬人主義も反・人間中心主義も、神経系の存在を連続性の根拠の一つにしている。植物の複雑な行動は「心＝脳」仮説を打ち砕くかもしれない。

なぜ植物は無視されるのか

ヒトは動物に対するほど植物に注意を払わない。「植物無視（plant blindness）」と言われる現象である。あるグループの被験者には動物の映像を、ほかのグループには植物の映像を見せてから、素早く水滴を見せる。動物を見ていたグループは水滴に気がつかないが、植物を見ていたグループは気がつく。つまり、動物を見せられると動物に注意が向くので水滴に気がつかないが、植物にはあまり注意を引かないので水滴に気がつく訳だ。子どもの認知発達を見ても、ある段階までは植物が「生きている」ことがわからない。子どもにとって、生きているとは動くことだ。

ヒトは動くものに注意を向け、動きを解釈する。運動の背後に、その運動を起こさせるなにかの独立変数（意図など）を見る。人体の関節に光点をつけて、光点の運動を示すと、ヒトはそれが人体の動きであることがわかるばかりでなく、性別、年齢、気分（落ち着いているか、怒っているか、悲しんでいるか）まで解釈してしまう。バイオロジカル・モーションといわれる現象だ。これは人体に付けた光点の動きであるが、ただの点の動きでもそこに擬人的な解釈を行う。ある点を追いかけて動く点は、意図的に動くと見なされる（ベルギーの心理学者アルベール・ミショットの名前をとってミショット刺激といわれる）。これもヒトの認知的バイアスである。

植物無視の背景には、ヒトが動物、植物、もの、という階層をつけて世界を見るということがあるといわれる。ただ、これは西欧化されたヒトの場合であり、アマゾンの先住民は動物と植物もいわば同じ人格を持ったものとして扱う。植物無視には文化依存性がある。

植物と動物の違い

植物と動物の共通祖先の単細胞動物は活発に動き回っていたと考えられる。シアノバクテリアを細胞内に取り込んで葉緑体にしたのが植物で、光を使って自分で栄養（糖）を作り出すようになった。そうなると、動き回って栄養を取らなくても良いことになる。一方、動物はほかの生物を食べて栄養にする。したがって餌を探して動き回らなくてはならない。そして、それぞれに別の進化の道をたどった。やがて裸子植物から被子植物が別れた。裸子植物は種がむき出しだが、被子植物は子房の中に種があってその中で受精する。これによって被子植物は成長が早く、従って世代交代が早く、従って進化のスピードが早まった。動物も、魚類などの体外受精から、より確実な体内受精を行うグループが出てきた。裸子植物であるスギの花粉の飛び散る様子や、凄まじい数の魚の放卵、精子の放出を見ると、これらが効率の悪いものであることが実感できる。

植物では個体とか死とかいった概念が動物と違う。挿し木はつまりクローンだし、寿命もまた桁外れに違う。動物では一〇〇年前の銛が打ち込まれたクジラが見つかったりするが、最も長生きはニシオンデンザメで、目の水晶体を使った放射性炭素の年代測定で四〇〇歳近くの個体が見つかった。一方、植物では屋久島の縄文杉が二五〇〇〇年、大王杉が三五〇〇年、米国カリフォルニア州の松は四八〇〇年である。動物とは桁が違う。木は原理的には無限に生きていられる。また、個体の死というものもはっきりしない。植物ではないが、世界最大の生物とされるのが米国ミシガン州のワタゲラナラタケで、菌糸体の大きさは一五ヘクタールに及ぶ。途方もない。

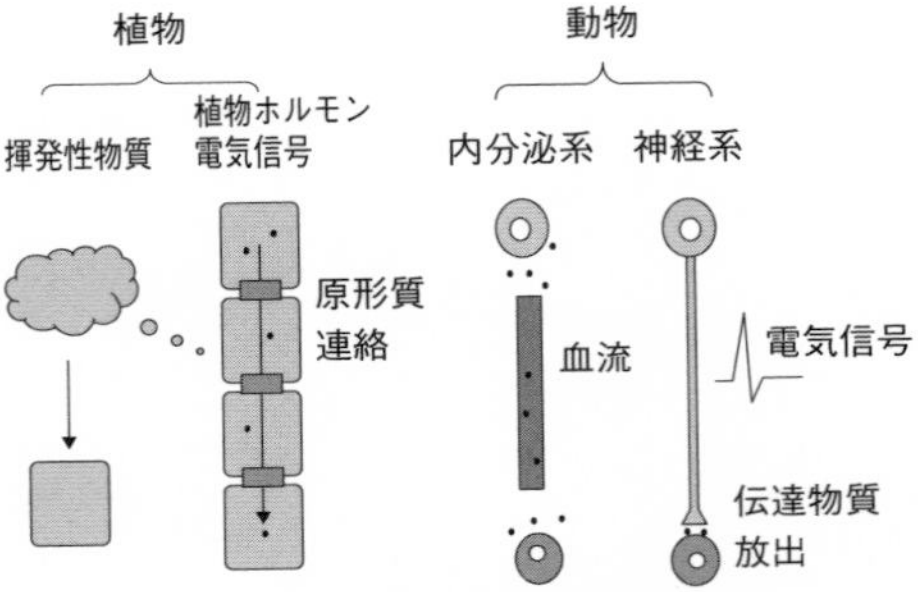

図 18-1　植物と動物の情報伝達

動物は情報伝達に二つのルートを持っている（図18-1）。神経系と内分泌系だ。どちらも細胞から化学物質を放出し、別の細胞がこれを受け取ることは同じだが、内分泌系が放出するホルモンは血流に乗ってほかの細胞に到達するのに対し、神経系は細胞体から神経繊維を伸ばして情報を伝えたい細胞の間際まで電気信号で送り、最後に伝達物質を放出する。明らかに神経系のコミュニケーションのほうが速いし正確だ。植物の植物ホルモンによるコミュニケーションはよく知られているが、電気信号によるコミュニケーションも持っている（図18-1）。植物細胞で軸索を持つものはないが、細胞＝細胞間に原形質連絡というシナプスのようなものを持っていて、バケツ・リレー式に電気信号を運ぶ。したがって、神経に比べて信号の伝達速度はかなり遅い（神経細胞は毎秒一〇〇メートルにもなるが、植物では速いもので毎秒一〇センチメートル程度）。さらに根から水を送る導管、葉から根に糖を送る師管も情報伝達に使われている。植物は神経細胞のように情報伝達に特化した細胞を持っているわけではないが、動物と植物に共通するグルタミン酸、ドーパミン、ギャバ（GABA）などの伝達物質が見つかっている。動物の神経繊維（軸索）による情報伝達の速度、精度は圧倒的だし、脊椎動物の神経系では頭部に細胞が集まって脳（中枢）を作るが、植物は導管によるネットワークはあるものの、神経系のように情報伝達に特化した器官はなく（根＝脳説については後述）、情報処理は極端な分散型である。

面白いことに麻酔薬は植物にも効く。エーテルを嗅がされたハエトリソウはハエが来ても葉を閉じなくなるし、オジギソウはお辞儀をしなくなる。リドカインなどの局所麻酔薬も効く。麻酔がかかっている時とそうでない時で、植物のなにが違っているのだろうか。意識水準？

動物の行動はほとんどの場合、筋運動だ。植物の行動には三つのものがある。①形態変化、②成長、および、③揮発性有機化合物（volatile organic compound：VOC）の放出である。形の変化は基本的には水分の移動だ。植物細胞は動物と違って骨格がなく、替わりに細胞膜を囲む細胞壁という硬いセルロースを含む組織が形を保っている。細胞膜と細胞壁の間には水を取り込む入り口と水を外に出す出口があり、水分が入ってくれば膨張が起きて細胞は大きくなり、形が変わる。成長は光屈性や発芽などで典型的に見られる。なにぶん筋運動に比べると圧倒的に遅いが、タイム・ラプス撮影（一定時間ごとのコマ撮り）で可視化できる。ご覧になった方も多いと思うが、かなりの迫力がある。ただし、先に述べた認知バイアスによって、私たちはそこに意図や目的を見てしまいがちなので、注意が必要だ。揮発性物質の放出があることは花の香りや樹木の香りを考えればすぐわかるが、揮発性物質の組み合わせを考えると一七〇〇を超すといわれる。大変な情報量だ。地中では根から物質の放出がある。これ以外に、根がクリッキングといわれる音を出すことも知られている。これは成長に伴う細胞壁の壊れる音だが、その機能はわかっていない。

感覚

第2章で述べたように、アリストテレスは植物霊魂の機能を栄養とし、感覚・運動は動物霊魂の機能とした。しかし、今日では植物の「感覚」（外界に対する感受性）は良く知られている。

光感覚　植物の多くは、ヒマワリのように光の方向を向くこと（正の光屈性）ができる。光合成を行う植物にとって光を浴びることは死活問題なので、植物間の競争はつまり光の争奪戦だ。どうすれば勝てるか。単純にほかより背を伸ばして光に近づけば良い。そして葉を繁らせ、ほかの植物に光が届かないようにする。光屈性の古典的な実験をやってのけたのが、あのダーウィンと、その息子で植物学者のフランシス・ダーウィンである（図18-2）。彼は、カナリアクサヨシの苗の先端に光を通さないキャップをかぶせた場合、光を通すガラスのキャップをかぶせた場合、先端を切り取った場合

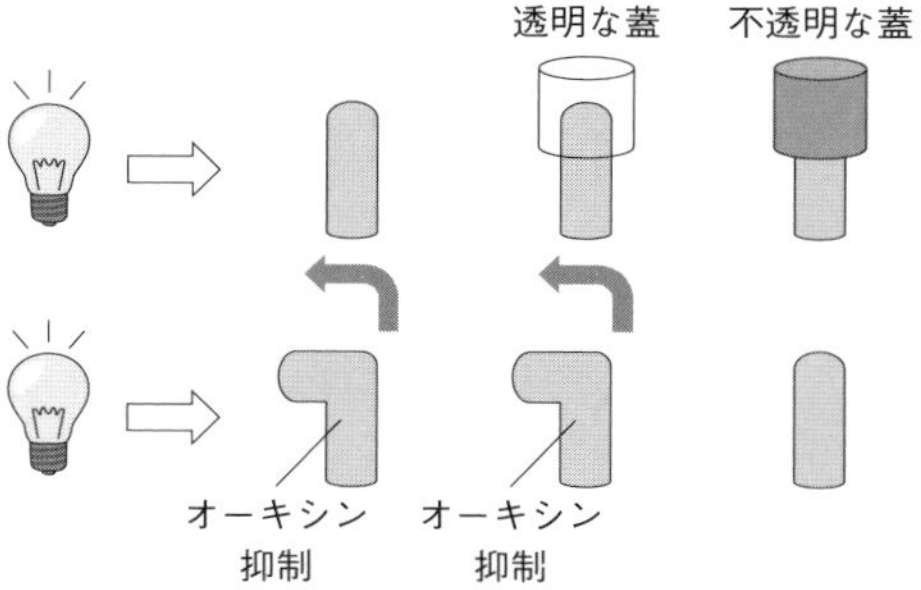

図18-3　フランシス・ダーウィンの実験

Cambridge University Library蔵

図18-2　フランシス・ダーウィン

の比較を行った。一番目、三番目では屈性は生じなかった（図18-3）。つまり、屈性は光によって起きること、およびその光感受性は先端に限局していることを示したのである。単純にして、美しい実験である。この実験は教科書にも良く登場するので存知の方も多いと思うが、実は再現性がなかった。ダーウィン自身もキャップを長くしても光屈性が起きる場合があり、光感受性が先端に限られないことを指摘している。

ただ、光屈性のメカニズムが明らかになるには大分時間がかかった。植物の成長を促すのはオーキシン（インドール酢酸：最初に合成したのは日本人の真島利光）であるが、これは芽生えの先端部分に多く含まれている。屈性は、光の当たる側と当たらない側での成長の不均衡によって生じる。それには、光の当たらない側の成長が促進されて光のほうに曲がる、あるいは逆に光の当たる側の成長が抑制されれば良い。まず前者のカラクリが考えられた。しかし、現在では屈性は光の当たらない側で成長が促進されたからではなく、光の当たる側で成長が抑制されるからだと考えられている。

では、どのように光によってオーキシン活性は抑制されるのだろうか。植物細胞には動物の光受容細胞と同じように光受容タンパク（フィトクロム、クリプトクロム、フォトトロピン）がある。フォトトロピンは、いくつかの反応を経てオーキシン抑制物質を生産する。光受容タンパクは一種類ではなく赤色、遠赤色、青色、紫外線に感受性のあるものがあり、私たちが網膜に赤、緑、黄に応答する錐体細胞を持っているのと同じだ。いわば全身に光受容体があるのだが、これは外界の視覚像を生み出す視覚ではない。かつて、表皮細胞がレンズ機能を持つと主張された。そうなると、植物は葉に落ちた私たちの姿を「見て」いることになるが、これは実証されていない。レンズ機能があっても、光受容器の情報を統合する機構がなければ、視覚像はできない。なお、土中の種子も光感受性を持ち、土中に届く光によって発芽のタイミングを決める。

聴　覚　動物や植物に音楽を聴かせるという実験は、大衆の興味を引く。この手の研究は『植物の神秘生活』[1]以来数多く報告されているが、多くの場合、実験デザインに問題があり、盲検法ではないので、効果は植物にではなく植物を育てている人に対してあるのだ、という冗談もあるくらいだ。

動物に音楽を聴かせる実験も山のようにあったが、いわゆるモーツァルト効果はドイツ政府が二〇〇七年に公式にこれを否定した。音楽の好みも鳴禽のブンチョウを用いた実験以外、あまりはっきりしなかった。僕はデグー（南米チリ原産のネズミ）で音楽の実験をしたことがある。デグーは子猫くらいの大きさで、複雑な聴覚コミュニケーションを持ち、聴覚域もヒトに近い。音楽実験にはうってつけの動物だ。ブンチョウはバッハの曲をストラヴィンスキーの曲より好むので、それらをデグーに聴かせたが、そのような選好は認められなかった。しかし、僕の実験を含めて、それまでの研究者はもっぱら西洋音楽を使っていたのである。つまり選曲にバイアスがあった。そこでデグーの故郷であるチリの民族音楽と西洋音楽を聴かせると、明らかにチリ民族音楽への選好がでた。同じように、チンパンジーにアフリカ民族音楽を聴かせると選好が見られたという報告もある。

植物にも音楽ではなく、彼らが接している環境音を聴かせたらどうだろう。西オーストラリア大学のモニカ・ガリアーノは豆の種をY字迷路で発芽させる実験を行った。一方の選択肢は乾いた土、他方は水または水の流れる音がするプラスチックの管につながっている。種子からの根は水の音のする選択肢に伸びたのである（図18-4）。

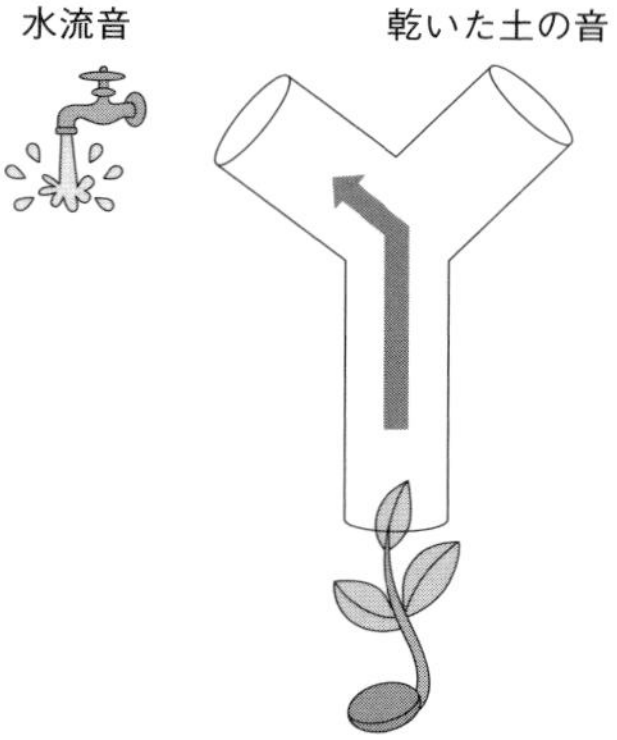

図18-4　水流音の選好

植物が害虫の忌避物質を分泌することはよく知られているが、米国・トレド大学のハイディ・アペルは、ヤマハタザオに風の音とイモムシが葉を齧る音を聴かせる実験をした。葉を齧る音を聴かせると、ヤマハタザオは多くの有毒物質を放出した。虫媒花では、ハチなどが来ると多くの蜜を分泌することも良く知られている。イスラエル・テルアビブ大学のマリン・ヴェイツはマツヨイグサ（*Oenothera drummondii*）にハチの羽音、または同じ周波数特性を持つ合成音を聴かせると、より多くの蜜を出すことを突き止めた。では、聴覚器官はなんだろう。花びらは集音器のような形をしている。これが音感受性を持つことは十分考えられる。さらに、マツヨイグサの花弁は一キロヘルツのハチの羽音に対して振動する。この振動の大きさと蜜の量は相関するし、花弁をガラスで覆って音を遮断すると振動しない。さらにコウモリの羽音（三五キロヘルツ）にも応答しない。花の音感受性は花粉媒介者の出す音に特化しているのである。地中にも植物の音がある。穀物の根は二二〇ヘルツの音を出す。しかも、この音にほかの苗が応答して、根が音源方向に伸びるのだという。特定の自然音に対して特定の反応をするという意味では、植物は聴覚を持つのである。

重力感覚　植物の芽は光に導かれて上に伸びる。では、根はなにによって下に伸びるのだろうか。一つは根に負の光屈性があるからだが、もう一つある。それは重力だ。植物の植わった鉢を上下逆さまにする。今や上を向いている根は下へと伸びる。

では、重力の受容体とはなにか。驚いたことに、動物の耳石に似た平衡石を植物も持っていたのである。これは根冠細胞（コルメラ細胞）の中にある球形のデンプンで、アミロプラストといわれ、普通は引力によって細胞の底に触れている。植物が傾けば底から転がって壁面に触れる。これは原理的には動物の耳石がやっていることと変わらない。動物の耳石は細胞外にあり、有毛細胞がその位置を検出するが、植物のアミロプラストは細胞内の構造である。植物細胞も動物細胞と同様に膜電位（細胞の中側と外側での電位差）を持つが、重力側では脱分極、反対側では過分極が起きることが知られている。つまり、重力感受性がある。

触　覚　オジギソウの葉の付け根には特殊な細胞があり、これが運動器官になっている。通常は内側のカリウム濃度が外側より高く、それを薄めるために水が細胞の中に入ってくる。水がしっかり入っていれば、細胞壁はシャンとしている。触覚刺激は電気信号としてこの細胞に伝えられ、カリウムの出入り口（チャネル）を開く。外側のカリウム濃度が高くなれば、先ほどと反対に水は中から外に流れ、細胞壁はへたる。したがって、葉が閉じるわけだ。オジギソウが葉を閉じる理由はよくわかっていないが、虫を驚かせるためだという説と、動物に食べられないためだという説が有力だ。

食虫植物で最初に発見されたのはハエトリグサで、一七六〇年に発見され、当初はオジギソウの仲間と考えられたが、ここでもダーウィンが登場する。一八七五年に『食虫植物』という本を出版した。意外なことに「食虫植物」という名前に反対したのはかの大植物学者カール・フォン・リンネである。彼は虫がたまたまそこに止まっただけで、植物が「食べたり」することはあり得ないと主張したが、現在では六目一二科六〇〇種以上の食虫植物が知られている。これらはいくつかの系統で独立に進化して類似の機能、形態を示すものである。いずれも栄養状態の悪い土地の植物で、ある種の棲み分けのようにして進化したらしい。独立栄養のはずの植物でも動物の肉を利用するものは結構いて、ジャガイモやキリの葉は粘着性の液体や毒を出して昆虫を殺す。虫を消化できなくても、死んだ虫は地に落ちて、やがて窒素肥料として植物に吸収される。スミレの一種は土中に葉を生やし、粘着力によってミミズなどを捕食し、窒素肥料として利用する。これらは「原食虫植物」と呼ばれることもある。

ハエトリグサの葉の内側には感覚毛が生えていて、触覚センサーになっている。なかなか巧妙にできていて、なにかが一本に触れただけでは作動しない。一定時間以内（約二〇秒）に二本目に触れる

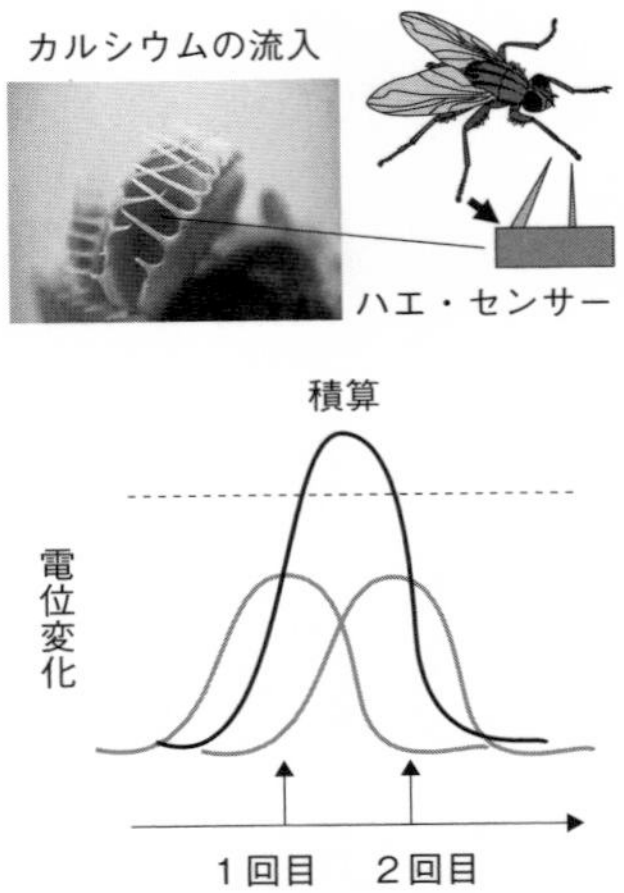

図18-5　ハエトリグサのセンサー

ことが必要だ。刺激の効果が時間的に加算されて、一定の強さに達した時に葉が閉じる。一回目の刺激でカリウムイオンが増加し、それが元に戻るまでに二回目の刺激が来れば電位変化は積算され、閾値を超えれば活動電位が発生し、それによってＡＴＰ加水分解のエネルギーで葉が閉じる（図18-5）。では、どうしてあのような素早い運動が起きるのだろうか。ハエトリグサの葉は、普段は外側に反り返った状態になっているが、座屈現象（凸型のものが力を加えることによって急に凹型になること）によって葉が一気に反り返ると考えられている。ハエトリグサは獲物を捕らえるだけでなく消化しなくてはならないが、たくさんの感覚毛が触れられると、それだけ多くの消化酵素が分泌されるようになっている。

ハエトリグサやオジギソウの触覚はわかりやすいが、ほかの植物たちも葉に触覚センサーを持っており、芽生えに触れると成長を止める。盆栽は手入れされることによって成長が抑制される。僕は教育者としてはあまり面倒見の良いほうではなかったが、手を加えすぎると盆栽のように小さな研究者ができてしまうという言い訳をよく使ったものである。

「知的」な行動

植物は感覚刺激に反応するばかりではない。さらに複雑な「動物的」反応も示す。走光性にしても太陽の動きの速度と植物の動きの速度を考えれば、植物はある種の予測をしているとも考えられる。植物の概日リズムもその機構を考えるとかなり複雑だ。ここでは植物が示す「動物的」行動を紹介しよう。

学習と記憶　動物行動の特性の一つは経験によって変化すること、つまり可塑性である。可塑性は様々な段階で認められるが、一番素朴なものは非連合的な順化であり、次に複雑なのは連合的な条件づけである。オジギソウの反応にも可塑性がある。ラマルクは友人に頼んで、オジギソウを馬車に積んでパリの街を走らせた。初めは馬車の振動によって葉を閉じるが、やがて閉じなくなった。つまり、運動に対する馴化が起きたのである。この馴化はどのくらい続くのだろうか。ガリアーノらがこの問題に挑戦した。オジギソウの鉢を落下させる訓練を繰り返すと、訓練前ではおよそ八割の葉が閉じていたのが、三〜四割しか閉じなくなる。つまり、馴化が起きる。これだけだと疲労の可能性もあるので、垂直移動から水平移動に変えると、再び七割のオジギソウは葉を閉じるようになった。この馴化は六時間後にも見られ、さらに二八日後にも見られている。

次は条件づけである。ガリアーノらは、エンドウの芽生えの光屈性を利用して実験を行った（図18-6）。芽生えは暗黒条件で育てられるが、Y型の管が被せられている。一試行は二時間からなり、条件づけでは一方の管から六〇分間風が送られ（条件刺激）、次いで三〇分間風（条件刺激）と光（無条

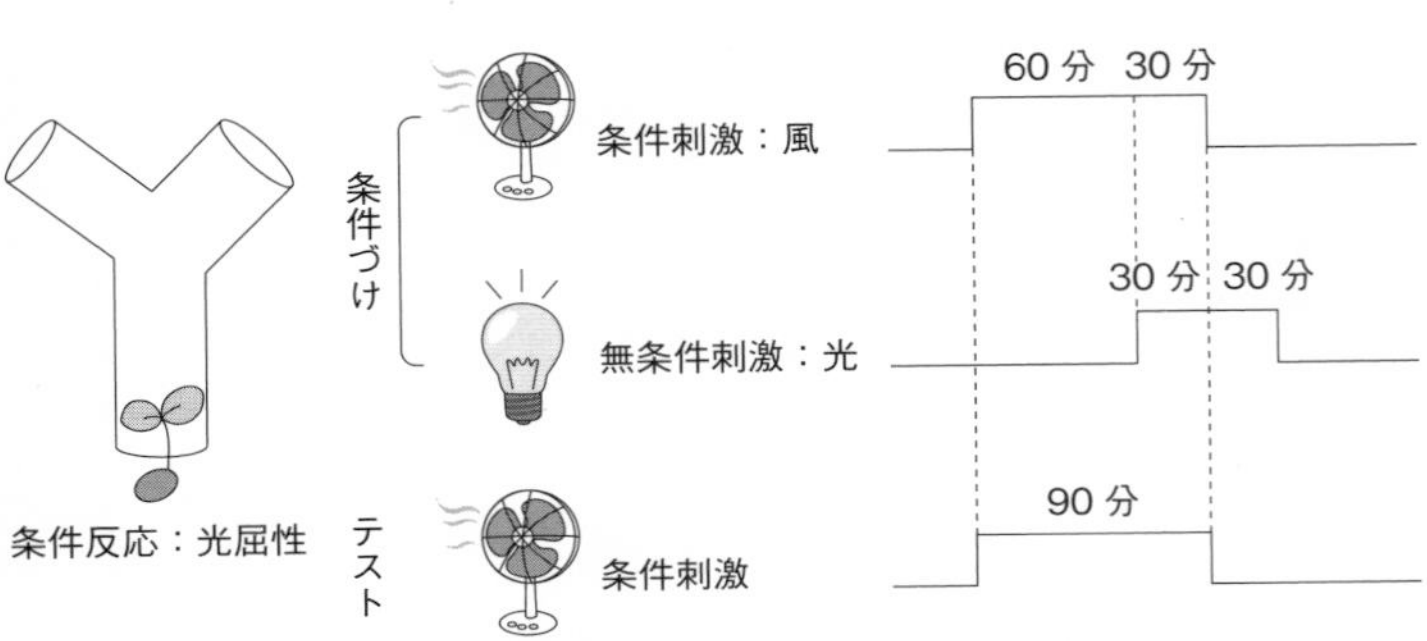

図 18-6　光屈性を利用した条件づけの実験

件刺激）の両方が送られ、最後に三〇分間光のみが呈示される。この間、他方の管にはなんの刺激もない。一時間後に再びこの訓練を行う。これを一日三回三日間繰り返す。二つの管のうち、左右どちらに風と光があるかは無作為に変えられる。その後、テストを行う。テストでは一方の管から風（条件刺激）のみが九〇分間送られる。その翌日の朝に、芽がどちらの管に伸びたかを調べる。統制群は条件づけを行わない。条件づけを受けた群では、条件刺激である風の出ていた管に多く芽を伸ばしたのである。正統的なレスポンデント条件づけのデザインを踏襲しているが、欲をいえば、統制条件をランダム条件[2]にしてほしかったが。

植物間のコミュニケーション　まずは一つの植物の中での情報の伝達を見てみよう。植物の実験でよく使われるシロイヌナズナ（ぺんぺん草）の葉を切ってみる。すると葉の中でグルタミン酸が放出される。このグルタミン酸は動物の神経伝達物質としてよく知られている。グルタミン酸受容体がこれを受け取るとカリウムイオン濃度が変化する。この変化は細胞間で伝搬し、まだ切られていない葉は侵襲に備えて防御体制をとる。この情報の伝搬には神経細胞は介在しない。

従来から、毛虫にたかられた柳の近くに生えている柳には毛虫がつかないことが知られていた。毛虫にたかられた柳が揮発性物質を放出し、それを近くの柳が受け取るからである。トマトは害虫に襲われると数百メートル離れた植物に届く揮発性物質（この場合はジャスモン酸メチル）を放出する。このような効果は虫のついた植物をビニールで覆うとなくなるし、扇風機で揮発性物質を特定の方向にだけ送ると、その方向にある植物だけに忌避物質が認められる。

植物間の情報伝達は揮発性物質のみならず、根端を介して地中でも行われる（図18-7）。地中での根の情報伝達や栄養のやり取りは未だにわからないことが多い。なにしろ土の中だから見えない。植物は根を介して物質のやり取りをしているだろうか。これを調べる最強の方法は、放射性同位元素で印を付ける方法だ。植物は光合成で作った糖を根に送るが、放射性同位元素のC^{14}を注入して糖にラベルをつけておく。するとなんと隣の木でもC^{14}が確認されたのである。つまり、ラベルをつけられた糖が、根を通じて隣の木に移動していた動かぬ証拠である。これはある種の互恵関係で、同種のみならず針葉植物と広葉植物の間でも、物質移動によるある種の援助行動のようなものが見られる。

根のネットワークはウッド・ワイド・ウエッブ（wood-wide web）といわれ、その中で古い大きな木はあたかも通信網のハブのような役割を果たすという。特に注目されているのがミクロＲＮＡによる情報伝達だ。ミクロＲＮＡはメッセンジャーＲＮＡ（タンパク合成の際にＤＮＡから遺伝情報を移し取るＲＮＡ）と結びついてリン酸の取り込みを修飾し、結果として開花を遅らせる。このミクロＲＮＡは

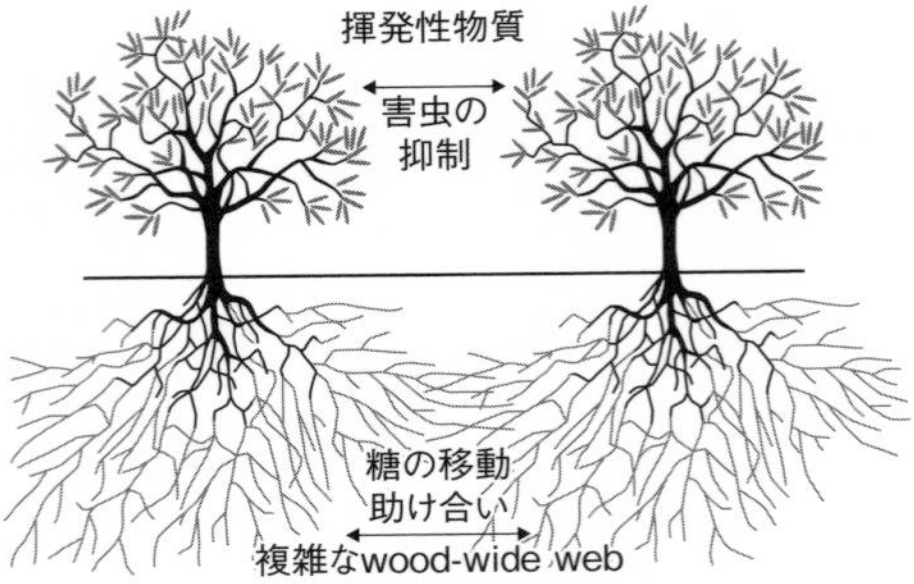

図18-7　植物間のコミュニケーション

根から放出され、直接あるいは培地を経由してほかの植物に受け取られる。RNAには多くの情報が書き込める。揮発性物質の放出とは桁違いの情報伝達をしている可能性があるわけだ。なお、植物の根と菌糸とは共生関係にあり、根のネットワークや物質の交換に大きな役割を果たす。

他種とのコミュニケーション　害虫に対する防衛戦略として、害虫の天敵を揮発性物質で呼ぶことがよく知られている。ミザクラは葉に蜜腺があり、アリを呼んで毛虫を退治する。ライマメはナミハダニに取りつかれると、このダニを食べるチリカブリダニを揮発性物質で引き寄せるし、トウモロコシの原種は羽虫にたかられると揮発性物質で羽虫の幼虫を食べる線虫を引き寄せる。植物の蜜は花以外の場所でも出すことができる。面白いのは、アカシアの蜜は糖以外にさまざまなアルカロイドを含み、その中に依存性物質があるらしいことだ。アリは蜜から糖を得るばかりでなく、蜜の依存性が形成され、その木から離れられなくなってしまっているのかもしれない。

植物はたまたまなにかで機械的に傷ついたのか、なにものかが自分を齧っているのかわかるのだろうか。どうもある程度わかるらしい。東京理科大学の有村源一郎たちはハスモンヨトウという害虫が葉を食べる時に出す唾液の成分を突き止め、シロイヌナズナを機械的に傷つけた場合に比べて、機械的に傷をつけてその唾液成分を塗った場合は、防御遺伝子発現が多くなることを明らかにした。ほかの害虫の唾液ではこのような遺伝子発現は見られないので、自分を齧っているのがどの虫であるのかわかるらしい。

虫媒植物は、高度に進化した情報伝達を行っており、多くの花は目立つ色や形をしている。つまり虫を誘うわけだが、何度も繰り返し虫媒をしてもらう必要はない。ノボリフジの花はミツバチが来たら花の色を青に変える。蜜がない信号になるわけだ。虫媒はお互いさまだが、利害が対称性でない場合もある。ランはメスそっくりの花の擬態でハチのオスを交尾へと誘う。オスバチは花の交尾を手伝うだけである。ショクダイオオコンニャクは死骸の匂いを出して甲虫やハエを呼ぶ。植物は繁殖戦略に虫や鳥を使うが、最も成功したのはヒトを使った栽培植物の戦略だろう。ヒトは種まきから水の世話、肥料、防虫まで至れり尽くせりで、結局ヒトが食べるといっても、栽培植物の生息圏の拡大は圧倒的だ。しかも、ヒトが食料にする植物の種類は減少している。現在の栽培植物は勝組なのだ。同じことは家畜にもいえる。ヒトは彼らの増殖を助けているのだ。

秋の紅葉は私たちを楽しませてくれる。葉の根元に、葉と植物本体の連絡が断たれ、葉の光合成で作られた糖が蓄積され、アントシアニンという赤い色素になり、一方、葉の緑のもとである葉緑素は低温で壊れていき、あの美しい紅葉になる。この発色にはかなりエネルギーが必要であり、なんのためにそのようなコストをかけるのかは謎とされてきた。最近では、これは余剰エネルギーの「見せびらかし」、つまり、害虫が来ても十分防御体制ができることの「正直な信号」ではないかと考えられている。ライオンに追われたインパラが必要以上に跳躍して、自分の運動能力の誇示をする(スポッティング)と同じだ。対捕食戦略としては動物も植物も同じような方法を取っている。

血縁選択　動物では繁殖戦略として血縁選択が知られている。個体は自分と遺伝子を共有する個体(血縁)を選択的に選んで助け、そのことによって間接的に自分の遺伝子の拡散をするというものだ。植物の根の成長は競争的で、他個体の根の成長を妨げ、資源を独占しようとする。オニハマダイコンのタネを二つの容器に入れる。一方には同じ個体の種だけ(つまり兄弟)を入れ、ほかの容器には異なる個体の種(つまり同種だが他人)を混ぜて、それぞれ発芽させる。前者が自分の根の発育を控えていたのに対し、後者はそれぞれが勝手に根を伸ばして競合的になった。植物が血縁を見分けることは、放射性同位元素を使った方法でも確認されている。

植物有魂論

起源は古い。アリストテレスは植物霊魂というものを認めていたが、その機能は栄養である。第2章で述べたように、彼の霊魂は生命原理のようなもので、霊魂＝心ではない。植物から人間が生まれたという神話は多く、欧州ではトネリコやニレから人間が生まれたことになっている。デカルト革命(第2章)以降も植物霊魂は生き残った。『人間機械論』で有名なラ・メトリには、『人間植物論』(*L'homme-Plante*)という著作もある。人間の生理と植物の生理を比較したもので、人間機械論の創設者としては当然の主張かもしれない。出版年は『人間機械論』のほうが一年早い。

植物有魂論者としては、フェヒナー（第7章参照）を挙げなくてはならない。彼は視覚実験のために眼を酷使し（太陽を長時間見つめた）、盲目同然となった。視覚回復過程でムルデ川（ライプツィヒにある）散策中に花から霊魂（人間の子どもの姿をしていたという）が出てくるのを目撃する。そして一八四八年に『ナナ――植物の精神生活』を上梓する。ナナはゲルマン神話の女神の名前である。フェヒナーは霊魂に神経系は必要ないとする。この本は一応「精神生活」というのが定訳のようだが、原語はSeelenlebenである。Seeleを精神と訳すのは間違いではないが、植物の精神というのは違和感がある。実際、フェヒナー自身「植物が高次の意識や反省的意識を持つとは考えていない」と述べており、植物を新生児にたとえている。つまり、感覚や反応を備え、一定の適応的行動を取る、ということで、それほど素っ頓狂な主張ではない。そのようなことから、フェヒナーの伝記を著した岩渕輝はSeelenlebenを「内的生」と訳すのが適当だろうとしている。フェヒナーはさらに、物質にも地球や天体にも霊魂を認める汎神論へと突き進み、やがて『死後の世界』を著す。この時代は自然哲学と自然科学が同じ研究者の中で混在しており、今日から見るとわかりにくい。

図 18-8　根＝脳説

「根＝脳説」も昔から主張されてきた考えである。すでにアリストテレスが動物の脳と植物の根の類似性を指摘している。ただし、アリストテレスは脳を心の器官とは考えていなかったことにも注意すべきである。植物を倒立した人間とみなす考えはデモクリトスの発明だが、フランシス・ベーコンも『新オルガノン』で「人間は逆さになった植物だ」としている（図18-8）。根=脳説はダーウィン親子も支持しており、チャールス・ダーウィンは『植物の運動能力』の最後に「根が下等動物の脳のような働きをしている」と記しているし、フランシス・ダーウィンは一九〇八年の英国科学振興会で植物の知性を主張し、物議を醸したという。

神経系の機能はそのネットワークにあるが、ライ麦を植えるとその根の総延長は六二〇キロメートル、小さな根毛まで入れれば一一二〇キロメートルになるという。途方もない長さだ。実際、根が張った様子は細胞の樹状突起（この名称自体植物との類似性を象徴しているが）を彷彿とさせる（図18-9）。植物群は集団的知性だとみなせるかもしれない。根=脳説は一二〇年の歳月を経て、二〇〇五年に『植物生物神経学』で再登場する。ミシェル・グラントマンとアリエル・ノヴァプランスキイの主張はこうだ。植物も動物も同じ生物だ、動物にだけ神経や認知を認めて植物に認めないのはそれこそ「オッカムの剃刀」に反する、というものである。ご記憶にあるだろうか。これこそグリフィンら認知動物行動学者が擬人主義を唱えた時の論理なのだ（第12章参照）。

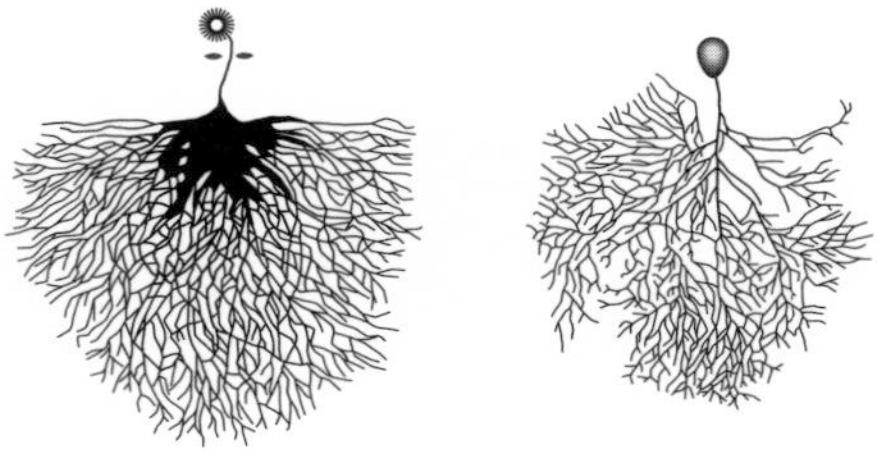

図18-9　植物の根（左）とプルキンエ細胞の樹状突起（右）

植物の擬人主義

もちろん植物の擬人主義というものはあり得る。花に話しかけたりする人も多いと思う。しかし、それらは感情移入であって、植物の中に独立変数としての心を想定し、それによって植物の行動を理解しようとすることではないと思う。現代の植物学者で擬人主義を主張する人はいないだろう。しかし、これまでに述べてきた植物の複雑な行動は、実行器を無視してその過程だけ見れば、動物とそれほど遜色ない。何故、植物は比較認知科学の対象にならないのだろう。かつて、アリストテレスは人間霊魂、動物霊魂、植物霊魂を分けたが、進化論の登場は動物と人間の境界を連続的なものにした。動物は植物から進化したわけではないから、植物との連続性はない。もちろん、ヒトと植物の共通祖先である単細胞動物に辿りつくことはできる。しかし、違う路を辿ることあまりに久しい。僕は植物における高次情報処理を疑わない。植物も動物も、同じ地球で適応するために、似たような随伴性にさらされている。環境変化に対する可塑的な適応を知的なものと捉えるならば、植物もまさに知的である。植物に対する擬人主義的理解が生じにくい理由は、やはり見かけの相違が大きい。

神経系の進化による解決にもさまざまな道があった。哺乳類や鳥類の脳の進化も、イカ、タコの巨大神経節と腕の神経の独立分散処理も、昆虫の神経節も、それぞれ別の道である。植物もまた、神経系による迅速な運動を必要としない適応をやってのけた。フランスの高等社会科学研究院のエマヌエーレ・コッチャは、植物に関して「解剖学的ではない脳の定義」が必要だとし、種子の発生と脳における概念形成の類似性を指摘している。彼によれば、脳とは知や認識を保持する物質の輪郭、ということになる。動物のように自ら移動せずに他者を引き寄せる花は脳であり、すなわち理性であるとしている。この理性はアルゴリズムと考えることもできよう。もし、本当に実行器を問わない情報処理（神経系でも機械でもなく）が認知科学の対象ならば、植物認知科学は十分に可能なのだ。植物に脳を認めるのではなく、動物の脳はアルゴリズムの実行器の一つに過ぎないと考えるほうがよかろう。

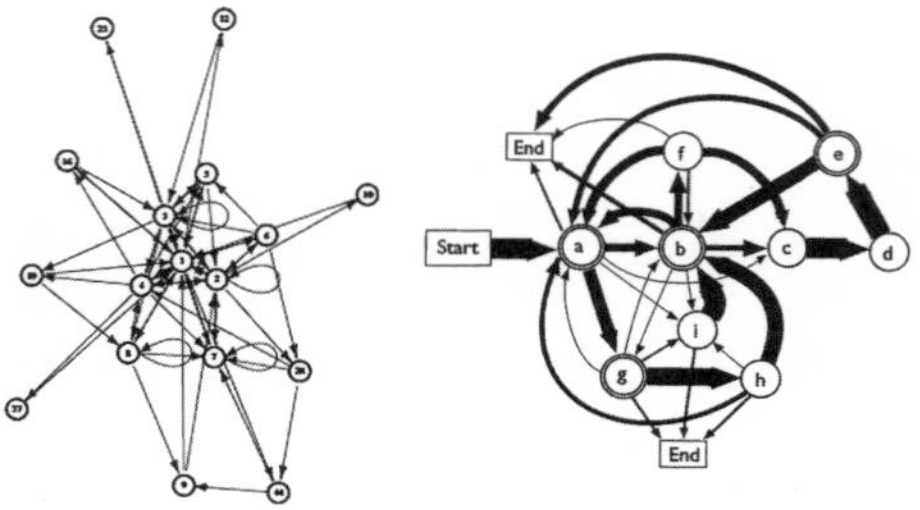

図 18-10　キノコの文法（左）とキンカチョウの文法（右）

単細胞生物の行動

分類学というと大変地味な印象があるが、実際には目まぐるしく変化する研究分野である。動物と植物との距離は、動物と菌類の距離より離れているように見えるし、キノコもダイコンも一緒に八百屋の店頭に並ぶ。しかし、最近の分類では、動物と菌類は一つの仲間であり、アメーバや粘菌の仲間とともに、アモルフェアというグループに属する。一方、植物は有孔虫、繊毛虫などのSARというグループ、ミドリムシなどのエクスカバータというグループとともに、ディアフォトティケスと呼ばれるグループに属する。つまり、キノコや粘菌は、ランや竹よりも私たちに近い生き物なのだ。

多細胞生物のキノコが複雑な電気信号を発していることが最近わかった。英国のアンドリュー・ア

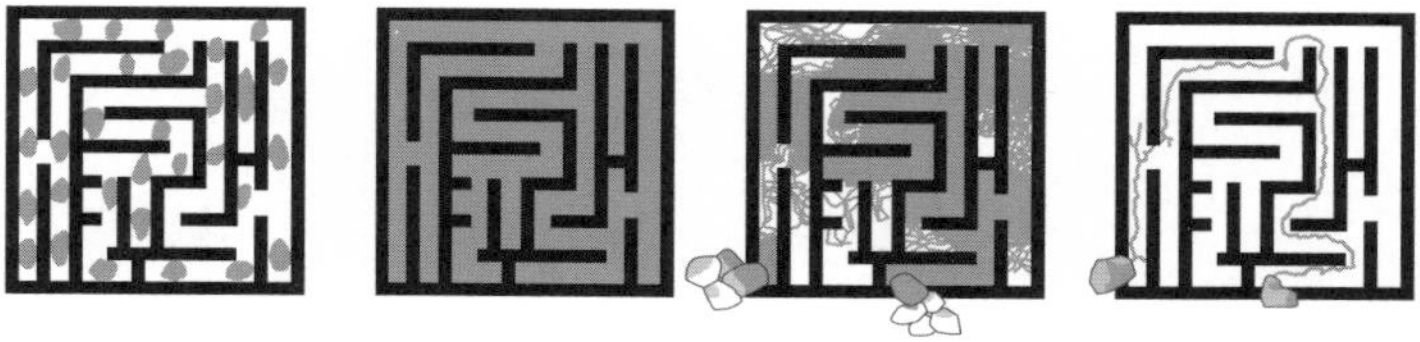

図18-11　迷路を解く粘菌（中垣，2014より作成）

ダマツキイは、四種類のキノコから電気信号を検出し、それぞれの種が固有のスパイクパターンを持っていることを発見した。さらに単語に相当するパターンを突き止め、鳴禽類であるキンカチョウの歌のように、文法のような産出規則を持つことを明らかにした（図18-10）。この電気信号は菌糸を介しての情報伝達の可能性を示唆するものである。

単細胞生物も、神経細胞抜きの複雑な行動を示す。ゾウリムシは単細胞だが、一個の細胞の中に感覚器官も運動器官も持っている。光受容のためのロドプシンも持っているし、神経伝達物質の受容体も持っている。もちろん、これは将来受容体として使うために持っているのではなく、やがて神経細胞がその物質を受容体として使ったに過ぎない。単細胞生物の複雑な行動はジェニングスの頃から研究されており（第6章参照）、結果がまちまちであるが、レスポンデント条件づけ（パヴロフ型条件づけ）は可能だと考えられる。

モジホコリなどの粘菌も単細胞だが、これは原形質がいわば自由に離散集合する奇妙な生き物である。第8章で述べたように、北海道大学の中垣らは粘菌の研究でイグ・ノーベル賞を授与された。図18-11にあるように、ある種の迷路に粘菌の切れっ端をところどころに置く。やがてそれらが集合して一個の細胞となり、迷路いっぱいに広がる。次いで迷路の二箇所に餌を置く。粘菌としては体をこの二箇所の餌に最短距離で到達できるように変形するのが適応的である。そして粘菌はまさにその通りの行動を示したのである。

粘菌を細長い廊下のような装置に入れる。粘菌はゆっくりと廊下を進む。途中に粘菌の嫌いなキニーネが塗ってある。粘菌はしばし立ち止まるが、それから引き返すか、キニーネを乗り越えるか、体を二つにして一方は引き返し、他方はキニーネを乗り越えるかを決めなくてはならない。最後の選択は粘菌ならではである。面白いことに、粘菌によって判断が違う。個体差がある。彼らには個性があるのだろうか。現在、これら原生動物の知的行動の大きな研究プロジェクトが日本で進んでいる。物理・数学の研究者が多いので、すべてを力学で説明しようという元気のある研究だ。成果を期待したい。

まとめ

神経系を持たない生き物の環境に対する適応的な行動は、「知的」ということをそのように定義すれば、まさしく知的である。彼らの中に高度な情報処理のためのアルゴリズムがあることに間違いはない。しかし、ヒトは食虫植物や粘菌に、原因としての「心」があると感じるだろうか。第17章の最後に述べたように、類人猿が知的な行動を示せば、ヒトはそこに「心」があると思うだろう。ほかの哺乳類でもそうかもしれない。爬虫類や魚類では怪しくなる。なにが違うのか。見かけが違うのである。第16章で述べたように、擬人主義の源は同種の少数個体の仲間で通用する行動予測の方法であり、仲間とはまず見た目が似ているものなのだ。そのため、節足動物や軟体動物への「心」の付与はためらわれる。

植物や単細胞動物は神経系を持たない。「知的活動＝神経活動」や「心＝脳」は大きな挑戦を受けることになる。第15章で述べた、二〇一二年のケンブリッジ大学での「人間以外の動物も意識を生じさせる神経基盤を持っている」という宣言もまた、修正を余儀なくされるかもしれない。

注

（1）盲検法とは、実験者がどの群に実験操作（例えば音楽を聞かす）を施し、どの群に比較操作（例えば雑音を聞かす）したかという情報なしに、結果（例えば果実の収穫）を測定する方法。

（2）条件づけでは条件刺激と無条件刺激が時間的に接近して生起するが、この統制条件としては、単に条件刺激だけが生起するのではなく、条件刺激と無条件刺激が無作為に生起する条件（ランダム条件）が必要である。

参考文献

アッテンボロー、デービッド　門田裕一（監訳）『植物の私生活』山と渓谷社、一九九八年
バクスター、クリーヴ　穂積由利子（訳）『植物は気づいている――バクスター氏の不思議な実験』日本教文社、二〇〇五年
Baluška, František, Mancuso, Stefano, Volkmann, Dieter, & Barlow, Peter W. (2009). The 'root-brain' hypothesis of Charles and Francis Darwin: Revival after more than 125 years. *Plant Signaling & Behavior, 4 (12)*, 1121-1127.
Blauska, Frantisek, Gagliano, Monica, & Witzany, Guenther (2018). *Memory and learning in plants*. Springer.
ビュルガ、フロランス　田中裕子（訳）『そもそも植物とは何か』河出書房新社、二〇二一年

ブロス、ジャック　田口啓子・長野督（訳）『植物の魔術』八坂書房、一九九四年
チャモヴィッツ、ダニエル　矢野真千子（訳）『植物はそこまで知っている——感覚に満ちた世界に生きる植物たち』河出書房新社、二〇一三年
コッチャ、エマヌエーレ　嶋崎正樹（訳）『植物の生の哲学——混合の形而上学』勁草書房、二〇一九年
ダーウィン、チャールズ　渡辺仁（訳）『植物の運動力』森北出版、一九八七年
ダーウィン、チャールズ　渡辺仁（訳）『よじのぼり植物——その運動と習性』森北出版、一九九一年
フェヒナー、グスタフ　服部千佳子（訳）『フェヒナー博士の死後の世界は実在します』成甲書房、二〇〇八年
福島健児『食虫植物——進化の迷宮をゆく』岩波書店、二〇二二年
Gagliano, Monica, Vyazovskiy, Vladyslav V., Borbély, Alexander A., Grimonprez, Mavra, & Depczynski, Martial. (2016). Learning by association in plants. *Scientific Reports, 6*, 38427. doi: 10.1038/srep38427
ガルストン、アーサー・ウィリアム　太田行人（訳）『緑の知恵——植物の知られざる生活』岩波書店、一九八二年
稲垣栄洋『面白くて眠れなくなる植物学』ＰＨＰエディターズ・グループ、二〇一六年
岩渕輝『生命（ゼーレ）の哲学——知の巨人フェヒナーの数奇なる生涯』春秋社、二〇一四年
Mancuso, Stefano (2018). *The revolutionary genius of plants: A new understanding of plant intelligence and behavior.* ATRIA books.
マンクーゾ、ステファーノ　ヴィオラ、アレッサンドラ　久保耕司（訳）『植物は〈知性〉をもっている——20の感覚で思考する生命システム』ＮＨＫ出版、二〇一五年
マッツォライ、バルバラ　久保耕司（訳）『ロボット学者、植物に学ぶ——自然に秘められた未来のテクノロジー』白揚社、二〇二一年
中垣俊之『粘菌——偉大なる単細胞が人類を救う』文藝春秋、二〇一四年
Regolin, Lucia, & Vallortigara. Giorgio (2021). Rethinking cognition: From animal to mineral. *Biochemical and Biophysical Research Communications, 564*, 1-3.
シャープ、ジャスパー　グラバム、ティム　江原健（訳）『粘菌　知性のはじまりとそのサイエンス——特徴から研究

の歴史、動画撮影法、アート、人工知能への応用まで』誠文堂新光社、二〇一七年
植物生理化学会（編）『植物の知恵とわたしたち』大学教育出版、二〇一七年
塚谷裕一『植物のこころ』岩波書店、二〇〇一年
トムプキンズ、ピーター　バード、クリストファー　新井昭廣（訳）『植物の神秘生活——緑の賢者たちの新しい博物誌』工作舎、一九八七年
ヴォールレーベン、ペーター　長谷川圭（訳）『樹木たちの知られざる生活——森林管理官が聴いた森の声』早川書房、二〇一八年
山下正男『思想としての動物と植物』八坂書房、一九九四年

第19章 機械に「心」は必要か——ヒトとの共生

もし、地球中心主義をとれば、明らかにヒトこそ絶滅させるべき動物である。地球上の生物は、五回の大量絶滅を経験しているが、いずれも環境変化によるものであり、現在進行している六度目の大量絶滅のように、たった一種類の邪悪な動物が原因ではない。ホモ・サピエンスをこそ排除すべきだ。ヒトは人類に仇なす生物の絶滅を目指し、声高に絶滅の成功を宣伝するような動物だ。非・人類中心主義者は、イルカやクジラの保全より、人類絶滅を目指したほうが根本的な問題の解決になる。

人類学者と話すと、地球温暖化はなんとかしのいでも、次の氷河期を乗り越えられまいという。しかし、この動物のもう一つの絶滅要因は、その奇妙な知性になるかもしれない。「集団的知性（collective intelligence)」とは、アリやハチなどの社会性動物が、個体としては大したことをしていなくても、全体としては高度に知的な活動をやってのけることを指す。まあ、ヒトでも、原子力発電所で働く人のだれ一人として原子力発電のすべての作業を熟知している訳ではないし、巨大な官僚組織もそのすべてに精通している個人がいる訳ではない。虫と変わらない。しかし、問題は、ホモ・サピエンスが

「集団的痴愚（collective stupidity）」であることだ。個人では誠に合理的な判断を下せても、集団になると痴愚に陥る。もちろんそのことに気がつく個人はいるのだが、個人の力では集団的痴愚を修正できない。社会心理学や政治学を持ち出すまでもなく、人類の歴史を見ればこのことは明白である。集団的痴愚による人類の絶滅はなくても、回復に何万年もかかるくらいの人口減少は起きるかも知れない。

動物との共生

差し当たっては、ホモ・サピエンスは地球の覇者として君臨し続けるだろうし、ヒト社会における動物や機械との関係を擬人主義の問題として論ずるのも無意味ではあるまい。社会について、行動主義者のスキナーは、「我々はすべてをコントロールし、我々はすべてにコントロールされる」と述べた。つまり、相互強化であり、相互コントロールである。動物、特に家畜は、すでに私たちの社会に組み込まれている。この事態を元に戻すことはできない。このことを端的に示すのが家畜の数である。世界中のオオカミの数はおよそ二〇万頭だが、飼い犬は四億頭を越す。ライオンの総数はおよそ四万頭だが、飼い猫は六億頭を超える。ヒトは多くの動物を絶滅させているが、家畜は別だ。動物はヒトとの共生によって途方もない繁殖成功を実現させている。社会の構成員の条件は、社会行動の規範を共有することである。動物はヒトの社会規範を押しつけられている。ヒトもまた動物の行動規範を押し付けられている。

西欧ではイヌを曳き綱なしで散歩させる。ドイツの森の中で、突如一群の猟犬に取り囲まれたことがある。少々薄気味悪かったが、僕は落ち着いていた。「ドイツのイヌはドイツの子どもよりずっと良くしつけられている」ということを知っていたからである。飼い主の許可なしに、僕に喰いつくことはない。やがて森の奥から飼い主が現れ、「戻れ！」の号令一下イヌたちは戻って行ったが、ま、擬人的に表現すれば、イヌたちは僕を見ながら残念そうに涎を垂らしていた。一方、私たちもまた動物からの規範を受け入れる。イヌを散歩に連れ出し、マーキングをさせ、糞は飼い主が持って帰る。イヌが飼い主を強化しているのである。

案外多くの異種間での社会行動が見られる。掃除魚のベラとそのお客のハタの関係はよく知られている。彼らは個体の弁別をし、お客は良く掃除をする掃除魚を見分ける。ヒトとミツオシエ（鳥）の関係も大変洗練されており、ハチの巣の発見のために極めて複雑な情報交換をしている。これらの場合も、相互に行動の社会規範が形成されている。

不均質なメンバーで構成される社会では、構成員の行動の相互の理解が必須になる。この時に重要になるのが、自種からの推論（ヒトでいえば擬人主義）を押し付けないことである。相手が自分と違うこと。氏や育ちばかりでなく、進化の歴史も違い、知覚も運動技能も違う。さらに、知的な情報処理能力も圧倒的に違う。それらの理解が前提になる。それは可能だろうか。レステルは、ヒトと動物ではその関係が非対称であることを指摘する。ヒトは動物に名前を与え、「人格」を与え、伝記を著したりもする。その反対はあり得ない。

神経科学で啓蒙書の名手となると、ダマシオとともにオリヴァー・サックスの名前が挙がる。彼は本のタイトルのつけ方が上手い。『火星の人類学者』(*An Anthropologist on Mars*)では、自閉症にして応用動物学者であるテンプル・グランディンを取り上げている。彼女は対人行動に多くの問題を抱えている。その解決のために、動物行動学者が動物の行動を研究し、その体系を明らかにするように、あたかも火星から地球にやってきた人類学者の如くヒトの行動を研究し、その知識によってヒトとの社会関係をいわば科学的に形成していく。私たちが動物と接する時に取るべき態度はこれだ。これによって、異なる動物を含めた社会が形成できるだろう。

動物の側もデフォルトは擬自種主義だから、それを修正する必要がある。これは、特に伴侶動物についてては動物に過酷な要求をすることになろう。伴侶動物の訓練では、行動分析に起源を持つクリッカー訓練[1]が流行っているが、言語哲学者であり動物トレーナーであったヴィッキー・ハーンは、これに強く反対し、明白に擬人主義(ただし、ちょっと特殊な擬人主義のようだが)の立場を貫いている。彼女は、訓練によって動物に「公民権を与える」といっているのだが、一体だれがどのような権利によってそのようなことをするのだろうか。

公民権を与えられた動物は、社会の意思決定に参加するのだろうか。動物を含めた民主主義、動物が私たちと同じ一票を投じる選挙、これらは不可能である。僕はヒトと動物の連続性は認めるが、たとえ大型類人猿であっても、彼らがヒトの社会制度を理解し、なにがその制度にとって適切であるかを判断できるとは思わない。大量のイヌの投票によって地位を得た大統領、これは悪夢だ。まあ、犬儒派にいわせれば、ヒトが選んでも大差はないのかもしれないが。

動物にも権利を認めよう、という考え方の一つはコスモポリタニズムの拡張である。白人男性のみのものだった権利を女性にも有色人種にも与えようという考え方だが、博愛衆に遍く、という訳で、ヒト以外にも拡張しようとする。ダナ・ハラウェイの『伴侶種宣言』などはそういった主張である。しかし、動物の権利はヒトとの関係で生じるものであり、家畜化された動物、野生動物、その中間である境界動物では権利が異なる。この考え方はしかし、その起源において人間中心主義である。全く逆の立場はレヴィ＝ストロースが述べている「人権というのはあらゆる生物種に認められている権利の一つの特殊事例」という立場だが、一体誰があらゆる種に権利を認めているのだろう。ヒトではないのか。

コスモポリタニズムと別の考え方は、ある機能を持てばある権利を与えようとするもの（属性論）で、良く問題にされるのは痛みの感覚である。魚、イカ、タコにもこれを認める方向にある。権利は責任、義務と表裏の関係で論じられることが多いが、動物の権利を考える際には、責任や義務なしの権利というものも考える必要がある。もちろんヒトの場合も考える必要があろうが。

僕は、一般の人々の伴侶動物に対する「みなし擬人主義」を否定するつもりはない。ただし、「みなし」であることを自覚する限りにおいてである。実際、伴侶動物が家族の代替機能を持つことは明らかだろうが、ヒトと動物の混同は、両者にとって不幸だ。多くの哲学者がそのことを指摘しているように、おそらく動物なしのヒトは考えられないが、動物はそうではない。古くは南極観測隊が放置した夕ロ、ジロは独力で生き抜いたし、原発事故で住民が土地を離れざるを得なかった福島でも、ヒトが放置したブタやイヌは容易に野生化し、自活している。チェルノブイリでも同じことが起きた。オーストラリアのディンゴ（野生化したイヌ）のように、家畜だったものが再び野生に戻る例もある。ヒトと動物の関係は対称的ではない。僕らは彼らを必要としても、彼らはヒトなしでやっていける。最も古い友人といわれるイヌやブタでもそうなのだ。

動物との共同体は近世になって生じた問題ではない。動物との交流ないし共生は南米アマゾンで広く認められる。動物は人間と同格のメンバーとして扱われる。ヒトの社会を理解するには、動物を組み込んだ視点が必要である。マルチスピーシーズ人類学といわれるものである（第18章参照）。これは西欧化した社会におけるヒトと動物（主として家畜）との共同体の構築とは異なるのだが、ヒトにはそもそもそういった嗜好があり、西欧化した社会はそのような嗜好に回帰しようとしているのかもしれない。ハラウェイの「共に生きる」という主張も、一旦は動物を神から与えられたヒトに奉仕するためのものと考えた西欧人が、共同体のメンバーとしての動物というように宗旨替えをしたとも取れる。

機械の私的経験

動物は人が作ったものではないが、ロボットはヒトが作ったものだ。機械にとって心が必要かどうかは、ロボットを使う側が「心」という機能が必要だと考えるかどうかの問題である。できあがったロボットを擬人化するかどうかは大した問題ではない。ヒトは自動車の「ご機嫌」を感じたり、刀に人格を感じたりする。ロボットの擬人化はそれらの延長上にある。いわゆる知能のようなものはロボットに実装できるだろう。計算速度はいうに及ばず、金融取引、アルファ碁などヒトを凌駕する機能はいくつもある。一方、やや難しいのは情緒面で、一九九六年のフィリップ・ディックの『アンドロイドは電気羊の夢を見るか』は古典であろうが、アンドロイドと人間を見分けるテスト（フォークト＝カンプ検査法）が登場する。これは知能ではなく共感能力のテストなのだ。

人工知能（ＡＩ）の研究の発端の一つは、ヒトの思考を理解するためのものであったが、今やそのようなことは忘れられ、技術的な進歩が進められている。意外なことにロボット研究者は、ロボットに学習させるために動物行動学や発達心理学の知見を利用しており、「行動主義ロボット」といわれる。外から見えない中間層を介した強化学習をするロボットである。ロボットに複雑な行動をさせるには「行動形成」の手法を使えば良い訳だ。ディープ・ラーニングは途中のプロセス（中間層）が見えない。顕在的でないという点では、私的経験に似ている。現在では、この不可視のプロセスを明らかにする試みがある。説明可能なＡＩ（ＸＡＩ：explainable AI）といわれるものだ。これは医療場面におけるＡＩの利用などでは、特に必要な機能と考えられる。診断ができるだけでなく、その診断の根拠の開示はどうしても必要だ。ＡＩの碁の研究でも、ＡＩがなぜその手を打ったかを顕在化する試みがある。これは、機械の私的経験の公化に似ているが、していることは中間層の計算過程の呈示である。ヒトの言語報告による私的経験の公化は、私的経験の計算過程そのものを明らかにするものではなく、それをヒトの言語に変換したものである。ヒトは求められれば、大抵の質問に辻褄の合う言語的説明を与えることができる。その意味では、ＡＩの内部過程の公化のほうが信用できるともいえる。もう一つ、ヒトにできてＸＡＩにできないことがある。以前の章で説明したが、ヒトを被験者にして、二枚の写真の好き嫌いで選択させる。ちょっとトリックを使って、被験者が選んだのではない写真を見せて、「これが好きだった理由はなんですか？」と問うと、理由をつけて答えてしまう。結果を後から説明してしまう。ＸＡＩ相手にトリックは使えないかもしれないが、ＸＡＩによるこのような説明は無理ではないかと思う。

無用ロボットの登場

非常に初期のお世話ロボットに「英国人の女中」という名前のものがある。定時にラジオをつけてご主人を起こし、紅茶を淹れてくれるというものである。必要なことはきちんとやってくれる。もちろんヒト型ではない。なぜフランス人の女中でないかというと、その場合はほかのサービスを期待する向きが出てくるからかもしれない。僕はケンブリッジのダウニング・コレッジのフェローだったことがあるが、フラットは女中さん付きだった。毎日来られるのも鬱陶しいので、週二回にしてもらった。実に良く家事をこなしてくれるのだが、あまり台所を散らかしているのもなんだと思い、今日は女中さんがくるから片付けておこう、という本末転倒のようなことも起きた。

接客ロボットも介護ロボットもつまりは実用ロボットで、するべき仕事は決まっている。接客されたり、介護されたりする側が快適なように、プログラムを開発すれば良いだけだ。ロボットが生きていると思わせることが重要になってくるのは、デジタル携帯ペット「たまごっち」（図19-1）以降、効率的に人間の仕事を代替するのではなく、逆にヒトに不必要な労働をさせる無用ロボットが次々と登場してからである。ロボットを世話する行動は、ロボットがヒトに与える社会強化によって維持されている。社会性動物であるヒトは、常に社会強化を渇望している。他者になにかをし、それを褒めてもらいたいのだ。無用ロボットがこれだけヒトに受け入れられるのは、その反映である。

©AFPWAA / KAZUHIRO NOGI

図 19-1　発売開始当初のたまごっち

　動物との共生においてヒトが動物の行動に適応するように、ヒトは機械に合わせて行動を変化させている。電子機器のコントローラの扱い方、スマホの操作、いや、自然言語ではなくコンピュータ・プログラムの人工言語の習得も、まさにヒトが機械のために習得する行動である。私たちが機械をコントロールするように、私たちは機械にコントロールされている。対称的ではないにしても、相互的な行動の統制が行われている。スマホの扱いに困惑する老人を見ると、そのうち機械が、機械に合わせた技能を持つヒトを「公民化」するのではないかと思う。

ロボットはヒトに似ている必要があるか

少し前になるが、「王様のアイデア」で「釈お酌」というロボット、というより玩具を売っていた。釈由美子風の人形がついている。作家の瀬名秀明が推薦していたので買ってみた。缶ビールを載せるとお酌をしてくれるが、釈由美子の声で「かんぱーい」「お疲れー」などという。これらの発話はこちらの発話とは関係なくランダムに発生するのだが、ちょっと間を置くと、「私のお酌じゃ駄目？」などというので結構ドキドキする。どのくらい売れたのかわからないが結構楽しめた。

ヒト型ロボットを分類すると、一応ヒト型だなと思える、いってみればこけし型ロボット（Pepper（図19-2）などのヒューマノイド）、本当の人間で型取りをしたりする人間酷似型ロボット（アンドロイド）、及びアンドロイドを遠隔操作するジェミノイド（双子ロボット）に分けられる。最近のアンドロイドの発達には目を瞠るものがあるが、やはり、限られた状況での使用に過ぎない。夏目漱石のアンドロイドと羽二重餅を食べに行ける訳ではないし、米朝ロボットとお座敷で酒を飲む訳にも行かない。ヒト型ロボットに対するヒトの行動は、事実上大変制限されているのである。ラヴ・ドール（昔風にいえばダッチ・ワイフ）も、別の「みなし」のように見えるが、実は消費者

©CARMEN JASPERSEN / DPA / DPA PICTURE-ALLIANCE VIA AFPWAA

図19-2　Pepper

は婦人の厳密な代替をラヴ・ドールに求めているのではない。AIを搭載して「反応」する人形を作ることは難しくないが、それが登場しないのは、そのような需要がないからだという。消費者は、虚ろな瞳をして「反応しない女体」をこそ求めているのだという。もちろん男性のロボットもある。『恋するアダム』は男性ロボットとの性を描いたイアン・マキューアンの小説だが、アダムは「反応しない男体」ではない。こちらは射精もするようにできている。

ヒト型ロボットに固有の問題に「不気味の谷」という現象がある。日本人のロボット学者が発見したもので、ヒト型ロボットではロボットが人間に近くなるほど良いと考えられるが、類似が近づきすぎると逆に不気味に感じられる。これは直感的に理解できると思うが、実は実験的に研究した例はあまりないようだ。ヒト型ロボットに固有と書いたのは、動物型ロボット（例えばイヌ型ペットロボットaibo）では、このような現象はないからだ（図19-3）。ヒトが動物に期待するものとヒトに期待するものには、どこか決定的な違いがあるようだ。

©AFPWAA / KAZUHIRO NOGI

図19-3　新型のaibo

無用ロボットは外見上ヒトや動物にそっくりである必要はない。動物行動学でいう社会的リリーサー（解発刺激）の特性を持っていれば良い。セグロカモメのヒナは親鳥に餌をねだるために親のくちばしをつつくが、この行動を解発するためには親鳥の正確な模型を使う必要はない。棒の先端に赤い印があれば十分である。さらに解発刺激には「超正常刺激」という現象が知られている。つまり、正常なものより誇張されたもののほうが行動を強く解発する。卵は親鳥の抱卵行動を解発するが、正常な卵とさらに大きな卵を与えると、とても抱卵できないような大きな卵を抱卵しようとする。実はアニメや漫画はこの効果を利用しており、女の子の極端に目が大きい顔や妙に長い脚が不快感を起こすことなく、好ましいものと感じられる。無用ロボットのところで述べたが、十分なリリーサーを備えていれば、ロボットの外見は決定的な問題ではない。アザラシ型セラピー・ロボットは単純な外見だが、高齢者のセラピーへの効果は十分に認められるのである。

機械の権利

二〇一八年にEUは、ロボットに「電子人間（electronic person）」という法的資格を与えるべきではないかという議論を行った。もちろん、これはロボットに人権を与え、ロボットが投票に行くという訳ではなく、いわば法人資格を与えてはどうかという問題である。つまり、ロボットに責任が発生する訳だ。動物裁判のように、ヒトに危害を与えたからといって裁判で死刑にしたりする訳ではないが、たとえば保険のようなものに加入していなくてはならないとすることは可能かもしれない。これについては反論も多く、現段階ではちょっと？とも思うが、将来に向けて議論はすべきかもしれない。

機械の権利という主張はないように思う。動物の権利のところで述べた属性論で考えても、ヒトや動物と同じような痛みは機械にはない。コスモポリタリズムも機械には及ばないだろう。及ぶとしたらそれはヒトの誤解に基づくものだと思う。動物福祉と同じようなロボット福祉は考えられない。機械の整備・点検があるだけだ。したがって、機械に民主主義への参加を求めることもない。機械は大量生産ができるので、ロボット一台に一票を与えたら収集がつかなくなる。問題は、どこまでの判断を機械に任せるのかということになるが、責任は機械にその機能を委譲したヒトの側にあろう。LAWS（自律的殺人兵器）などはその典型である。個人としてはこれを認める人は少ないと思うが、ナパーム（焼夷）弾、ボール爆弾、原子爆弾など、集団的痴愚は効率的な殺人の誘惑に真に弱い。

まとめ

ヒトとの相互コントロールをしているという意味では、動物も機械も人間社会に組み込まれている。しかし、動物も機械も、ヒトの文化を理解している訳ではない。社会に組み込むための最低限の「社会規範」を訓練（プログラム）されているだけである。すべての動物は機械だと考える人はいても、電卓や電車を動物だと考える人はおるまい。「動物は機械だ」ということと、「機械は動物だ」ということは違う。ヒトは動物を作ることはできない。完全養殖も品種改良も遺伝子操作も、つまりは既存の動物に手を加えるに過ぎない。機械に情動のようなものを持たすことは可能だが、それはヒトがそのような機械を作ったということに過ぎない。擬人主義が、ヒトの同種他個体の社会的認知の、種を超えた般化であるように、機械に対する擬人主義も、同じような般化である。般化では元々の刺激（この場合ヒト）から離れるにつれて般化の程度が低下する。般化勾配といわれるものである。擬人主義の般化の場合、ある種のロボットのほうが虫や貝よりも擬人的理解を招きやすい。そこではヒトとの形態のみならず運動を含めた見かけの類似度が般化次元の一つになっていると思う。第18章で述べたように、ヒトは運動に意図や感情といったさまざまな心的機能を類推する認知的バイアスを持っている。ヒト・動物・機械のハイブリッド・コミュニティはすでに現実のものとなっており、均質でない成員の扱いは、制度の問題も含めて、人間の直面する喫緊の課題であろう。

謝辞　この章は本来予定になかった。書き加える気になったのは、古い友人である、哲学者にして動物行動学者、はたまたロボット・テクノロジーの研究者でもあるドミニク・レステルさんの影響である。感謝します。彼の本が最近翻訳されたので、参考文献として挙げてあります。

注

（1）動物を訓練するには、正の強化（餌、なでるなどの社会強化）を与えるが、行動の生起との間に遅延が入り、また強化が困難な場面もある。そこで、強化に先立って、音刺激（クリック音）を与える。音は条件性の強化子になり、動物の行動を効果的に統制する。もともとはイルカの訓練に用いられたが、今は広く伴侶動物の行動統制に用いられている。

参考文献

ディック、フィリップ・K　浅倉久志（訳）『アンドロイドは電気羊の夢を見るか？』早川書房、一九六九年
ハラウェイ、ダナ　高橋さきの（訳）『犬と人が出会うとき——異種協働のポリティクス』青土社、二〇一三年
ハラウェイ、ダナ　永野文香（訳）『伴侶種宣言——犬と人の「重要な他者性」』以文社、二〇一三年
波戸岡景太『動物とは「誰」か？——文学・詩学・社会学との対話』水声社、二〇一二年

ハーン、ヴィッキー　川勝彰子・小泉美樹・山下利枝子（訳）『人が動物たちと話すには？』晶文社、一九九二年
イシグロ、カズオ　土屋政雄（訳）『クララとお日さま』紀伊國屋書店、二〇二一年
石黒浩『アンドロイドサイエンス――人間を知るためのロボット研究』毎日コミュニケーションズ、二〇〇七年
カプラン、フレデリック　西兼志（訳）西垣通（監修）『ロボットは友だちになれるか――日本人と機械のふしぎな関係』NTT出版、二〇一一年
コーン、エドゥアルド　奥野克巳・近藤宏（監訳）『森は考える――人間的なるものを超えた人類学』亜紀書房、二〇一六年
レステル、ドミニク　渡辺茂・鷲見洋一（監訳）若林美雪（訳）『あなたと動物と機械と――新たな共同体のために』ナカニシヤ出版、二〇二二年
マキューアン、イアン　村松潔（訳）『恋するアダム』新潮社、二〇二一年
サックス、オリヴァー　吉田利子（訳）『火星の人類学者――脳神経科医と7人の奇妙な患者』早川書房、一九九七年

終章　心とはなにか

意外に思われるかもしれないが、心理学者同士が「心とはなにか」を議論することはあまりないように思う。この問いには恥ずかしさとか、なにを今更とか、青臭いとか、うんざりだ、とかいった感情がつきまとう。僕の好きなラジオ番組に「子ども科学電話相談」というのがある。子どもたちが研究者に直接電話で質問する訳だが、そのストレートな質問にしばしば研究者が狼狽する。僕の友人が回答者として出演することもあるので、多少意地悪な気持ちで楽しく聴いている。最後に電話相談室の回答者になったつもりでこの問題になんとか答えよう。

独立変数としての心

僕は身体を離れた、世界精神のような心は否定するし、個体の行動をコントロールしている独立変数としての心（原因としての心）も否定する。第17～19章では、さまざまな実行器（虫、植物、機械）の「知的」な行動を見てきた。植物があたかも高次認知をしているように見えるのは、地球上で直面する問題を、神経系を持つ動物と同じようなアルゴリズムを使って解決しているからだ。個体の生き残り、血縁の繁殖、これらは地球上の生物が直面する共通の課題だ。問題解決に見たようなアルゴリズムが使われるのは不思議ではない。それらは複雑な環境に対する適応的な行動であり、そのようなものを知的と呼ぶとすれば、まさに知的な行動である。では、ヒトはそれらの行動の原因としてヒトと類似した心があると考えるだろうか。答えは否であろう。単細胞生物が如何に適応的に振る舞おうとも、植物がいかに知的であっても、それらに心があって、それが原因となって知的行動をしていると考える人はかなり珍しいと思う。なぜか。それらの実行器がヒトに似ていないからである。ヒトはヒトに見かけが近いほど擬人的解釈を行う。ドゥ・ヴァールは「少なくとも類人猿では」擬人主義が可能だとわざわざ主張しているくらいだ（第12章）。私たちには、私たちに似ているサルや、手足があって温かい哺乳類に心を認めることは難しくない。ヘビはちょっと難しいかもしれない。魚、虫、さらに見かけ上動かない植物に心を認めることはもっと難しい。この表現型による認知的バイアスは不合理なことではない。比較的少数の同種他個体の行動予測の道具であった擬人主義（擬自己主義）は、表現型（形態）が同種から離れるに連れて信頼性が落ちる。表現型の類似性を次元とした般化勾配があるのは合理的だ。

もうお気づきだろうか。独立変数としての心は実行器にあるのではなく、それを見ている人の中にこそある。心は私たちが見ている他人や動物といった実行器の中にあるのではなく、私たちがその実行器に付与しているものなのだ。しかじかの行動をするものには心があるはずだ、という類推だ。人間同士でも同じことが言える。他人の心は他人の中にあるのではなく、あなたの中にこそ他人の心は存在している。

従属変数としての心

動物は、外部環境を知るのと同様に、内部環境を知る必要がある。この個体内の反応は外部・内部環境の従属変数（結果）なのだが、中枢神経の発達に伴い、「私的経験」が出現する。ヒトが「心」と称しているのは、この従属変数としての私的経験でもある。私的経験を弁別刺激として顕在行動（外に現れた行動）とすることが、私的経験の公化である。従属変数としての心（私的経験）はヒトを含む一部の動物にあるだろう。私的経験を個体の外からわかる公的出来事にするのは、言語だけではない。動物でも工夫次第でこれができるし、ヒトでも言語以外の公化の方法がさまざまに工夫されている。いわゆる植物状態のヒトの私的経験でさえも神経オペラント（neural operant）によって公化できる場合があるし、逆に健常者でも言語化できない私的経験があることはいうまでもない。

公化のためには外部環境、内部環境を弁別し、行動を制御する系、すなわち神経系が必要であり、さらにいえば、散在神経系ではなく中枢神経系が必要である。シノーナ・ギンズバーグとエヴァ・ヤブロンカは、さまざまな動物の神経系とどのような学習ができるかを比較検討して、軟体動物（頭足類）、節足動物（昆虫）、脊椎動物の三つの門で、最低限の意識としての自己モニターが誕生したとしている。トッド・ファインバーグとジョン・マラットも、広範囲の動物での意識の進化を論考し、脊椎動物以外に頭足類と節足動物に私的経験（彼らの用語では内受容意識）の可能性を見ている。その根拠は神経系の複雑さであり、学習などの行動の可塑性である。

動物は放散しており、その神経系も放散している。植物や単細胞生物の私的経験は考えられない。神経系には基本的な連続性があるが、その進化はヒトの私的経験を出現させるための進化ではない。ヒトの私的経験から進化を逆に辿ってほかの動物の私的経験を説明する擬人主義は、明らかな誤りである。ゾウの鼻の機能からイワネズミの鼻の機能を説明するようなものである。

擬人主義の議論で問題にされることの一つが、痛みの感覚である。熱い鍋に手を触れて瞬時に手を引っ込めるのは脊髄反射であり、侵害受容といわれる。侵害受容はもちろん脊髄がない動物でも広範囲に認められ、植物にもあるという見方もある。その後に起きる痛覚には、脊椎動物の場合には脳が関与する。しかしながら、脳と脊髄を分離した除脳ラットでも、侵害に対して複雑な行動を示す。痛みを与えている実験者を噛もうとさえする。見かけ上は痛がっているように見える。しかし、除脳ラットに痛みを回避するためのオペラント条件づけはできない。痛みの私的経験を調べる別の方法は、鎮痛剤の自己投与である。ラットは痛みを和らげるためにレバーを押して鎮痛剤を摂取する。自然環境で治癒効果や対寄生虫効果のある物質の摂取は無脊椎動物でも見られるが、これらは経験から学習したというよりは遺伝的に組み込まれたものである可能性が高い。ヒトの場合は、痛覚を含めて内受容系の感覚は、大脳島皮質（外側溝の中にあり、外からは見えない）から大脳皮質に広範囲に送られる。イヌなどでは、島皮質はあるものの発達が悪く、ほかの皮質への連絡も貧弱なので、見かけ上の情動反応はヒトと類似していても、私的経験としてはかなり異なるはずだ。

従属変数としての私的経験がどの範囲の動物で見られるかは今後の研究によって少しずつ明らかになるだろう。しかし、ヒトにおける私的経験の言語化は公化だけでなく、内言化でもあり、それ自体が行動を統制するので、言語を持たない動物のそれとはかなり異なっていると思う。

ヒトの特殊性

僕は脳をデジタル・コンピュータに擬して考えることが好きではない。脳の素子である神経細胞の活動が1か0かではないからである。しかし、ここではコンピュータとダウンロードするアプリのたとえ話をしよう。このアイデアはジョセフ・ヘンリックから借りた。旧石器時代からコンピュータとしての脳は変わっていない。ハードウエアは同じなのだ。しかし、ダウンロードしてあるアプリの数と種類は圧倒的に違う。ヘンリックは一組のヒトと一組のサルをパラシュートで密林に降下させるという思考実験をしている。どちらが生き残れるか一目瞭然である。さらに、文明人の極地探検隊と極地に住む先住民との比較もしている。文明人の長い学校教育によるアプリは、極地での生き残りに役立たない。どのように食物を見つけるのか、どのように水を得るのか、どのように寒さを防ぐのか、全く途方に暮れてしまう。他方、先住民は大学の教室に連れて来られたら全くお手上げだ。頭が悪いのではない。必要なアプリがダウンロードされていないのだ。

ヒト脳にダウンロードされるアプリの集合が文化なのであり、アプリが増えただけで頭が良くなっている訳ではない。もちろん、外付けのハードウエアもあるわけだが、ハードウエアそのものより、それを作り出すソフトのほうが重要だ。ヒト脳にダウンロードされるさまざまなアプリの中で、最も重要なのは言語である。言語はそもそも脳の中にあるのではない。スキナーの表現では、文法は話者ではなく、言語行動を観察している言語学者の中にある。言語は経験によってダウンロードされるのだが、ほかのアプリの使用方法を規定するので、いわばOS（オペレーティングシステム）だ。

さまざまなアプリをダウンロードするには、コンピュータ側の制約もある。現代のヒト脳はこの問題をクリアしている。おそらく旧石器時代の脳も潜在的にそのような機能を備えていたのだと思う。しかし、アプリが充実するためには長い時間を要したし、今でも必要とするアプリが限られているホモ・サピエンスもいるわけだ。

こうして考えると、やはりヒトという動物はかなり奇妙な動物だと思う。その奇妙さはほかの動物との比較でより鮮明にわかると思う。この動物はなにが原因で絶滅するだろうか。その奇妙さが絶滅の原因になるかもしれない。絶滅は避けられないが、その原因をわかって絶滅するとしたら、「知のヒト」（ホモ・サピエンス）としては以て瞑すべしというべきか。

参考文献

ファインバーグ、トッド　マラット、ジョン　鈴木大地（訳）『意識の進化的起源――カンブリア爆発で心は生まれた』勁草書房、二〇一七年ギンズバーグ、シノーナ　ヤブロンカ、エヴァ　鈴木大地（訳）『動物意識の誕生——生体システム理論と学習理論から解き明かす心の進化』勁草書房、二〇二一年
ヘンリック、ジョセフ　今西康子（訳）『文化がヒトを進化させた——人類の繁栄と〈文化−遺伝子革命〉』白揚社、二〇一九年

自著解題

本書は、最初から通しで読んでいただくのが一番良いと思うが、第5章までは過去の動物心理学の話なので、飛ばしてもその後の章は概ね理解できると思う。さらに、行動主義以降の擬人主義ということに限れば、第9章からでも良い。狭義の心理学の話は第12章までであり、初版のものと基本的には変わらない。第13章は比較認知科学の完成とはなにを意味するのかをレヴィ＝ストロース、フーコーを引きながら論じたもので、新規に書き下ろした。第14～16章および第19章は初版にもあったが、かなり書き換えた。第17～18章は新規のもので、脊椎動物以外の動物、神経を持たない生物の「知的」行動を紹介し、より一般的に擬人主義を論じた。終章も新たに加えた。

冒頭の三章（序章・第1～2章）は、擬人主義を中心にして近代の「心」という考え方が定着するまでの史的展望である。最初は世界精神を分有する個人の心という考え方で、その後、アリストテレスが身体を離れた霊魂はないと主張したのは素晴らしいが、彼が理性霊魂のみは不滅だとしたのは不徹底である。この世界精神という考え方はオカルトのように見えるが、心理学の歴史の中で繰り返し現れるもので、フェヒナーの心理物理学もそうだし、心は個人の外にあるものだという主張は今もある。

個人の私的経験としての心は、デカルトの登場まで待たなくてはならない。彼は人間と動物を峻別し、その後の心理学は長く、あるいは今でもこの考え方に束縛されている。筆者が「デカルトの呪い」という所以である。

次いで、進化論に関する章（第3～6章）を多く取っているのは、近世以降の動物の擬人主義は進化に基礎を置いているからである。進化からは二つの考え方が生まれた。一つは連続性があるのだから、ヒトから動物を類推することもできるという擬人主義で、この中ではモルガンの擬人主義が最も洗練されている。この考え方はそれなりに理屈があるが、ヒトから動物の類推はそもそも無理がある。最初にヒトがいて、そこから動物が進化した訳ではなく、ほかの動物からヒトが進化したのである。進化的説明は時間的に古い動物から新しい動物を説明するのであって、その逆の説明は目的論である。ヒトと動物の連続性のみを論拠としてヒトから動物を見るというのは、進化の順序を無視していることになる。

次の第7～11章は近代の意識心理学の成立から行動主義の登場までの概説である。実験心理学の本領は厳密な実験条件の比較であり、計算する馬のからくりを明らかにしたのはその成果である。特に実験者と実験動物の切り離しの重要性は、強調して強調しすぎることはない。それを徹底したのがスキナー箱で、行動主義全盛の時代の米国の心理学研究室のイメージは、スキナー箱と累積記録器がずらりと並んだものである。まさに花盛りであった。工場のような実験室から産出される膨大なデータから、やがてヒトを含めた行動の一般理論が構築されると期待されたのである。

よく行動主義者は心を否定した、と一括して批判されるが、スキナーこそがヒトの私的経験にまともに取り組んだ行動主義者なのである。彼は独立変数としての心と従属変数としての心を分け、前者を否定した。わかりにくさは、従属変数としての私的経験を行動としたことである。これは行動の拡大解釈ともいえる。かつてドイツの作用心理学（Aktpsychology）が米国に輸入された際に、ドイツ語の作用（Akt）を英語で行動（Behavior）と訳したように、私的行動も外在行動も作用であるとしたほうが理解しやすいかもしれない。もっとも、そうなったら行動主義ではなくなってしまうが。

第12〜13章が僕の比較認知科学と心理学に対する考え方である。西欧的人間中心主義は西欧文明が脱中心化され、エピステーメとしての「人間」がその使命を終えた時に消滅するだろう。次に来るのはなにか。多くの研究者はある種のアルゴリズムのようなものだと指摘している。ヒト、動物、機械を問わない行動のアルゴリズムの解明こそが、認知科学が目指すものだ。そして、進化の産物としてのアルゴリズムの理解こそが、比較認知科学の本領なのだ。

第14章は擬人主義の揺籃である怨敵ロマン主義の批判である。五尺の小軀の筆者には大きすぎる相手だ。とはいえ、負けると知っても戦ってこそ、勇ましさもひとしおである。筆者の心意気を買っていただきたい。ついでに告白すれば、僕はロマン主義も浪漫主義も嫌いではない。烔眼な読者は僕の文章にロマン主義的なものを見出すかもしれない。しかし、それは僕の情緒であって理性ではない。むやみに深く考えすぎだという批判はあり得るだろう。そのようなことは考えずとも日常の研究は進む。忙しい実験のスケジュールの中で、なにを悠長に、といわれるかもしれない。それでも高い塔の上に登った気持ちで自分がなにをしているのかを眺め、それがどのような意味を持つのかを考えるのも無駄ではあるまい。

第17~18章は脊椎動物以外の動物の行動、神経系を持たない生物の行動の話である。生体内部になんらかの独立変数を想定せずに研究を進めることは問題ないのだが、むしろ、なぜ虫や植物に対する擬人主義が起きにくいかを論点にした。

第19章は動物や機械を含めたヒトの共同体を論じたもので、初版のものと基本は変わっていない。哲学者の小林康夫が、『知のモラル』の中で、「『相手』をあくまでもコミュニケーションの可能性を備えた他者として扱い、他者として理解しようとすること。自分のコントロールを超えた独自の世界を持っている『人間』として共に生きようとすることにモラルの方向性があると思います」と述べている。この文は医学現場でのことを念頭に置いて書かれたものだが、ヒトの動物に対するあるべき姿であろうかと思う。第19章で述べたハイデッガーの動物と「共に行く」(mitgehen)も、このようなことではないかと思う。

終章は、各章の中に散在している心についての考えをまとめたものである。各章を読みながら時々参照されても良いかもしれない。

参考文献

小林康夫・船曳建夫(編)『知のモラル』東京大学出版会、一九九六年

あとがき

まずは、僕の世迷言にこれまでお付き合いいただいた読者諸賢に心より御礼申し上げる。僕は、研究者としての時間の多くを、図書館ではなく実験室で過ごしてきた。したがって、無学である。多少は珍しい本も持っているが、もちろん趣味の域を出ない。本書執筆に際しては、慶應義塾大学図書館には真にお世話になった。やはり古い大学というものはありがたいもので、どうせないだろうと思って検索するとちゃんとある。しかし、これはこの図書館が十分な収書をしていたからではない。というのは、それらの本の多くが過去の大先生の寄贈だったからである。最近の図書館は寄贈を嫌がるようだが、何年先に利用されるかわからない本を所蔵しているところに大学図書館の価値がある。ケンブリッジ大学の心理学研究室は、独自の図書室を持っており、稀覯本室もある。ダウニング・コレッジのフェローだった時、実験の合間に、無造作に積んである古書を調べていたら、フランシス・ゴールトンの手紙が挟まっているのを発見した（ただし、写しであるが）。当時、研究室ではちょっと評判になったものである。ま、書籍というのは、いつどのように使われるかわからないのである。

退職の際には研究室の書物をみな自宅に連れて帰るつもりでいたが、家というものは本などを住まわすところではない、という家人の反対にあった。ホームレスにするのも不憫と思い、図書館にないものはみな寄贈した。手元にない古い本を借り出すと、「渡辺茂氏寄贈」などという判が押されていたりする。なんだか、訳があって家を追い出した娘に酒場でばったり出くわしたようで、妙に極まりが悪かった。ほかの本たちも何十年か先に良い出会いがあることを祈っている。

この稿を書いている間も午前中は実験をし、午後から論考の作業に取り掛かった。こちらは実験で確かめることのできない世界である。自分の頭以外は書物を使うということになるが、これにはキリがない。しかも無学だから外国語が読めない。自分で書いた論文はほとんど英文だから英語くらいは読めそうなものだが、古いものや哲学めいたものになると途端に読解速度が落ちる。大学院入試では、ドイツ語の出題者が「この学生のドイツ語は旧制高校並」と言われたと聞き、高校生程度にしかできなかったのだろうとがっかりした。しかし、これはこの先生の最高の賛辞だった。一〇年以上にわたって、毎年夏はドイツの大学のラボで実験をしていたのだが、ドイツ語は料理屋か切符売り場でしか使わないから、今では旅行者並になっていることだろう。フランス語は訳語の確認程度。履修上は中級ラテン語もできるはずだが、解剖用語の格変化がわかるくらい。ギリシャ語は文盲。そんな訳で、文献研究を生業とされる先生からは「一昨日来やがれ」と啖呵を切られそうで、それはその通りなのだが、実験をやっていた者としては、ひたすら実験の精度を上げることが必要な場合もあるが、ある程度の近似的な結果を得て、先に進むのが必要なこともあると心得ている。

書き終わってみるとやはり粗削りなところが目につく。時間的予算が限られた身としては、ロマン主義という怨敵見参に到れたのは嬉しい。勝敗はこれ武運、敗れたとて我身一人の不調法である。

増補改訂版あとがき

この本の初版は二〇一九年である。普段はそのようなことはないが、この本に関しては、完成稿を出版社に渡した時から、追加したい、改稿したいという思いがあった。踏み込みが足りない、中途半端である、という思いが一つ。もう一つは脊椎動物以外に議論を広げてみたい、という思いである。出版後四年で改定というのはいかにも早いが、出版社が快諾してくれた。ありがたいことである。

序章を含めると初版は全一七章であるが、増補改訂版では終章も含め二一章に増えている。力を注いだのは第13章で、浅学非才が身に沁みたが、僕なりに比較認知科学や心理学という学問の総括ができた。諸賢のご批判を待ちたい。初版が、動物といっても脊椎動物が対象であったので、第17～18章は無脊椎動物や植物の行動を論じた。植物に関しては、自分で研究をした経験がなく、もっぱら文献に頼ったので心もとない。著者の勝手な思い込みなどを指摘していただければ幸いである。ある時、心理系の研究会で「植物心理学序説」という演題のトークをした。面白がってくれた人もいたが、いよいよ老妄が発症したのではないかと心配してくれる友人もいた。けだし、真っ当な実験科学者が晩年に到って哲学的になったり神がかりになったりする例は少なくないのである。また、学術変革領域「ジオラマ環境で覚醒する原生知能を定式化する細胞行動力学」の外部評価委員を委嘱されたことで覚醒したところもあった。感謝とともにこの領域の発展を祈ります。

僕は動物たちに限りなく畏敬の気持ちを持っている。四〇年間奉職した大学では、それまで行われていなかった「動物慰霊祭」を始めた。そして、たくさんの動物を社会に役立つ研究のためではなく、真理探究のために殺した。つまりは自分の知的好奇心のために殺したのだ、という批判には反論しない。研究にはデーモニッシュなところがある。ただ、命令されたら、僕は文句をいわずにギロチン台に登る。本望である。

二〇二三年二月

渡辺　茂

著者略歴

渡辺　茂（わたなべ・しげる）

1948 年　東京生まれ

1976 年　慶應義塾大学大学院社会学研究科博士課程修了，
文学博士（心理学）

1995 年　イグ・ノーベル賞受賞

2017 年　日本心理学会国際賞・特別賞受賞

2020 年　山階芳麿賞受賞

現　在　慶應義塾大学名誉教授

主　著　『認知の起源をさぐる』（岩波書店，1995），『ハトがわかればヒトがみえる』（共立出版，1997），『心の比較認知科学』（編，ミネルヴァ書房，2000），『ヒト型脳とハト型脳』（文藝春秋，2001），『脳科学と心の進化』（共著，岩波書店，2007）ほか多数．

動物に「心」は必要か　増補改訂版

擬人主義に立ち向かう

2019 年 12 月 25 日　初　版　第 1 刷
2023 年 4 月 24 日　増補改訂版　第 1 刷

［検印廃止］

著　者　渡辺　茂

発行所　一般財団法人　東京大学出版会

代表者　吉見俊哉
153-0041 東京都目黒区駒場 4-5-29
https://www.utp.or.jp/
電話 03-6407-1069　Fax 03-6407-1991
振替 00160-6-59964

印刷所　大日本法令印刷株式会社
製本所　誠製本株式会社

ISBN 978-4-13-063381-9　Printed in Japan

心の多様性——脳は世界をいかに捉えているか

中村哲之・渡辺　茂・開　一夫・藤田和生　A5判・八〇頁・一〇〇〇円

トリ、ヒト、それぞれが視る世界は同じものではない。赤ちゃんはいつごろから自分を自分と認識するのか。心の働きの多様性を比較認知科学・発達認知科学の視点からわかりやすく解き明かす。

ソーシャルブレインズ——自己と他者を認知する脳

開　一夫・長谷川寿一［編］　A5判・三一二頁・三二〇〇円

自己を認識し、他者と出会い、その心を読んでかかわりあう——社会的なコミュニケーションの基盤となる能力は、いつ、どのように形成され、発達していくのか。その進化の道すじとは。ソーシャルブレイン（社会脳）の謎に挑む最先端の研究の魅力をわかりやすく紹介。

正解は一つじゃない　子育てする動物たち

齋藤慈子・平石　界・久世濃子［編］　長谷川眞理子［監修］　四六判・三五二頁・二六〇〇円

ヒトに近縁な霊長類から、系統としては遠いが身近なイヌ、ネコ、アリまで、その生活史や子育てのしかたを紹介。ヒトを含めた動物の子育てとはどのようなものなのか、心理学、行動学、進化学に基づき、信頼できる最新の科学的情報を伝え、子育てを相対化する視点を提供する。

ここに表示された価格は本体価格です．御購入の際には消費税が加算されますので御了承下さい．